先秦道德与道德环境

晁天义 著

中国社会科学出版社

图书在版编目（CIP）数据

先秦道德与道德环境/晁天义著. —北京：中国社会科学出版社，
2010.12

ISBN 978-7-5004-9348-8

Ⅰ.①先… Ⅱ.①晁… Ⅲ.①伦理学—研究—中国—先秦时代
Ⅳ.①B82-092

中国版本图书馆 CIP 数据核字（2010）第 230132 号

策划编辑	郭沂纹	
责任编辑	纪　宏	
责任校对	修广平	
封面设计	四色土图文设计工作室	
技术编辑	李　建	

出版发行　中国社会科学出版社
社　　址　北京鼓楼西大街甲 158 号　　邮　编　100720
电　　话　010－84029450（邮购）
网　　址　http://www.csspw.cn
经　　销　新华书店
印　　刷　北京新魏印刷厂　　　　　　装　订　广增装订厂
版　　次　2010 年 12 月第 1 版　　　印　次　2010 年 12 月第 1 次印刷
开　　本　880×1230　1/32
印　　张　12.75　　　　　　　　　　插　页　2
字　　数　327 千字
定　　价　34.00 元

序

　　伦理道德是古代礼乐文明的核心内容，可以说理解了中国的伦理道德，也就理解了中国传统文化的精神。20世纪以来关于古代伦理道德的研究主要有两种趋势：一些人专注于道德范畴内涵及其发展变化的解释，近年来甚至有专门用甲骨文、金文和简帛文献写成的伦理史著作。无论这些解释是正确的还是错误的，深刻的还是肤浅的，这种著作虽然读来充满学术气息，但总给人知其然而不知其所以然的感觉。如果有人想说明它们的起因，则往往认为中国伦理是农业经济的产物。如最近一篇论孔子孝道的文章说："在以农耕文明为主体的社会中，家庭作为生产、生活的基本单位，家庭关系成为人们社会生活的最主要关系，家庭是以父权制的形式存在的，父子关系成为人们社会关系的主题，处于主导地位，农耕文明成为孝道产生与发展的决定性因素。"这段在一般人看来无可疑义的话实际是经不起推敲的，因为农业乃是古代世界决定性的生产部门，为什么在别的农业社会却产生不出中国式的伦理道德来？另一些人研究中国伦理是为了推广古代意识形态，他们相信中国古代伦理具有永恒的乃至普世的价值，只要念动真经，无论在何处都可收到改变世道人心的功效，十余年前在大陆、港、台和旅美华人中兴起的"新儒学"就是这种学术倾向的代表，他们当中有人曾预言21世纪将是儒学引领全球的时代，这些人似乎不知道人伦道德是每个社会文化结构中的一部分，只要其他部分没有发生大幅度变化，这一部分就很难改变。法国社会学家涂尔干早在19世纪末就在《社会分工论》的序言里说过："道德是在历史过程中发展并受到历史动因的制约的，它切时地在我们的生活里发挥了充分的作用。如果说道德在特定时期里具有着特定形式，那是因为我们在特定时期里的生活条件不允许另外一种道德存在。只有条件改变了，道德才能随之改变，并且只能在特定的可能范围内改变，这是确切无疑的。"这是研究社会道德的第三条道路，而且可能是通过研究历史改善当前道德状况最为有效的一条道路，因为只有在弄清楚特定道德信念赖以存在的文化条件时，我们才可能对症下药按照我们的愿望改善道德关系。鉴于以上的考虑，2003年晁天义同志以优异成绩考入陕西师范大学在我辅导下攻读中国文化史专业博士学位时，我们选择了"先秦道德与道德环境研究"作为学位论文题目，着重分析支撑古代道德的文化要素，大致构想如下：

影响先秦道德尤其是政治道德的主要因素是早期国家产生的方式或途径。根据我的看法，世界上那些自然生成的国家由于面临各不相同的社会问题，因而国家的产生也经历了不同的途径。中国国家形成的第一阶段是由传说时代那些英雄人物通过施舍赠财、团聚群众完成的，那些早期的政治领袖要想巩固自己的地位，就需要不断地给追随者以荣誉和利益，使他们失去他便无法正常地生活下去。这种关系派生出来的政治伦理在古代称为"德"，"慈惠"是理想的君德，"报德"便是臣下的义务。所以古书上经常看到的"礼尚往来"、"报怨以德"这类格言最初原本是统治集团里上下级之间的伦理规范，后来才推广为全社会的道德。施报不是一次性行为，而是循环往复的事情，施舍者的给予犹如放出一笔人情债，受施者必须在适当的时候以自己的方式清偿债务，这种关系的维持要以感情为基础，以"诚信"为担保，倘若其中一方失信，施报关系马上就宣告破裂。英国人类学家马凌诺夫斯基在《西太平洋的航海者》里报道了美拉尼西亚人与远方朋友互赠礼物的"库拉"活动，一个叫图瓦沙纳的酋长向另一个酋长送出礼物后对方久不还礼，图瓦沙纳大发雷霆，发誓不再和这个小人开展库拉活动了。《礼记·檀弓》篇说古代大臣即使与君主政见不合远走他国，如果旧君死了，他还要为他服丧。鲁穆公问子思这礼现在为什么不行了，子思说古代君主以礼进退大臣，今天的君主进人恨不能加于膝，退人恨不能坠于渊，这些饱受冷遇的人不做叛党就不错了，哪里还谈得上为旧君反服？所以古人说的"取信于民"，儒家朋友之间讲究的"信"也是从施报关系中派生出来的。

在儒家倡导的"五伦"中有父子、夫妇、兄弟三伦是涉及家庭的，因而不少人认为家庭组织是这些伦理产生的基础。这样说并无错误，但应该指出不是普通的三五口之家就必然能产生出这样的伦理来，只有数世同堂、钟鸣鼎食的大家族才需要强调这些人伦规范。这里又需要回到国家产生的途径上来。从夏王朝起，因启废益自立改变了中国政治发展的方向，这时的国家不过是若干个原始贵族组成的联合政府，今人称为"家国一体"，对于其中的每个家族来说，他们的首要任务就是保持家族的昌盛，家族一旦衰落，就有从政治权力中心被驱逐出局的危险，每个家族成员也面临失去财富、声誉、地位的可能。为此，他们制定了很多制度，例如实行同姓不婚，一则可以通过联姻扩大亲属范围争取外援，二则避免因夫妻反目导致家族从内部瓦解；又如创立宗法制，崇隆长子，退抑母弟，缓解兄弟间对家族权力的争夺。伦理则是从观念上协调家族成员的关系，他们首先以一位在家族发达史上做出卓越贡献的祖先为号召，让子孙尊敬他、感激他、学习他，发扬奋发图强精神，西周青铜彝器上镌刻的千篇一律的铭文就是这一意图的见证。通过为共同祖先举行的纪念仪式，可以增强家族成员间的认同感和凝聚力，可以建立男女、长幼、尊卑秩序，这些都是推行孝道的意义所在，因为在大家族里血缘渐远，最容易出现自然感情的淡漠，也因为在大家族里支派渐多，最容易引起利益上的冲突。相对来说，小家庭里的孝行就差得多，例如《史记·商君列传》说为了充分调动秦人的生产积极性，商鞅"令民父子兄弟同室内息者为禁"，"民有二男以上不分异者，倍其赋"，结果是父借子物都面有德色了。古代的核心家庭之所以像大家族那样以孝为美德，是因为养老的需要。礼书上说先秦时有养老之礼，天子于仲春之月到太学亲养三老五更，那只是一个为天下人作表率的仪式，国家并没有赡养老年人的资金和制度，养老责任的真正承担者是每个家庭，《孟子》关于小农五口之家、百亩之田，鸡豚狗彘之畜无失其时，五十者可以食肉，七十者可以衣帛的描写就是下层社会养老的基本模式，在这种情况下，如果不设孝养的道德准则，大批失去劳动能力的老人将啼饥号寒，社会将处于极大的危机之中。

社会分工在大多数人看来是个经济学问题，其实它也是影响道德的重要因素。家庭中的夫妇伦理在我国古代叫"男女有别"，男女有别的内容包含男尊女卑，男主外女主内，夫唱妻随，等等，这种几乎覆盖了全世界的性别不平等现象就是性别分工的结果。妇女由于生理上的原因，天然负有抚育子女的任务，在抚育孩子期间，她们只能做一些家庭琐事，即使从事生产劳动，也局限在家的周围，这样一来，妇女彼此被分隔在一个个孤立的家庭中，她们根本无法形成集体。男人则不同，他们的工作如狩猎、建造房屋皆非一人所能胜任，他们必须联合起来才有成效，因而男人就形成了互相依赖的群体，形成男人的社会。男人很容易借助这一社会力量在家庭里建立自己的特殊地位。他们用集体成就使妇女在他们面前相形见绌；他们创造宗教，假借神灵的权威让女人相信自己天生就是无知无识的俗物；他们通过仪式活动让女人认同自己的从属或配角地位，"三从四德"就是建立在这样的基础上。由此，我们看到妇女的真正解放，男女平权的真正实现还得从社会分工入手，只有在社会分工不断扩大的过程中使妇女从家庭事务中解脱出来，男人独享社会权力的现象才能消失，夫妇伦理才能改观。伴随社会分工的深化也产生了一些职业伦理，战国时的"物勒工名"制度，考古发现的度量衡标准器，《周礼·司市》从生产到流通的打假措施，《礼记·王制》关于布帛精粗不中度不鬻于市的规定，吴起之妻织组不度被丈夫杀死的故事，都从另一个侧面反映出当时自有行业的道德。

社会经济状况和人均收入也是制约道德的重要因素，《管子》"仓廪实而知礼节，衣食足而知荣辱"的名言已经被我们当作古代唯物主义无数次引用过，《韩非子·八说》篇的反传统言论里也说"古者人寡而相亲，物多而轻利易让，故有揖让而传天下者。然则行揖让、高慈惠而道仁厚，皆推政也。处多事之时，用寡事之器，非智者之备也；当大争之世，而循揖让之轨，非圣人之治也"。商鞅甚至把孝悌、诚信、贞廉、仁义、非兵、羞战称为"六虱"，虽然大多数学者可能对法家悍然挑战传统道德的言论不以为然，但韩非不失为一个道德有条件论者。战国是一个"事力劳而供养薄"的时代，仁义、礼让不行，也与财富短缺有极大关系。生活富裕自然容易培育出利他主义的道德精神，然而经济因素之于道德的影响是朝不同方向发展的，富裕可以弱化人的奋斗精神，富裕可以蚕食人们勤劳俭朴的美德。战国时工商业发展过程中涌现出一批工商巨子，繁荣了社会经济，但中国在很长时期里实行重农抑商政策，据我理解，其中很大的一个原因是工商业者在追求利润最大化时滋生出来的奸诈有瓦解人民诚实、敦厚道德的作用。

人众物寡的社会条件必然引起社会竞争，竞争则难免以牺牲道德为代价。战国时代的社会竞争似乎在士阶层表现得最为剧烈，我们只要看看这200余年中士的就业状况就知道竞争的一般态势。在孔子的及门弟子中尚有像子夏那样为诸侯师、像子贡那样结驷连骑出使列国的人。稍降一等，亦可在大夫之家担任邑宰。之后，虽然有少数人游说诸侯做了客卿，绝大部分只能寄食豪门充当幕僚，连幕僚也做不上的失业者如原宪、庄周则成了隐士。未入官场者为了求仕，可以不择手段，有花钱买官的，有委身权贵的，有走夫人路线的，有请人延誉的……已入官场者为了固位，竟至同门相煎。李斯与韩非同事荀子，韩非终死于李斯之手；孙膑与庞涓同出于鬼谷，一死一残；南方墨者将仕于秦，秦之墨者则大肆诋毁之。庄周与惠施为友，庄周之魏，惠施立刻下令全城搜捕，这虽是寓言，却非无根之谈。战国也是功利主义发展到登峰造极的时代，诸侯建国立策唯求立竿见影，不顾道德底线。以功利为社会竞争的驱动力，不仅使道德沦丧，也扭曲了人性。例如秦自商鞅变法实行以军功受爵制度，《商君书·画策》说在这一制度下"民之见战，如饿狼之见肉……强国之民，父遗其子，兄遗其弟，妻遗其夫，皆曰：不得，无反"。他们视战争为获得富贵的难得机会，宁肯不要亲人，也不放弃战功。2000多年前的这段历史告诉我们，社会竞争有时是必要的，但不可为了眼前的利益盲目引进竞争机制，如果不能将它建立在公正基础上，限制在道德范围内，其结果可能比没有竞争还坏。

从理论上说，道德和法律都是为满足同一性社会需求设立的，但战国时代列国普遍推行的法治却曾经是彻底颠覆传统道德的社会因素。法律与道德在古代思想家看来是对立的，《论语·为政》篇在对比法律与道德的效验时说，用政策和法律来整齐人的行为，人民可以免陷于缧绁，却无法树立廉耻之心；用道德和礼仪整齐人的行为，人民不仅懂得廉耻且能有自律的能力。因而，当法与道德产生冲突时，儒家总是牺牲法律而维护道德。例如《国语》上说"君臣无狱，君臣皆狱，父子将狱，是无上下也"，就是说君臣、父子是不能对簿公堂的，对簿公堂就伤害了长幼尊卑的伦常。《论语·子路》篇楚大夫叶公对孔子说，我们这里有个正直的人，其父窃夺人家的羊，他出庭来作证。孔子说我们这里关于正直的认识不同，父亲和儿子相互隐恶，正直就在其中了。有人问孟子，如果舜的父亲杀人，皋陶做法官，舜应如何对待？孟子说，最好抛弃天子之位，携父潜逃。法家以为儒家的伦理是自相矛盾的，《韩非子·五蠹》针锋相对地说："楚之有直躬，其父窃羊而谒之吏，令尹曰杀之，以为直于君而曲于父，报而杀之。以是观之，夫君之直臣，父之暴子也。鲁人从君战，三战三北，仲尼问其故，对曰：吾有老父，身死莫能养也。仲尼以为孝，举而上之。以是观之，夫父之孝子，君之背臣也。"因此法家设连坐之法，《史记·商君列传》说："令民为什伍，而相牧司连坐，不告奸者腰斩，告奸者与斩敌首同赏，匿奸与降敌同罚。"这就极大地破坏了邻里间的和睦关系。不特邻里，告奸之法使父子、夫妇间的亲情也遭到极大破坏，《商君书·禁使》篇有夫妻不能相为弃恶盖非，民人不能相为隐的规定，所以秦人丈夫从征，妻子戒之曰："失法离令，若死我死。"

宗教信仰也是维持伦理道德的重要支柱。世界上大凡信徒众多、历时长久的宗教，在它的教义中都包含大量道德说教，如古书常说"皇天无亲，惟德是辅"、"天道无亲，常与善人"。在宗教典籍里，神灵被描绘成道德的化身，而且是人间善恶的监督者，因果报应故事是劝人向善的鲜活事例。宗教虽然是非理性的，但彻底的无神论在古代也未必是社会的福音，它的作用在宗教情绪低落时看得最清楚。春秋战国之际，天命论遭受普遍质疑，道德失范成为严重的社会问题，因而墨子才有《天志》、《明鬼》之作，企图恢复鬼神的权威，重建道德的秩序。

与道德相关的因素可能不止于此，其他因素需要用敏锐的眼光在浩瀚的史料中去识别。搜集丰富的材料对这些因素之间的复杂关系作出透彻的理论说明非有良好学术修养不行。晁天义同志花费三年多的时间配合我的教学，基本达到了上述目标。他这本书不同于一般伦理学或伦理史著作，他的意图是建立一种道德科学。这种学问以救时为宗旨，但它既不像道德家那样依靠布道征服人心，也不像政治家那样制定具体的改革措施，它只要依据事实揭示出一些社会原理来就够了。在此书出版之际，祝愿天义同志在道德科学的研究道路上不断取得新进展。

常金仓

2010 年 6 月于大连

目　录

绪　论

道德科学及其方法

在数千年的中国古代社会中，道德始终占据至关重要的地位，并对中华文明产生了深刻而持久的影响。由现存的大量先秦史料不难看出，道德对古代社会的积极价值，以及人们对道德的热衷，早自上古三代以来而然。《逸周书·小开解》："维德之用，用皆在国。"同书《王佩解》："王者所佩在德。"这些文献道破了道德对于古代政治以及政治家的重要意义。近现代以来，学者多以"伦理本位"、"道德精神"概括中国社会与文化（主要指中国传统社会与文化）的特质，所论往往颇中肯綮。比如徐复观认为："中国文化，主要表现在道德方面。"[①] 梁漱溟指出："中国文化之特殊，正须从其社会是伦理本位的社会来认识"，"融国家于社会人伦之中，纳政治于礼俗教化之中，而以道德统括文化，或至少是在全部文化中道德气氛特重，确为中国的事实。"[②] 伦理学家的看法也不例外，如罗国杰说："中国传统道德是中华民族思想文化传统的核心。"[③] 张锡勤也指出："（中国）传统思想文化的重心，是伦理道德的学说。传统思想文化的突出特点和优

---

① 徐复观：《中国思想史论集》，上海书店出版社 2004 年版，第 213 页。
② 梁漱溟：《中国文化要义》，学林出版社 1987 年版，第 17、114 页。
③ 罗国杰主编：《中国传统道德》，中国人民大学出版社 1995 年版，第 2 页。

点之一就是它的道德精神。"① 伦理是道德的抽象化，伦理思想之发达自然从一个侧面表明道德的功能在一个社会中之不可小觑。徐复观、梁漱溟等先生从中西文化比较的角度分析传统社会的道德特质，他们的概括堪称生动确切、一语中的。20 世纪后期，中国学术界已盛行多年的"文化热"余温未退，相反还与中国政府所提倡的"以德治国"等号召相呼应，使得关于传统文化的反思和弘扬掀起新一轮高潮。在此背景之下，如何认识和理解古代（包括先秦时期）社会的道德现象，就成为这场文化反思、文化弘扬运动的题中应有之义。本书虽然在研究旨趣和方法上与传统历史学、伦理学范式影响下的道德研究之间存在较大差异（详下文），但在某种意义上仍是企图更加深入认识和反思古代道德文化的一种尝试。

当然，我的目的并不像时下某些新潮的文化保守主义者那样试图通过回顾或追念既往的文化传统，汲汲于"发思古之幽情"。事实上，百余年间中国社会复杂、艰难的现代化过程，对传统道德的命运已构成严峻的考验。即使从表面现象来看，也不难发现许多一度被古人奉为圭臬的道德教条至今已难以激发起今人真诚、持久的敬意和热情，它们在人们心中曾经具有过的神圣地位已如黄鹤一去不复返！不仅如此，传统的失势也引发了当代道德生活领域日渐严重的社会问题，"道德真空"、"诚信危机"、"伦理缺失"、"人心不古"、"世风日下"之类的呼吁和谴责之声不绝于耳，某些领域道德环境的恶化已非危言耸听的天方夜谭，而是摆在每个社会成员眼前的、冷冰冰的现实，这些现实随时都可能给每个身临其境者带来切肤之痛。无怪乎当我们的耳边一边响起《常回家看看》、《让世界充满爱》

---

① 张锡勤主编：《中国伦理思想通史》上卷，黑龙江教育出版社 1992 年版，第 1 页。

这些美好旋律的时候，一边却有大量关于"子孙不孝"、"公德缺乏"的报导和谴责冲击着我们的感官。对于我们这样一个富于伦理传统而又格外善于向历史学习的民族来说，努力将目光投向过去，以期从道德史的研究中得到启示、寻找答案便是顺理成章的事情。

至少就20世纪以来的情况而言，每当一个道德体系面临革故鼎新的历史关头，"旧道德向哪里去"、"如何建设新道德"之类的问题就会备受关注。除了不同时期政治家、社会活动家的积极努力之外，许多学者也凭借敏锐的学术洞察力研究历史时期的道德现象，试图借此为当下道德的病症开出一剂验方。先秦时期是中国古代道德奠基和形成的重要历史阶段，其中可能孕育着制约道德文化发展的"秘密"，一旦解读成功，就可能找到破解现实道德难题的"钥匙"。这应该是众多学者将研究对象锁定在该时期的原因之一。如果以1910年蔡元培撰写第一部《中国伦理学史》[①] 作为人们利用现代方法研究先秦道德问题的开端的话，在迄今为止的100年中产生的相关专著已不下40部，论文则多达数百篇。如此众多的研究成果虽然在研究目的与重点上不尽相同，却足以说明先秦道德研究已成为20世纪以来学术界的一种自觉。

在进入正题之前，如何将这些时间跨度大、涉及内容广泛、数量众多的研究成果进行有意义的总结，这本身就是一件颇费周折的事情。大致而言，学术界的惯例提供了两种可资参考的选择：第一种办法，是把百年以来的研究活动概括为诸如滥觞、发展、成熟、高峰等阶段，然后列出各阶段的相应特征与代表成果；另一种办法，则是将相关研究成果按照专题加以分类，并对每一领域的情况分别评述。以上方式将产生两种风格各异的学术

---

① 蔡元培：《中国伦理学史》，上海商务印书馆1917年版。

编年史或专题史，它们虽都具有线索清晰、资料完备的优点，却在方法论方面对人们缺少启发。古人说："工欲善其事，必先利其器。"在我看来，总结研究状况的主要目的不在于搜罗资料、为读者提供一部先秦道德研究的学术史，而在于揭示前人的研究在学术观、方法论上的成败得失，以免人们在今后的工作中重蹈覆辙。达到这一目标的有效办法，莫过于从20世纪众多的研究成果中概括出那些最具影响力和代表性的学术观点和方法，并对它们加以讨论。由于本书力图采用文化学和社会学的某些实证方法对先秦道德现象进行较多的探讨，这种处理策略对于明确阐释笔者在方法论方面的看法也不无益处。

一　叙事史学的研究模式

20世纪的先秦道德史研究主要是在传统叙事史学的框架下展开的。提起叙事史学，人们一定会想起19世纪德国历史学家兰克在《拉丁和条顿民族史》序言中发表的一段至理名言，他说："历史指定给本书的任务是：评判过去，教导现在，以利于未来。可是本书并不敢期望完成这样崇高的任务。它的目的只不过是说明事情的真实情况而已。"① 众所周知，兰克主张忠实地记载和叙述历史事实，这种观念成为彼时人们批评和抵制中世纪以来神学和庸俗政治史学观的利器，因而在19世纪那个"历史学的世纪"产生了重大影响。作为对传统史学弊病的反动，这一思想在当时无疑具有积极价值。但是时至20世纪初，叙事史学那种陈陈相因、缺乏思想性的缺陷便逐渐暴露出来，以"实证"相标榜的历史编纂模式开始遭遇人们的不满。英国历史哲学家柯

---

① ［英］乔治·皮博迪·古奇：《十九世纪历史学和历史学家》，商务印书馆1989年版，第178页。

林伍德是率先对实证主义史学给予强烈质疑的代表之一，他在《历史的观念》一书中指出：

> 有一种历史学是完全依赖权威们的证词的。正像我已经说过的那样，它实际上根本就不是历史学，但是我们对它又没有别的名称。它所赖以进行的方法，首先就是决定我们想要知道什么，然后就着手寻找有关它的陈述（口头的或书面的），这种陈述号称是由那些在复述这行动者或目击者所告诉他们（或告诉他们的消息报道者）的实情的人，或者是由那些向他们的报道者报道了消息的人等等，做出来的。在这种陈述中找到了与他的目的有关的某些东西之后，历史学家就摘抄它，编排它，必要的话加以翻译，并在它自己的历史著作中重新铸成他认为合适的样式。①

在柯林伍德看来，尽管完成这种带有特定目的的历史叙述是西方史学史上众多学者矢志不渝的目标，然而它在根本上却是一种缺乏启示意义的活动。论者极力抵制这种史学方法论，原因在于它只是一种简单化的材料汇编（"剪刀加糨糊"），而未能满足"科学"的必要条件。柯林伍德批评道："由摘录和拼凑各种不同的权威们的证词而建立的历史学，我们就称之为剪刀加糨糊的历史学。我再说一遍，它实际上根本就不是历史学，因为它没有满足科学的必要条件；但是直到最近，它还是唯一存在的一种历史学，而人们今天还在读着的、甚至于人们还在写着的大量的历史书，就都是属于这种类型的历史学。"② 以"剪刀加糨糊"为特

---

① ［英］柯林武德：《历史的观念》，商务印书馆 1997 年版，第 357 页。
② 同上书，第 358 页。

征的叙事史认为，历史学家的第一要务在于尽可能客观细致地反映历史的本来面貌，仅此而已；因而在这种史学观念指导下的历史作品通常由一系列历史人物传记、历史事件以及典章制度构成。事实上，兰克及其后继者之所以对叙述和考证情有独钟，将之视为历史学研究的唯一任务，这与那个时代狭隘的"科学"观念不无关系。实证主义史学家们曾经天真地认为，历史学只要凭借对具体史实的客观把握便能迈入科学的大门，从而将自身变成一门地道的科学。然而结合近代自然科学的情形不难看出，这种认识其实有意或无意地将"科学"的门槛降低了。也就意味着，历史学要成为一门真正的"科学"，不仅应客观地记载或描述研究对象，而且需要满足其他一些更为重要的条件。美国历史学家伊格尔斯认为：

> 历史学家所理解的"科学"这一概念，肯定的是与自然科学家所理解的大不相同，自然科学家追求的乃是概括化与抽象定理的形式的知识。对历史学家们而言，历史不同于自然，因为历史学处理的乃是表现为创造了历史的男男女女的议员以及使社会得以凝聚的种种价值和风尚。历史学家们一般的也都在分享各种专业化科学的那种乐观主义，亦即受控的研究在方法论上就使得客观的知识成为可能。对于历史学家们也像对其他科学家们一样：真理就在于知识与客观实际相符合；那对于历史学家而言便是"要像它实际上所发生的那样"建构过去。①

这就是说，叙事史学家们一则重视简单地描述，二则将研究对象

_____

① ［美］伊格尔斯：《二十世纪的历史学：从科学的客观性到后现代的挑战》，辽宁教育出版社 2003 年版，第 2 页。

严格地锁定为具体独特的人和事。以上两项特征看似完全符合"科学"的规范，其实却恰恰使之画地为牢，甚至无形中将史学研究与真正意义上的科学实践划分开来，无怪乎柯林伍德也指责它"没有满足科学的必要条件"！

中国史学自近代以来虽然多受西方学术思潮的影响，[①] 但就叙事史的基本模式而言却有其独立而清晰的发展脉络。在某种意义上，早自司马迁以迄近代的诸多史学著作都可归诸叙事史作品，它们与兰克史学尽管并无亲缘关系，但两者遵从的编撰原则却毫无二致。也许正因为如此，近代西方学者（如柯林伍德、克罗齐等人）关于兰克史学的反思和批判并未从根本上改变中国叙事史学的基本现状，这也是"考证派"或"史料派"在20世纪史学领域长期独居一隅的重要原因。先秦道德史研究方面也存在同样的情况，道德叙事史者惯于按学术流派、代表人物、道德观念、道德范畴等线索对历史时期的道德状况进行细致入微的叙述。上文提到蔡元培所著的《中国伦理学史》，就是采用叙事史模式研究古代道德的一个较早范例。翻开这本著作，可以看到作者从"唐尧三代伦理思想之萌芽"开始，按照先秦诸子的流派分别叙述儒家（孔子、子思、孟子、荀子）；道家（老子、庄子）；农家（许行）；墨家（墨子）；法家（管子、商君、韩非子）等五个思想流派及其代表人物的道德思想，每一代表人物下分述作者小传、道德思想、结论等三部分。这部以学派及代表人物为线索的《中国伦理学史》，首次将散见于众多先秦典籍中的道德学说和思想进行了总结归纳，并以诸子学派为线索予以编订，对人们了解和

---

① 许冠三就曾指出："（近代以来史学的）所有学派莫不因应于西潮的冲击而生，或以洋为师，或以洋为鉴。"参见许冠三：《新史学九十年》，岳麓书社2003年版，第2页。

认识当时的道德状况提供了线索，首创之功不容磨灭。

　　这部伦理学史对此后的道德史研究具有直接而深远的影响，甚至在某种意义上奠定了 20 世纪众多古代（尤其是先秦）道德问题研究著作的模式。谢扶雅的《中国伦理思想述要》出版于 1928 年，以天、道、性（命）等伦理范畴以及儒、道、墨、法等学派为线索，分别叙述先秦道德的主要内容；该书在编撰线索方面虽以学派和范畴两者并存，但在叙事风格方面则与蔡元培的著作并无不同。① 此间国外学者对中国古代伦理问题的研究也值得注意，日本学者三浦藤作的《中国伦理学史》将先秦道德分为儒、道、杨、墨、法、名、兵、杂等八家，着重源流辨析，方法上也并不新颖。② 余家菊的《中国伦理思想》改变了以学派和代表人物为线索的叙述方式，设立志学、国家、君上、父母等 15 个专题介绍古代道德；这部古代道德问题的专题史著作，在叙事志趣上仍遥继蔡元培。③ 此外值得一提的还有张定宇的《中国道德思想精义》、④ 张家蕙的《中国伦理思想导论》⑤，等等。大陆学者方乐天的《中国伦理政治大纲》在编写方式上也不例外，⑥有学者开宗明义地指出该书的研究模式："本书主要是从'史'的角度，论述中国伦理思想发展的过程。这个过程是从夏商周，特别是从孔子开始，到清末为止……本书涉及的人物，也是从'史'的角度论述他们的伦理思想。这种论述，

---

　　① 谢扶雅：《中国伦理思想述要》，广州昭成印务局 1928 年版。

　　② ［日］三浦藤作：《中国伦理学史》，上海商务印书馆 1926 年版。

　　③ 余家菊：《中国伦理思想》，台北商务印书馆 1970 年版。

　　④ 张定宇：《中国道德思想精义》，台北中正书局 1968 年版。

　　⑤ 张家蕙：《中国伦理思想导论》，台北黎明文化事业股份有限公司 1996 年版。

　　⑥ 方乐天：《中国伦理政治大纲》，上海商务印书馆 1947 年版。

不是采用比较的方式。"① 此说较为准确地概括了 20 世纪前半期各种古代道德叙事史著作的编纂理路。

20 世纪后半期以来，随着古代道德研究的不断深入，先后出版了一批分类更为细致，内容更为丰富的编年史和范畴史专著，这些著作基本沿袭蔡元培以来的叙事史编纂模式。编年史方面的论著包括：陈瑛、刘启林的《中国伦理思想史》；沈善洪、王凤贤前后合著的《中国伦理学说史》、《中国伦理思想史》；陈少峰的《中国伦理学史》；朱贻庭的《中国传统伦理思想史》；姜法曾的《中国伦理学史略》；张锡勤的《中国伦理思想通史》，以及朱伯崑完成的首部先秦伦理学断代史《先秦伦理学概论》。这些论著或是大学伦理学专业教学的参考著作，或是一般性的学术著作，但都具有流布广泛、影响深入的特点。② 进入 20 世纪 90 年代以来，先秦道德范畴史研究得到人们的空前重视，这方面先后涌现出一批关于孝道、诚信、忠德等方面的研究著作。其中"孝道"方面如朱岚的《中国传统孝道的历史考察》、吴锋的《中国传统孝观念的传承研究》、康学伟的《先秦孝道研究》以及肖群忠的《孝与中国文化》；"诚信"方面的研究有唐贤秋的《道德的基石：先秦儒家诚信思想论》；"忠"方面有王子今的《"忠"观念研究：一种政治道德的文化源流与历史演变》、朱汉民的《忠孝道德与臣民精神：中国传统臣民文化论析》。这些研究成果大多首先以博士论文的形式出现，而后又经修改出版，在学术界

---

① 唐宇元：《中国伦理思想史》，台北文津出版社 1996 年版，第 1—2 页。

② 陈瑛、刘启林：《中国伦理思想史》，贵州人民出版社 1985 年版；沈善洪、王凤贤：《中国伦理学说史》，浙江人民出版社，上册 1985 年版、下册 1988 年版；沈善洪、王凤贤：《中国伦理思想史》，人民出版社 2005 年版；陈少峰：《中国伦理学史》，北京大学出版社，上册 1996 年版、下册 1997 年版；朱贻庭：《中国传统伦理思想史》，华东师范大学出版社 1989 年版；姜法曾：《中国伦理学史略》，中华书局 1991 年版；张锡勤：《中国伦理思想通史》，黑龙江教育出版社 1992 年版；朱伯崑：《先秦伦理学概论》，北京大学出版社 1984 年版。

有较大影响。① 论文方面的情况也相去不远，国内各种刊物关于先秦道德史研究的成果屡见不鲜，其中十之八九也是按照叙事史的基本模式撰写而成的。这方面的例子汗牛充栋，不胜枚举。

20 世纪的学术史上为什么会产生数量如此可观的道德叙事史作品？为了正确理解这一现象，不妨对作者们自陈的撰写旨趣作番考察。蔡元培《中国伦理学史》的编撰目的非常明确，作者在"绪论"中说："伦理学史者，客观也。在抉发各家学说之要点，而推暨其源流，证明其迭相乘除之迹象。"② 在蔡元培看来，伦理学史应该客观阐述历史时期各种道德思想的要点，考察它们的发展历程，并借此发现道德的发展规律，即所谓"迭相乘除之迹象"。将道德叙事史的研究目的定位为揭示道德规律，这显然是传统史学受近代自然科学观念影响的结果，也是继蔡元培之后的许多古代道德研究者所持的共同观点。20 世纪 80 年代出版的一部古代伦理学说史这样写道："伦理学说史是关于各种伦理思想产生、发展及其相互关系的历史，是关于伦理思想发展规律的历史。中国伦理学说史就是研究中国伦理思想发展规律的科学。"③ 事实表明，这种为道德叙事史赋予"规律"、"科学"之类"美称"的做法在 20 世纪的学术史上堪称一股长盛不衰的风气。另外一部《中国伦理思想史》就曾指出："中国伦理思想史，

① 朱岚：《中国传统孝道的历史考察》，中国人民大学博士论文，国家图书馆博士论文文库；吴锋：《中国传统孝观念的传承研究》，北京师范大学博士论文，国家图书馆博士论文文库；康学伟：《先秦孝道研究》，吉林人民出版社 2000 年版；肖群忠：《孝与中国文化》，人民出版社 2001 年版；唐贤秋：《道德的基石：先秦儒家诚信思想论》，中国社会科学出版社 2004 年版；王子今：《"忠"观念研究：一种政治道德的文化源流与历史演变》，吉林教育出版社 1999 年版；朱汉民：《忠孝道德与臣民精神：中国传统臣民文化论析》，河南人民出版社 1994 年版。

② 蔡元培：《中国伦理学史》，上海商务印书馆 1917 年版，第 1—2 页。

③ 沈善洪、王凤贤：《中国伦理学说史·导论》，浙江人民出版社 1985 年版，第 2 页。

是中华民族对于社会道德及其发展规律的认识史，是研究这种认识规律的科学"，"中国伦理思想史，不仅研究道德原则和规范，而且还要研究道德的根源和本质，研究道德发展的规律。"①

　　以上证据表明，尽管 20 世纪的许多道德史研究都表现为叙事史模式，但学者们并不仅仅以叙述为宗旨，他们的目的大多是发现道德规律。众所周知，探索和发现规律最早被认为是自然科学家的当然任务，而正是这一任务为数百年来的自然科学赢得了种种崇高声望。近代以来，自然科学领域的一系列辉煌成就引起众多社会科学工作者的关注，在此背景下，一些传统叙事史学家开始将历史学的目的确定为探讨历史规律。对规律的醉心反映出历史学试图改造自身，迈进科学殿堂，更好地实现自身社会价值的可贵意识。不过要探索规律，就必须先了解什么是规律，以及如何才能发现规律。然而对于以上两个基本问题，长期以来包括历史学家在内的许多社会科学家中却存在极大误解。一位西方社会学家说过："如果你要研究社会现象的规律，就必须首先知道自然规律是什么，以及我们去发现规律的方法；这样一种直觉只能从科学实践中得到，而且其中每天都会有这种发现，终究是自然科学的世界。目前，那些致力于专门社会研究的学者，比如说经济学家和历史学家，具有一种与其说是科学的，不如说是文学的修养。一般而言，他们对规律究竟是什么的问题只有一个非常模糊的观念。"② 由于历史学的规律观源于自然科学领域，因此只有首先搞清楚自然规律的真正意义，才谈得上正确地探讨历史规律。

　　什么是自然科学意义上的规律呢？德国科学哲学家汉斯·波

---

　　① 陈瑛、温克勤、唐凯麟、徐少锦、刘启林：《中国伦理思想史》，湖南教育出版社 2004 年版，第 1、20 页。

　　② ［法］爱弥尔·涂尔干：《乱伦禁忌及其起源》，上海人民出版社 2003 年版，第 267—268 页。

塞尔认为："大部分情况下，我们将自然规律理解为那些有关自然现象之间的必然联系的最一般的、具有普遍意义的陈述。自然规律不仅表示了世界的规律性，而且是我们理性地把握宇宙变化的保障。"① 英国社会人类学家拉德克利夫—布朗认为："普遍规律就是指多少在一般性的意义上的一般性陈述或者定则，每一个陈述或定则适用于某范围内的事实或事件。"② 以上表述都将一般性和必然性作为规律的特征，波塞尔更是明确地将规律界定为"自然现象之间的必然联系"，足见它与事物的发展过程关系不大。"一般性"与"必然性"都是讲事物间的因果性，这说明抛开因果关系而旁作他求便无所谓规律；换言之，规律涉及一般性、必然性、事物之间的因果联系三个要件，缺一不可。规律的观念进入社会科学领域是相对较晚的事情，正如法国社会学家涂尔干所说："到了十八世纪末，人们才开始认识到，社会领域同其他自然领域一样，具有自身的规律。"③ 尽管社会科学以各种社会现象为考察对象，因而复杂程度远远超出自然现象，但是两者归根结蒂都属于客观事实。正是在这一基础上，社会科学才获得"科学"的称号，而社会科学中的规律自然也应当被理解为各种社会现象之间那些具有必然性、一般性以及普遍意义的联系。这就是说，无论自然界与社会领域在表现形态、内容等方面存在多少不同，然而两者的规律在本质上都同样反映客观事物内部的一种因果联系。

　　不过在历史学领域，人们却往往未能正确地理解规律的涵

---

　　① ［德］汉斯·波塞尔：《科学：什么是科学》，上海三联书店 2002 年版，第46 页。

　　② ［英］拉德克利夫—布朗：《社会人类学方法》，华夏出版社 2002 年版，第6 页。

　　③ ［法］爱弥尔·涂尔干：《乱伦禁忌及其起源》，上海人民出版社 2003 年版，第 282 页。

义，不是把它当做事物之间的联系，而是不恰当地视之为一种过程。有些古代伦理史研究者的文字中就隐含了这种规律观，他们认为："对于历史学来说，它的任务是要如实地反映历史的具体过程，因而它并不清除掉具体的历史形式，历史的必然性和规律在这里不是表现为抽象的理论结构，而是寓于具体的历史形式的摹绘，或者说，在摹绘具体的历史形式中体现出其中的本质联系和必然规律。"① 在论者看来，"具体的历史形式的摹绘"是历史研究的主要任务，而且正是通过这种摹绘才能发现历史的"本质规律和必然联系"。如果笔者没有误解上述引文的意思的话，似乎可以得出以下结论：历史时期各种道德学派、道德思想、道德范畴的"规律"便是它们各自发生、发展以及最终衰落的过程。由于把规律理解为一种过程，遂有多数学者长期以来将主要精力用于探讨道德的起源、划分道德的发展阶段以及描述道德的具体内容等几个问题方面，似乎唯有如此才算切中道德史研究的主题。仅以孝道问题的研究为例，学者们为了寻得孝道规律，遂纷纷致力于复原孝道起源与发展的原貌，他们不仅几乎穷尽传世文献和地下出土材料，而且广为征引多种人类学调查报告。尽管如此，研究者长期以来仍然在孝道起源的细节问题上争执不休，纠缠于"父系氏族公社时代起源说"、"五帝起源说"、"殷商起源说"、"周初起源说"等观点之间而难分伯仲，大有所谓后息者为胜之势。② 人们往往喜欢用赞叹的口气将这些争论称作是"百花齐放，百家争鸣"，然而奇怪的是：每次鸣放之后却很难看到学

---

①　朱贻庭：《中国传统伦理思想史·绪论》，华东师范大学出版社 1989 年版，第 10 页。

②　参见肖群忠：《孝与中国文化》，人民出版社 2001 年版，第 12—14 页。吴锋将近年来人们在先秦孝道起源问题上的看法总结为四种观点：即西周起源说、殷周起源说、殷起源说、殷之前起源说，与传统说法大同小异。参见吴锋《中国传统孝观念的传承研究》，北京师范大学博士论文，国家图书馆博士论文库，第 2 页。

者们在哪个问题上真正达成共识。在错误规律观的引导下，叙事史学家们获得了追溯道德演变过程的强大动力，但是效果却并不令人满意。在我看来，除非及时调整思维和研究方式，否则就有理由断言这些分歧和争论将会持续下去。

与此同时，错误的历史规律观还加强了人们对叙事史研究模式的信赖，而很少思考这种研究策略的效率和科学价值。与历史学界的反应迟钝形成鲜明对比，以法国学者涂尔干等人为代表的一批西方社会学家、人类学家颇早就发现了叙事史模式及其规律观的弊端。他们认为，即使叙述本身可能揭示历史发展的真实面目，但这却与真正意义上的规律毫不相干，因为叙述的结果最多不过反映事物在时间上的先后次序而已。涂尔干就此指出：

> 　　表面上看来，只要把一件事情的先后次序寻找出来，就可以了解社会现象的因果关系。从历史上看，所谓因果关系不就是事物发生的先后次序吗？然而，这种先后次序的关系不能使人明白一个时代的文化状况怎样成为下一时代文化发展的确定原因。人类历史发展的阶段是分先后次序的，但是一个历史时期的现象并不一定产生另一个时期的现象，它们之间有先后次序，但不一定有因果关系，先前发生的现象不一定就是后来发生现象的原因……因此，仅从时期先后次序出发，不可能得出有科学价值的因果关系。①

涂尔干一针见血地指出叙事史学的第一个缺陷，即它无法将事物的"次序"和"因果关系"有效地加以区分。事实上，

---

① ［法］爱弥尔·涂尔干：《社会学方法的规则》，华夏出版社 1999 年版，第 95—96 页。

次序与因果联系具有本质区别：次序反映事物间的时间关系，而因果关系则是事物之间的内在联系。家庭规模缩小，孝道衰落，这两件社会（历史）现象有没有因果关系呢？答案是肯定的。但两者在许多情况下却未必呈现出一种前后紧密相继的关系。这表明，时间上前后相继的事物固然未必存在因果关系，而具有因果关系的事物也未必以明显前后相继的方式出现。一种科学研究手段的价值，往往在于帮助人们辨别事物间关系的类别，排除那些与研究对象只有表面次序关系的因素，而在具有内在关系的事实间确立联系。这是因为，只有反映事物之间联系的因果关系，才能成为人们揭示规律的基础，而次序通常并不具有科学研究的价值。然而令人遗憾的是，传统的叙事史学家感兴趣的恰恰是描述事物间的时间次序，而对于辨别史实间的因果联系却并不在行。尽管叙事史学家们长期以来对自己的研究方法津津乐道，可是在其他学科领域的不少学者看来，正是历史学家那种低效而缺乏科学价值的研究方法断送了历史学探讨事物规律、通往科学殿堂的道路。英国人类学家马雷特曾经指出：

　　就我们目前的目的来说，历史学家可被看做仅仅是一位编年史作者，一位记录发生了的事件的记录者。他在这儿发现一连串事实的顺序是按时间推移排列的，又在那儿发现另一连串事实的顺序也是同样的情况；而从众多的事实序列中归纳出一种顺序性就不再是他的工作了……而科学却深入一步。关于对人类的研究，它的方法不是时间顺序式的而是比较式的。它所注意的是这个历史事实序列与那个历史事实序列所展示的相同点和不同点，它的目的在于揭示决定前后相继的顺序或者说是趋势的一般规律。在一个相应的程度上它比历史更抽象，因为它力图从已有的一连串事件中区分出支配发展的本质性因素，而将不相关的细节抛弃掉。①

马雷特认为传统历史学采用"时间顺序式的"方法（即前引论者所谓"如实地反映历史的具体过程"的方法），而将科学方法视为"比较式的"。总的说来，这种将历史学从"科学"中隔离出来的看法虽然可能刺痛许多以"社会科学家"自居的历史学者的心灵，但我们仍得承认它犀利深刻、发人深省。在马雷特看来，历史学为人们提供了大量事实，可是由于研究方法的限制，人们却不能（也没有必要）从中得出规律。原因很简单，规律只能在比较、概括和抽象中（而不是在叙述中）得出；而讲故事只能告诉人们过去发生过什么，却永远讲不出规律。无独有偶，拉德克利夫—布朗也认为，研究人类文化与社会通常有两种方法：一种是历史的方法，另一种是归纳的方法。对于前者的缺陷，布朗曾经指出：

> 它（按：指历史的方法）通过追溯制度（Institution）发展的不同阶段，并在可能的地方找出每次变迁特有的原因或条件；在此基础上，解释一特定的组织或多个制度的复合体……但重要的是，这种类型的解释方法不能告诉我们像归纳科学所寻求的那种一般规律。文化的具体因素或条件被解释为起源于某个第二者，第二者又导因于某个第三者。如此上溯，直到我们力所难及。

他接着指出："文化的这种历史研究给予我们的，仅仅是事件及

---

① ［英］R.R. 马雷特：《心理学与民俗学》，山东人民出版社 1988 年版，第130 页。

事件发生顺序的知识。"① 与马雷特绝对否认历史学关注因果联系的考察不同，布朗认为"历史的方法"除了描述时间次序（"制度发展的不同阶段"），还可能寻找事物之间的因果关系（"解释一特定的组织或多个制度的复合体"）。不过即使如此，方法论的原因也决定了历史学不可能参透真正的规律。在笔者看来，由于传统的史学家们将过多精力用于追求时间的精确性以及建立次序，因此无暇对事物的功能、结构及其相互关系加以分析，这至少在部分程度上可以解释叙事史研究何以与社会历史规律相去甚远。在这一问题上，柯林伍德也持有相同观点，他说："把历史学称为'描述性的科学'是无用的，因为那是没有意义的，它是描述性的这一事实就使得它不再是一门科学了。"②

　　历史学的方法论总是服务于特定的史学价值观，研究者的目的往往决定他采取何种研究手段。传统史学之所以坚持叙事式的研究模式，原因是它误以历史过程为"历史规律"，试图通过叙述达到自身的目的。将历史规律理解为历史过程的观点，实际上是传统史学接受自然科学观念改造的产物，它反映了历史学试图在保持自身叙事模式的前提下实现科学化时所面临的一种尴尬境遇。

　　20世纪以来叙事史学在诸多问题上的实践表明，历史学的叙事模式与科学的规律观背道而驰。要摆脱这种名实不符的局面，只有抛弃错误的历史规律观和叙事史的研究模式，否则历史学就只能继续彷徨于现代科学的大门之外。至于应该建立怎样一种史学方法论，以及如何建立这种方法论，则是今天所应着力探

---

　　①　［英］拉德克利夫—布朗：《社会人类学方法》，华夏出版社2002年版，第4、6页。

　　②　［英］柯林伍德：《历史的观念》，商务印书馆1997年版，第273页。

讨的问题。①

二　庸俗化的史学致用观

20 世纪的先秦道德史研究还受到庸俗化史学致用观的影响，这是一种与传统史学功能观一脉相承的学术观念。传统史学的志趣之一是总结历史经验教训，帮助政治家和伦理家资政卫道，借此保证历史学及其从业者实现社会价值和功能。常金仓先生曾将史学的政治功能归纳为四个方面：第一，为国家政权制造意识形态，论证政权存在的合理性；第二，从历史上汲取经验教训，以史为鉴；第三，把历史当作道德教育的材料；第四，利用历史，影射现实。② 回顾中西方史学发展史可以看出，以上四项职能几乎贯穿传统史学的方方面面，堪称各文化背景下传统史学的一项共同特点。意大利历史哲学家克罗齐回顾道："修昔底德叙述过去的事件是为了从中预测未来的事件……波里比阿寻找事实的原因，为的是他可以把它们用到类似的情况上去……塔西佗的主要兴趣是道德方面而非社会或政治方面，根据这一兴趣，他认为他的主要目的是搜集那些因其所含的恶或善而惹人注意的事实，为了使德行不致默尔而息，并为了使后人对邪恶的言行与丑名有所

---

①　传统史学的复原和叙事情结的确是一种根深蒂固的成见，这种成见在 21 世纪初期的学术界依然很有市场。比如有的学者就认为："从历史学的涵义来说，所谓历史学，就是重建历史的科学。它既要重建过去发生过的一切事情，又要重建这些事情的变化发展过程及其内在规律；既要复原和描述各种历史现象，也要分析和揭示历史发展的各种特点和规律。"这是以历史过程的重建与"历史规律"的重建为不可分割的两个部分。参见虞和平：《历史·时代·历史学与社会科学》，《理论与方法：历史学与社会科学的关系及其他》，《历史研究》2004 年第 4 期。

②　常金仓：《穷变通久：文化史学的理论与实践》，辽宁人民出版社 1999 年版，第 17—25 页。

畏惧。"^① 为完成上述使命，历史学家通常要扮演好几种角色：他既是一个历史事实的记录者，同时又是一个政论家，另外还得充当一个伦理学家。

历史学家的这种"兼职"身份，反映了中西历史学长期以来与现实政治混为一体的真实生存境况。然而随着近代以来历史学日盛一日地从政治领域中分离出来，并最终确立为一门独立的学科，传统史学的这种简单化的致用观开始遭到人们的讥议。人们的不满主要基于两种理由：第一，尽管历史学从产生的那一天起就被打上政治的烙印，以"资政"为天然职责（当然也是一种权利），然而在学科分化逐渐剧烈的情况下，人们不得不怀疑用以往那种简单化方式"资政"的效率和意义。第二，在近代自然科学的影响下，人们越来越清楚地认识到：人类社会具有复杂而特定的运作机制，只有总结并掌握其中的规律，才可能卓有成效地改造社会；与这些真正制约或影响社会运动的规律相比，为传统史学家所津津乐道的"经验"或"教训"不过是一些相对直观而肤浅的老生常谈而已。社会的发展不断趋于复杂化，复杂的社会反过来对人们的认识能力提出更高要求，在这种情况下，那种由历史学家根据自身有限经验得出的结论又怎能切实有效地为社会提供服务呢？总的来说，传统那种从历史上的成败得失中汲取"经验教训"，以期服务于政治或道德教化的简单做法似已变得不合时宜。

基于以上原因，无视史学研究新规范的创立，而一味强调"为社会服务"的陈见逐渐被 20 世纪以来的一些有识之士加以澄清和摒弃。克罗齐批评说：

---

① ［意］克罗齐：《历史学的理论和实践》，商务印书馆 1982 年版，第 155—156 页。

我们的法庭（无论是司法的还是道德上的）是当前的法庭。这些法庭是为活着的，在积极活动的而且是危险的人物设立的，而另外那些人已经在他们那个时代的法庭上出现过，那些人不能够判两回罪，或赦免两回。任何法庭都不能判他们有罪责，正是因为他们是过去时代的人，他们是属于过去时代的治安管辖的。正由于他们是过去时代的人，他们只能是历史的臣民，不能接受其他判断，只能接受洞察和理解其工作精神的判断……有些人借口编写历史，像法官似地到处奔忙，到这里来判刑，到那里去赦免，因为他们认为这就是历史的职责……这样一些人一般是被认为缺乏历史感的。①

年鉴学派代表人物马克·布洛赫也有类似观点，他辛辣地讽刺道："长期以来，史学家就像阎罗殿里的判官，对已死的人物任情褒贬。这种态度能满足人们内心的欲望……人们忘记了这一点，价值判断只有在作为行为的准备并与公认的、自觉的道德规范有所联系之时，才有存在的理由。在日常生活中，行动的要求迫使我们应用这些相当简明的标签，而当处在不能行动的境况之下，当公认的观念与自己的观念截然相反之时，这标签就会使我们难堪了。"② 在 20 世纪 50—70 年代的中国历史学界，不少历史学家在当时政治氛围的影响下单纯讲求"为政治服务"，结果反而使历史学自身的学科素质受到严重损害。关于史学史上这类惨痛的教训，国内学术界已有不少富有价值的总结。

---

① ［意］克罗齐：《作为自由的故事的历史》，第47页，转引自［英］爱德华·卡尔：《历史是什么?》，商务印书馆 1981 年版，第 82 页。

② ［法］马克·布洛赫：《历史学家的技艺》，上海社会科学院出版社 1992 年版，第 102 页。

　　既然时代的发展对历史学的功能提出更高要求，历史学家不能再以简单的方式和思路"为政治服务"了，它是否还具有存在的价值和服务的必要呢？这是传统"致用观"遭到质疑后人们普遍关心的问题。作为思考的结果之一，不少历史学家提出历史学应为地方经济建设、文化复兴、影视娱乐、企业管理、旅游开发、品牌宣传等"服务"的设想。"善言古者必有验于今"，一旦实现了研究视角的转换，20世纪的历史学从业者似乎比历史上任何一个时期都更加具有关心社会、关注现实的意识。为了"服务社会"，人们需要时刻敏锐地洞察社会发展的动向，准确地捕捉其中的各种热门话题，然后竭尽所能从历史上寻找相关问题进行讨论。凡是在以上方面有所作为者，便能博得"关注现实"的美誉，而那些不善于从现实中寻找话题并从中总结经验教训者，则往往被视为史学研究中的食古不化、不识时务者。

　　在道德史研究方面，这种"古为今用"的意识不仅肇始颇早而且表现得尤为强烈。蔡元培曾明确指出，他研究古代道德的目的之一便是通过介绍古代伦理界的伟大成就，借以消除弥漫在当时伦理学界的民族虚无主义情绪。他说："吾国夙重伦理学，而至今尚无伦理学史。迩际伦理界怀疑时代之托始，异方学说之分道而输入者，如檠如烛，几有互相冲突之势。苟不得吾族固有之思想系以相衡准，则益将旁皇于歧路。盖此事之亟如此。而当世宏达，似皆未遑暇及。用不自量，于受课之际，缀述是编，以为大辂之椎轮。"① 蔡元培《中国伦理学史》的撰写，适逢近代西学东渐之风势头迅猛之际，正如西方的坚船利炮给近代国人的心灵造成巨大震撼一样，国外伦理学理论的传入也将人们带入一个"伦理界怀疑时代"。为解决这一问题，研究者试图通过清理

————————

① 蔡元培：《中国伦理学史·序例》，上海商务印书馆1917年版，第1页。

和叙述古代伦理学"固有之思想系统",帮助人们树立伦理学研究的自信,以免人们在"异方学说之分道而输入"的情况下"旁皇于歧路"。

如果说蔡元培主要关注的是道德史研究如何服务于现代伦理学建设的话,那么这种"关注现实、服务时事"的取向则被后继者们扩展到现代社会的各个领域。耐心翻阅 20 世纪后半期以来国内各种学术期刊上发表的相关文章,就会发现一个有趣的现象:每当涉及古代史上的一个道德话题时,研究者几乎总要在现实生活中寻找它的影子;而许多课题规划或论文题目的设计,也纷纷试图引导读者在历史与现实之间建立许多丰富而有趣的联想。

以先秦儒家道德研究为例,仅仅笼统讨论它的现代价值的论文便可随手举出以下这些:邵龙宝《儒家伦理在社会主义道德建设中的价值》;刘志山《儒家道德文化的现代意义》;郭秀莲《儒家思想道德的当代价值》;吴海文《儒家"仁"的伦理思想及其现代价值》;成立方《孔子"仁学"中伦理道德观的现代意义与价值》;冯波《孔子的仁学道德论及其现代价值》;赵为、李莉《孔子注重实践的道德理论与今日之意义》;张兵《论孔子的官德思想及其现实意义》;王立云《论孟子的道德主体思想及其现代价值》;杨兰英《论儒家道德思想及其当代价值》;郭英、王小仙《论儒学道德精神的现代意义》;陈利民《论中国古代儒家道德教育思想的现代价值》;刘菊、王少伟《孔子仁学思想与社会主义道德精神》;周蓉《孔子"爱人"伦理思想初探——谈对现代道德关怀的启示》,等等。①

---

① 邵龙宝:《儒家伦理在社会主义道德建设中的价值》,《辽宁师范大学学报》1997 年第 4 期;刘志山:《儒家道德文化的现代意义》,《黄冈师范学院学报》2004 年第 4 期;郭秀莲:《儒家思想道德的当代价值》,《石家庄经济学院学报》2003 年第

另外，还有不少论文力图将先秦道德与当今社会的一系列"热门话题"联系起来。如关于"以德治国"者有：汪志强《先秦儒家德治思想及其历史启示》；黄成惠《论先秦时期的以德治国思想》；杨振琪《孔子道德思想对于"以德治国"的借鉴意义》；伊加强、崔兆峰《论我国古代儒家的"德治"与社会主义的"德治"》。① 关于市场经济者有：王建国《儒家伦理道德与市场经济简论》；朱成全、曾庆发《论儒学的仁义思想在社会主义市场经济中的积极作用》；李会钦《儒学中的仁义忠信在当代商业经营中的现实价值》。② 关于家庭道德建设者有：杜振吉《儒家孝的思想与当代家庭道德建设》；余玫《"内仁外礼"而后君

4 期；吴海文：《儒家"仁"的伦理思想及其现代价值》，《学术论坛》2005 年第 7 期；成立方：《孔子"仁学"中伦理道德观的现代意义与价值》，《沧州师范专科学校学报》1999 年第 3 期；冯波：《孔子的仁学道德论及其现代价值》，《广西民族学院学报》1997 年增刊；赵为、李莉《孔子注重实践的道德理论与今日之意义》，《辽宁师专学报》2004 年第 6 期；张兵：《论孔子的官德思想及其现实意义》，《沈阳师范学院学报》2002 年第 6 期；王立云：《论孟子的道德主体思想及其现代价值》，《学术交流》2003 年第 7 期；杨兰英：《论儒家道德思想及其当代价值》，《求索》2004 年第 6 期；郭英、王小仙：《论儒学道德精神的现代意义》，《广西民族学院学报》2003 年第 6 期；陈利民：《论中国古代儒家道德教育思想的现代价值》，《广西大学学报》2004 年第 5 期；刘菊、王少伟：《孔子仁学思想与社会主义道德精神》，《沙洋师范高等专科学校学报》2005 年第 2 期；周蓉：《孔子"爱人"伦理思想初探——谈对现代道德关怀的启示》，《克山师专学报》2003 年第 1 期。

① 汪志强：《先秦儒家德治思想及其历史启示》，《中共中央党校学报》2001 年第 2 期；黄成惠：《论先秦时期的以德治国思想》，《学海》2001 年第 4 期；杨振琪：《孔子道德思想对于"以德治国"的借鉴意义》，《理论学习》2001 年第 9 期；伊加强、崔兆峰：《论我国古代儒家的"德治"与社会主义的"德治"》，《山东省农业管理干部学院学报》2003 年第 1 期。

② 王建国：《儒家伦理道德与市场经济简论》，《广东技术师范学院学报》2005 年第 2 期；朱成全、曾庆发：《论儒学的仁义思想在社会主义市场经济中的积极作用》，《湖北师范学院学报》1996 年第 4 期；李会钦：《儒学中的仁义忠信在当代商业经营中的现实价值》，《河西学院学报》2003 年第 1 期。

子——儒家"仁""礼"思想与家庭精神文明建设之关系》。① 关于职业道德建设者有：徐蕾《孔子的道德观与现代职业道德规范》；赵志江、于淑娟、薄云霓《孔子思想与职业道德》。② 关于规范网络道德者有：袁佩球、曾长秋《儒家伦理：网络道德的理性回归》；陈付龙、陈富国《论儒家伦理道德对网络人际交往困惑的疏解》。③ 关于两课教学者有：詹明月《孟子的仁义道德对"两课"教学的启迪》。④ 关于民族精神者有：黄世瑞《简说孔子的"仁"对增强中华民族凝聚力的意义》，等等。⑤

　　我在这里不厌其烦地列举一大堆让人眼花缭乱的文章标题，是为了说明近年的先秦道德研究如何在"服务社会"的名义下实现了"学术繁荣"。这些论文选题反映出的"问题意识"的确令人叹为观止，它们充分表明当代的史学工作者为了将历史与现实结合起来费尽思量。应该承认，从现实中发掘古代道德研究的价值，这比那种一味沉迷于故纸堆，两耳不闻窗外事的做法值得赞赏。然而这些研究成果究竟在多大程度上名实相符，具有作者所宣称的如此这般的"现实意义"，却非常值得怀疑。相反，我倒认为这种标榜"服务社会"的史学致用观中其实潜藏着不容忽视

　　① 杜振吉：《儒家孝的思想与当代家庭道德建设》，《道德与文明》2005 年第 1 期；余玫：《"内仁外礼"而后君子——儒家"仁""礼"思想与家庭精神文明建设之关系》，《云南学术探索》1998 年第 2 期。

　　② 徐蕾：《孔子的道德观与现代职业道德规范》，《天中学刊》2003 年 12 月；赵志江、于淑娟、薄云霓：《孔子思想与职业道德》，《社会科学论坛》2002 年第 10 期。

　　③ 袁佩球、曾长秋：《儒家伦理：网络道德的理性回归》，《广东社会科学》2004 年第 4 期；陈付龙、陈富国：《论儒家伦理道德对网络人际交往困惑的疏解》，《兰州学刊》2004 年第 1 期。

　　④ 詹明月：《孟子的仁义道德对"两课"教学的启迪》，《福建商业高等专科学报》2001 年第 4 期。

　　⑤ 黄世瑞：《简说孔子的"仁"对增强中华民族凝聚力的意义》，《广东省社会主义学院学报》2004 年第 1 期。

的问题。

首先，这种观点往往将历史与现实的关系作简单化的比附，引导人们在本质上不同的道德现象之间建立莫须有的联系。不可否认，历史具有延续性，今天的道德问题与先秦某些道德现象之间的确具有某种程度的关系。然而历史的复杂性正如古人所说的那样"世异则事异"，"事异则备变"，[①] 不同社会背景下的道德往往具有颇不相同的内涵。既然如此，又怎能指望仅仅通过简单的描述而获得数千年前的历史经验和教训？看到当前家庭养老问题的严峻性，便想当然地鼓吹应恢复先秦孝道；有感于市场经济使得民众的价值观剧烈变化，"人心不古"、"人情淡漠"，便欲重建古代"重义轻利"、"君子爱财，取之有道"之类的道德观；当遭遇网络人际交往的困惑之时，便萌生借鉴先秦儒家人际交往道德理论的念头……凡此种种，虽然反映了研究者的良苦用心，然而他们却忽视了一个基本常识：道德总是特定社会条件的产物，将这些古今各异、内涵与背景并不相同的道德现象轻率地联系起来势必会流于牵强附会。

其次，这种庸俗化的致用观还使历史学家习染了媚俗的心理，因而也削弱了历史学自身的学术价值。从上文所引选题可以看出，先秦道德的研究者为"切近时用"，可谓搜肠刮肚，无所不用其极。大到以德治国、市场经济、和谐社会、生态环境，小到科学技术、网络空间、人际交往、职业培训、企业管理、家庭和睦、两课教学，研究者都能找出它们与先秦道德之间的联系，并且提出相应的"对策"。历史简直就像一个装满各种灵丹妙药的百宝箱，历史学家则似乎成了包治百病的神医，社会上流行什么，历史学家便能相应地讨论什么，"解决"什么。这种做法貌似正常，其实却极为荒唐。所谓"轻诺必寡信"，历史学动辄作

---

① 《韩非子·五蠹》。

出一些自己根本不可能兑现的承诺，难怪越来越多的人已经对它失去耐心和兴趣。有学者讽刺道："除了踢拳献艺，历史学家能够做到的作者几乎都想到了，但这些设计准确地反映了丧失自我的历史学家饥不择食、慌不择路的心理状态。"① 庸俗化的史学致用观损害了历史学的求真价值和独立属性，受此影响，历史学刚刚从政治情结中脱身出来，却又卷入另一种非学术势力的羁绊之中。实际上，这种"致用观"表明研究者在根本上并未剔除传统政治史学中流行的实用主义和功利主义倾向。金景芳教授曾在20世纪80年代说过这样一番话，迄今似仍不失其参考价值。他说："历史是一门科学。学历史也同学其他科学一样，学习它就是为了给当前的政治服务。不过，有的是直接服务，有的是间接服务；有的，服务效果马上就可以看出来，有的，非到最后是看不出来的。学历史，如果要求每一个历史人物，每一个历史事件，甚至于每一堂课，都直接为当前的政治服务，怎能办得到呢？"② 然而令人匪夷所思的是，在实用主义致用观的左右下，人们在史学研究中往往不顾"服务"的可能性，而是单纯追求形式上的"历史与现实结合"。凡此种种，足以说明目前的史学研究的某些领域中存在着一种心浮气躁、急功近利的不正常风气。金景芳先生的这番话原是针对特殊时代极端化的政治史学观而发的，但它对于批评今天这种"服务社会"的简单化史学致用观念无疑也是适用的。

再次，简单化的史学致用观往往引导人们得出一些似是而非的"经验"或"教训"，它们对于解决现实道德问题并不具备实际价值。20世纪以来的许多文化学家和社会学家发现，

---

① 常金仓：《穷变通久：文化史学的理论与实践》，辽宁人民出版社1999年版，第13—14页。

② 金景芳：《古史论集》，齐鲁书社1981年版，第4—5页。

同其他自然科学领域的各类现象一样，道德作为一种重要的社会文化现象，也具有自身的运作规律。由于人类的道德总是成一体，所以任何时代的道德建设都是一项"系统工程"。这就是说，道德不像许多人所理解的那样，仿佛它可以按照我们的主观意图设计和塑造；道德的制约因素复杂而多样，现实生活中的道德问题并不是单纯通过宣传或教育的方式就可以解决的。现实中之所以会出现许多这样那样的道德问题，往往不是由于人们的主观努力欠缺、认识水平不够、宣传力度不足，而是因为社会或文化机制方面发生了问题。打一个不太确切的比方吧！道德是每个人每天吃喝拉撒中的习惯，道德环境则是生活区的各类硬件、软件配置。不妨设想一下，在一个方圆数公里都找不到垃圾箱和厕所的区域里，要指望人们保持不扔垃圾、不随地大小便的"良好习惯"，那显然是一件苛刻的事情。仅凭口头宣传和思想教育是毫无意义的，这种做法即使一时奏效，也绝非长久之计。面对这种情形，明智的人一定会主张：与其苦口婆心地给人们讲大道理，灌输讲究卫生的种种好处，倒不如花些时间去做些调查，建一些垃圾箱和厕所。这种主张是正确的。因为唯有通过环境的改善，才能从根本上改变人们的不良生活习惯。同样的道理，在家庭组织、社会结构等大环境遭到根本破坏的情况下，如果仅仅试图通过诱导或播放公益广告的方式"复兴孝道"、"重建诚信"的话，就只能暴露鼓吹者非愚则诬的实质。由这个浅显的比喻我们不难意识到，欲有效地解决道德问题、改造现实道德，科学的办法只有一个，即通过研究它的运行环境而得出真正意义上的道德规律，然后按照规律改造道德事实。

在传统史学致用观的左右下，主流的看法是把道德当作人类的一种主观意志或思想形态。人们似乎简单地认为，只要以现实道德问题为出发点，进而认识历史时期相关道德的内容及其优缺点，就可以为现实提供借鉴。在笔者看来，这种做法不仅低估了道德的复杂性，而且将历史学的社会功能庸俗化了。近代以来的学科分化日渐明确细致，道德教育已由专门的伦理学承担。在这种背景下，如果历史学家仍将讽喻社会、臧否人心、隐恶扬善作为职志的话，那么他们显然是把自己同道德学家混为一谈了。人们往往声称要"批判地继承"孔子、孟子或《孝经》的道德思想，将其用于今日的道德建设，但却很少思考一个简单的道理：儒家道德在先秦社会常常遭到其他学派的质疑或攻击，鼓吹者为推行学说也尚且要常年奔走、四处碰壁，它在解决当时道德问题方面的"功效"如何自然不言而喻。古人的"药方"既然连古代社会的疾病都难以治愈，我们岂有理由相信它会对今日之疾发挥药到病除的作用？如此说来，历史学只有建设新的史学观和方法论，才谈得上更好地为社会服务；这门科学唯有首先改造自己，才能更加切实有效地改造社会。

三　简单化的道德研究方法

（一）文字训诂法

　　无论是为了叙述还是为了得出经验教训，20 世纪的先秦道德研究中大致贯穿两种方法，这就是文字训诂法和观念分析法。文字训诂是历史学的传统研究方法，它主要通过不同时期汉字音、形、义的演变考察历史事物的状况。观念分析法则源于哲学伦理学，目的是通过观念的阐释把握道德现象，并认为道德研究的主要任务是了解各种道德观念的来源及其相互关系。由于先秦道德既是一种历史文化现象，同时又是一种伦理现象，研究者自然习惯于将两种方法结合起来：既通过文字训诂解释道德观念的起源，同时又借助伦理学的概念界定道德现象的本质。

　　从表面上看，这种将文字训诂与观念分析"合二为一"的方法结合了历史学和伦理学两种学科的优势，似乎有利于研究工作的深入展开，然而这种"结合"实质上隐含着不容忽视的缺点。下面先分析文字训诂法中的问题。

　　首先，文字训诂往往不能有效地解决道德的起源和演变问题。20世纪前半期，徐复观在谈到当时的思想史研究时曾批评说："近数十年来，有人口口声声地喊科学方法，而其考据工作，却最不科学。"他又说："乾嘉以来，许多人在文献上用力甚勤甚深；但在带思想性的文字训诂上，多属幼稚可笑。"①这是批评当时有些学者利用文字训诂法在思想史研究中出现了种种错误。文字训诂法之所以在思想史研究中遭到严厉批评，主要是因为人们经常据此简单化地估计了文字与思想观念之间的关系。

　　在使用训诂方法研究先秦道德时，人们容易犯的第一种错误是常常忽视文字互通的条件，把涵义不同的文字强作相同的解释。且以前贤关于"孝"字的考据为例，说明研究者如何在文字"相通"的问题上误入歧途。有学者为证明商代存在孝的观念，便从殷墟卜辞中的相关文字入手。论者认为："从卜辞中已见到'考'字和'老'字，在古代，'考'、'老'两字本和'孝'字相通，金文也是如此。这可见，当时的'考'字即是'老'字，'老'字即是'考'字，'考'字或'老'字也即是'孝'字。今卜辞中既有了'考'、'老'两字，也就说明卜辞中有了'孝'字。"②上述论证看似有据，但只要略加思考，就会发现它过于草率简单，是经不住推敲的。实际上，文字之

---

　　①　徐复观：《中国人性论史（先秦篇）》，上海三联书店2001年版，第517—518页。

　　②　杨荣国：《中国古代思想史》，人民出版社1954年版，第11页。

间是否相通不仅与文字使用的场合或背景有关，而且也与文字产生的时间有一定关系。古代的"考"、"老"二字有时确与"孝"字相通，然而这并不意味着甲骨文中也一定存在着相同情况。有学者经过考察之后就发现，卜辞中虽已出现考、老、孝三字，但"孝"字仅一见，且作为地名出现。既然这样，这三个字之间是否存在"相通"的可能？作为地名的"孝"字对于作者证实商代存在孝道的观点又有何意义呢？有学者就曾针对以上那种观点批评道："卜辞中的考、老两字，还没有一个可以证明是与孝字相通的。作者在写这句话时，也没有举出一个实例，来说明它们是相通的。"① 所有汉字都不外乎读音、表义、象形的基本特征，如果抛开特定的社会文化背景，而刻意从这三个方面寻找"共性"，又何愁不能在为数众多的汉字之间建立"相通"关系呢？《吕氏春秋·察传》说："夫得言不可以不察，数传而白为黑，黑为白。故狗似玃，玃似母猴，母猴似人，人之与狗则远矣！此愚者之所以大过也。闻而审则为福矣，闻而不审不若无闻矣！"人、狗仅因形类而久传致误，汉字之间音、形、义之相近者又远甚于此。这个例子告诉我们，文字通假虽是古汉语中的常见现象，但通假并不是无条件的。如果将汉字通假的原则绝对化、简单化，就只能得出一些似是而非，甚至荒诞不经的结论。

文字训诂中的第二个问题，是研究者往往将文字本身的涵义与道德现象简单等同起来。在研究先秦道德思想时，20世纪的不少学者惯用的一个办法，就是从文献中的"德"字入手，试图把握该文化现象的产生和发展情况。郭沫若较早以周代金文中"德"字的写法为依据对其初义加以考察，他说："德字照字面上看来是从值（古直字）从心，意思是把心思放

---

① 郑慧生：《商代"孝"道质疑》，《史学月刊》1986年第5期。

端正，便是《大学》上所说的'欲修其身者先正其心'……德不仅包含着正心修身的工夫，而且还包含有治国平天下的作用。"① 继郭沫若的这一看法之后，何新认为商代甲骨文中就已出现"德"字，只是与金文写法不同，"乃直视前方以行走之义"。② 郭、何两人之所以积极致力于辩证"德"字的渊源及涵义，显然是因为他们在研究之前既已抱定一个假设：那就是"德"字的出现与古代道德现象的出现同步，或者具有涵义上的渊源关系。

不过，有些学者在研究中发现了一项基本事实，即早期文献中的"德"字其实与今天的道德并无多少关联，而是另有所指。在这方面，近年有不少学者提出种种新解。其一是李玄伯的图腾说。李玄伯认为，"德"之初义与"性"相同，是同图腾的人与物所共有的性质，因而最初是一种"图腾"。③ "图腾说"后来被斯维至等人承袭。④ 其二有王健文的属性说。王健文认为："德的最基本的含义是属性，是一种价值中立的形式名词。"⑤ 其三有王德培的行为说。论者认为，德是一种不含褒贬涵义的"行为"。⑥

在传统观点的基础上，不少学者试图用阶段论解释"德"观念在先秦不同历史时期的演变情况。张怀通总结郭、何二人的观点之后认为，商周两代"德"字构造方法的不同反映了这两个朝

① 郭沫若：《先秦天道观之进展》，《郭沫若全集·历史编》（第 1 卷），人民出版社 1982 年版，第 336—337 页。

② 何新：《辩"德"》，《人文杂志》1983 年第 4 期。

③ 李玄伯：《中国古代社会新研》，上海文艺出版社 1988 年版，第 129、184—185 页。

④ 斯维至：《说德》，《人文杂志》1982 年第 6 期。

⑤ 王健文：《有盛德者必有大业——"德的古典含义"》，《大陆杂志》第 85 卷第 1 期。

⑥ 王德培：《西周封建制度考实》，光明日报出版社 1998 年版，第 149—150 页。

代道德观念的不同。他说："商周两代的'德'字，在形与义两个方面有显著的差别。商代甲骨文……'乃直视前方以行走之义'。西周金文……在商代甲骨文的基础上加'心'符，表明'德'已由外在的行为转化为内在的品质，即'在心为德'（《周礼·地官·师氏》郑氏注）。'德'字在形与义两个方面的变化，从一个侧面反映了商周道德观念由外到内、由浅入深的发展演变过程。"① 言外之意似乎是说商代道德观念并不盛行，而直到西周时期人们才重视道德品质的修养。巴新生认为，先秦"德"字涵义的流变先后经过四个阶段，它们分别对应四种不同的"德"观念：图腾崇拜—祖先崇拜—统治者的政行—道德观念。② 显然是综合了李玄伯、斯维至等人的观点。在这方面，晁福林教授提出不同看法，他认为先秦"德"观念实际上经历了三个演变阶段：一是天德、祖宗之德；二是制度之德；三是精神品质之德。③ 学术界这种从"德"字入手考察先秦道德的工作迄今已持续了半个多世纪。在这个看似细微的问题上，人们提出的意见之多、分歧之大，使我们认识到文字与一种历史文化现象之间的关系的确是极为复杂的。

在前人的论述中我们还发现一个有趣的现象：研究者都试图从"德"字中发现古代道德现象的真实状况，然而每当一头扎入文字训诂的深渊时，他们的讨论便不知不觉地远离"道德"这个主题，而考据的结论也每每与道德关系不大！这种"歧路亡羊"的现象之所以发生，原因在于多数人的研究建立在一个似乎不言自明的基础上：唯有考察清楚"德"字的涵义，才能了解先秦道德的真实状况；文字训诂是考察一种社会

---

① 张怀通：《西周卿大夫之"德"释论》，《孔子研究》2002 年第 5 期。

② 巴新生：《试论先秦"德"的起源与流变》，《中国史研究》1997 年第 3 期。

③ 晁福林：《先秦时期"德"观念的起源及其发展》，《中国社会科学》2005 年第 4 期。

现象的正途。关于文字与文字所反映对象之间的关系，古人倒是有过非常生动的阐述。《庄子·外物》说："筌者所以在鱼，得鱼而忘筌；蹄者所以在兔，得兔而忘蹄；言者所以在意，得意而忘言。吾安得夫忘言之人而与之言哉！"文字的作用是表达思想观念，正如"筌"、"蹄"的用途是捉鱼、捕兔，它们只是一种工具或表现形式。因此，文字能否反映观念，如何反映观念，以及这种反映究竟在何种程度上可以信据，这些问题都值得认真推敲。文字与观念不同，离开文字固然难以表达思想，然而那种把文字与观念简单等同的做法，却使人们拘泥于文字乃至"得言而忘意"。由于时代久远，文字本身的产生背景又特别复杂，因而许多字形字义一时难以确定，既然这样，不同学者利用文字训诂法往往得出截然相反的结论，便是容易理解的事情了。

　　20 世纪学术界关于"德"字涵义的讨论只是众多道德史研究的一个个案，然而这一讨论的历时之久、分歧之大，却足以发人深省。如果说诸如此类的讨论对于解释古代道德问题有其价值的话，那就在于它反复表明文字学上的只言片语不足以概括道德现象的丰富内涵。可以肯定的是，在简单化方法的指导下，任何关于文字与道德现象关系的训诂都将历久弥"新"、永无定论，新说日多不仅不会增加反而会降低人们对历史学的敬意。

（二）观念分析方法

　　所谓观念分析方法，是指将道德理解为一种观念形态，并在这一意义上分析道德的来源及各种道德观念间相互关系的研究手段。这种研究方法在伦理学研究中不仅相延已久，而且影响深远。尽管如此，如果说观念分析法对于伦理学研究不可或缺的话，它对于建立道德科学的影响则往往弊大于利。20 世纪初期以来不少致力于道德科学研究的学者对此都深有体会，涂尔干曾告诫人们说：

> 道德学上所表现出来的各种体系，无一不是由于意念的发展，并靠意念赋予强力的。这种意念，有些人说是人们生来就有的，有些人又说是由于历史的沿袭而或迟或早形成的。总之，不论是天赋派还是遗传派，不论是经验派还是理性派，都把意念当作道德的实质。他们认为，道德……的形成，不在于道德……的实质，而是人们在各种不同的环境和各种不同的情况中所形成的这种基本的观念。因此，道德的对象不是那些实际的条例。这些条例都是由意念产生出来的，只供意念参考而已。所有伦理上的问题都被当作意念的问题，而不是事物本身的问题。关于……道德，所要知道的只是……道德的理想是什么，而不必知道……道德的本质究竟是什么……由于道德学者不是把道德当作客观事物来研究，所以他们研究的道德学材料，只是一些来自意念的东西。不仅在普遍的问题上是这样，而且在道德学上的一些特别问题，诸如家庭、家乡、责任、仁爱、正义等，也都是用观念来想象。[1]

中国古代缺乏那种哲学味十足的思辨传统，然而经由一批哲学家和伦理学家的介绍，观念分析法在 20 世纪的先秦道德研究中也广泛流行；我们甚至通过一些论著的名称就能发现这种分析方法对道德史研究的深刻影响。比如以"思想"为名的论著有沈善洪、陈瑛、唐宇元等人分别所著的《中国伦理思想

---

[1]　［法］爱弥尔·涂尔干：《社会学方法的规则》，华夏出版社 1999 年版，第 20 页。

史》、张岱年的《中国伦理思想研究》和《中国伦理思想发展规律的初步研究》、谢扶雅《中国伦理思想 ABC》和《中国伦理思想述要》、刘真《儒家伦理思想述要》、张锡勤《中国伦理思想通史》、朱贻庭《中国传统伦理思想史》；① 而以"学说"为名的论著有蔡元培、陈少峰、三浦藤作等人分别所著《中国伦理学史》、姜法曾《中国伦理学史略》、沈善洪、王凤贤《中国伦理学说史》；② 以"观念"命名的论著有吴锋《中国传统孝观念的传承研究》、查昌国《论孔子孝观念的革命性》、康德文《论先秦"孝"观念的变迁》、周伯戡《先秦两汉忠孝观念的发展》、刘自斌《先秦时期楚与诸夏忠的观念之比较》、李峰《试论春秋战国时期的君臣伦理观》、王子今《"忠"观念研究：一种政治道德的文化源流与历史演变》、阎步克《春秋战国时期"信"观念的演变及其社会原因》、徐难于《试论春秋时期的信观念》、谭宇权《孔孟所说"仁"含义的演变》、张岱年《儒家"仁义"观念的演变》、张奇伟《"仁义"范畴探源：兼论孟子的"仁义"思想》、陈拱《墨子"兼爱"

　① 沈善洪：《中国伦理思想史》，人民出版社 2005 年版；陈瑛：《中国伦理思想史》，贵州人民出版社 1985 年版；唐宇元：《中国伦理思想史》，台北文津出版社 1996 年版；张岱年：《中国伦理思想研究》，上海人民出版社 1989 年版；张岱年：《中国伦理思想发展规律的初步研究》，科学出版社 1957 年版；谢扶雅：《中国伦理思想述要》，广州昭成印务局 1928 年版；谢扶雅：《中国伦理思想 ABC》，世界书局 1929 年版；刘真：《儒家伦理思想述要》，台北中正书局 1946 年版；张锡勤：《中国伦理思想通史》，黑龙江教育出版社 1992 年版；朱贻庭：《中国传统伦理思想史》，华东师范大学出版社 1989 年版。
　② 蔡元培：《中国伦理学史》，上海商务印书馆 1917 年版；陈少峰：《中国伦理学史》，北京大学出版社 1996 年版、1997 年版；〔日〕三浦藤作：《中国伦理学史》，上海商务印书馆 1926 年版；姜法曾：《中国伦理学史略》，中华书局 1991 年版；沈善洪、王凤贤：《中国伦理学说史》，浙江人民出版社 1985 年版、1988 年版。

观念之研究》，等等。①

观念分析法对于伦理学家规定严密的道德概念、构建完备的伦理学说体系、提出道德理想具有不可替代的意义。当这种观念分析法被用于历史研究时，它的主要功用就体现为分门别类地梳理和叙述历史时期各种道德范畴或思想的发展源流。从这个意义上看，道德观念史对于伦理学研究固然颇具价值。尽管如此，从解决现实道德问题的立场来看，观念分析法却存在以下不足：

首先，由于"观念"只是道德现象的一个层面，因此观念分析法潜藏着将整体的道德现象片面化的可能。人们的道德观念通常滞后于道德实践，因而不能及时真切地反映一个社会的道德状况。社会上总是先产生道德现象，然后才会随之出现关于这种道德现象的认识（观念），至于将这些认识系统化、载诸典册就更需假以时日了。既然道德是一种客观的社会文化现象，而道德观念则是人们思考和总结道德现象的产物，两者的产生时间和背景自然不同，因此不能以观念的出现作为判断某种现象有无的依据。遗憾的是，这种将道德观念与道德事实相混淆的做法却在以往的先秦道德研究中并不罕见。在笔者看来，传统种种学术观点

---

① 吴锋：《中国传统孝观念的传承研究》，北京师范大学博士论文，国家图书馆博士论文库；查昌国：《论孔子孝观念的革命性》，《北大史学》，北京大学出版社1996年版，第133页；康德文：《论先秦"孝"观念的变迁》，《社会科学战线》1997年第4期；周伯戡：《先秦两汉忠孝观念的发展》，台大历史所一般史组，1977年；刘自斌：《先秦时期楚与诸夏忠的观念之比较》，湖北大学出版社1991年版；李峰：《试论春秋战国时期的君臣伦理观》，《唐都学刊》1996年第2期；王子今：《"忠"观念研究：一种政治道德的文化源流与历史演变》，吉林教育出版社1999年版；阎步克：《春秋战国时期"信"观念的演变及其社会原因》，《历史研究》1981年第6期；徐难于：《试论春秋时期的信观念》，《中国史研究》1995年第4期；谭宇权：《孔孟所说"仁"含义的演变》（上、下），《哲学与文化》1980年第12期、1981年第1期；张岱年：《儒家"仁义"观念的演变》，《衡阳师专学报》1987年第4期；张奇伟：《"仁义"范畴探源：兼论孟子的"仁义"思想》，《社会科学辑刊》1993年第2期；陈拱：《墨子"兼爱"观念之研究》，《东海学报》1961年第6期。

中诸多分歧的出现，大多源于研究者未能在道德观念与道德事实之间作出区分。观念与事实相违的原因之二，在于道德观念往往反映的是政治家、思想家、伦理家的主张或理想，而与当时的社会实际有很大差距。从先秦道德发展史可以看出，当社会的道德状况比较良好时，人们通常对道德并不格外关注；而随着一种道德价值体系衰落，思想家们便热衷于讨论道德问题，发表关于道德的见解，一系列道德思想、道德观念也会随之浮现。这种现象表明，道德观念和思想往往是人们为解决现实问题而提出的；出于"救世"的目的，这些道德观念或则间接反映现实社会的道德状况，或则展现提出者的道德理想。《老子》十八章说："大道废，有仁义……六亲不和，有孝慈；国家昏乱，有忠臣。"这是说人们对仁义、孝慈、忠贞的宣扬，实际上恰恰表明了当时道德风气的恶化。因此，无论道德思想史、道德观念史或道德学说史研究，都不能取代对历史时期道德事实的研究。即使把先秦诸子的道德思想及其相互关系分析得非常透彻，也只可能反映道德文化的一个侧面。由于将道德视为一种观念，研究者往往对那些真正具有道德价值的史料视而不见，先秦道德研究的一大部分内容就这样在观念分析者的视野中消失了。

　　其次，观念分析法的基本假设之一，就是认为通过对历史时期道德思想的探赜索隐和剖析梳理便足以为现实道德问题的解决提供参照。在研究者看来，观念是道德现象的实质和核心，也是当代社会重建道德信仰的关键所在，因此阐明古人的道德观念及其重要价值，才是解决道德问题的当务之急。不过在我看来，这一假设的可靠性需要重新予以考察。从本质上而言，观念分析法的实施者将道德视为人类心灵活动的结果，而不是将它当作社会文化环境的产物。因此，他们仅仅试图依据思想的逻辑解释道德，而不是从道德赖以产生的社会中寻找解释。不过，这种类似个体心理学的处理方法过分关注于思辨，忽视道德与社会文化环境之间的内在联系。20 世纪初期，有鉴于当时道德学家试图通过观念演绎解决现实道德问题的陋见，柳诒徵曾发表过一段富于启迪意义的文字。他说："吾国治术在尚德，然民德之迤逦堕落，灼然可见，紧紧巨儒长德以其言论思想补救偏敝于万一，已不啻朽索之驭六马，至并此朽索而去之，纵其猖狂瞀乱，谓可以一新天下人之心志，是则吾百思不得其解者也。"① 这就是说，社会道德问题的出现有机制方面的原因，不能简单归咎于人们的认识水平或智力层次。如前所述，呼吁、宣传和教育充其量只能对道德建设起到一定程度的辅助作用，道德问题的根本解决有赖于社会机制的改造。事实上，科学家的研究与道德家的说教分别遵循不同的规范或原则，两者"离则双美，合则两伤"。因此我们应将注意力转移到用实证方法探索道德现象间的内在关系，而把观念分析和思想批判的任务交由道德伦理家完成。道理很简单，因为观念分析法无助于人们客观有效地揭示道德文化运行的规律。

综上可知，在 20 世纪的先秦道德研究中，文字训诂与观念分析的研究方法都具有各自的局限。这两种方法不仅使研究者远离道德事实，而且将道德置于实证的范围之外，因而不属于科学有效的研究方法。为使今后的道德史研究更具科学价值，首先必须避免传统方法的弊端，致力于科学研究方法的建立。

四 道德科学的理论与方法

（一）道德：一种客观的社会文化事实

上述分析表明，20 世纪的众多先秦道德研究者不仅以得出道德规律为矢志不渝的目标，而且对服务社会怀有持久的热情。在笔者看来，尽管夹杂着各种误解，但学者们在道德史研究中持

---

① 柳诒徵：《柳诒徵说文化》，上海古籍出版社 1999 年版，第 352 页。

有的这种对规律的追求和对现实的关注，却代表了传统史学迈向科学境界的可贵动向。那么如何使道德史研究符合科学的规范呢？这就有待于建立一门真正意义上的道德科学。不少西方社会学家和文化学家认为，科学是人们以恰当方式处理事物的一种活动，而选择正确的研究对象，无疑是科学工作顺利开展的第一要务。科学的研究对象具有什么特征？美国文化人类学家莱斯利·怀特曾经指出："科学……是处理经验的一种卓有成效的方式。'科学'一词可以被适当地用作为动词：人们在从事科学活动，即根据一定的假设和使用某些技巧去处理经验。"① 科学必须处理"经验"，这意味着要尽力将非经验性的观念或意识排除于科学研究领域之外。就道德科学的研究对象而言，涂尔干认为："可以提供用来判断道德事物的方法的科学只有研究道德事实的特殊科学。若要理解道德，我们就必须从现在和过去的道德材料出发。"② 论者所谓的"道德事实"，是指有别于一般道德观念的客观现象，它切实存在于社会的方方面面，而不仅停留在人们的意识中。这就是说，无论自然科学还是社会科学都应以"经验"或"事实"（即客观事物）作为考察对象，只有这样，科学研究才能落到实证层面。因此，将客观事物确定为研究对象，是包括道德科学在内的各种科学研究得以开展的必要条件。传统道德史研究中的主要方法之一，即将道德视为一种思想或意识形态的观念分析法与科学原则相冲突。这样看来，只有首先从头脑中清除这种片面看法，才谈得上正确处理道德现象。

那种广为流行的"道德观念"的看法是如何形成的呢？为回答这个问题，在此我们不得不回到关于道德观念分析法的检讨。

---

① ［美］L. A. 怀特：《文化的科学——人类与文明的研究》，山东人民出版社1988年版，第3页。

② ［法］爱弥尔·涂尔干：《社会学与哲学》，上海世纪出版集团2002年版，第78页。

所幸的是，西方学者在建立道德科学的过程中曾积累了不少宝贵经验，这些经验不仅是今人继续研究的基础，同时也为我们提供了方法论的启示。比如说，关于这个问题，涂尔干就曾发表过如下一番精当的论述：

> 在一种新的事物成为科学研究的对象以前，往往已经在人们头脑里出现过，人们对它不仅有一些具体的图像，而且还能有一些关于这种事物的初具雏形的概念……事实上，人类的思考总是先于科学存在的，而科学只是证实这些思考的方法。人类生活在大地上，对周围的事物肯定要加以思考，否则就无法支配自己的行动。由于用观念来想象事物，总比实际考察事物来得方便快捷，因此人们往往用观念来代替实际事物，有时甚至把自己的想象当作事物的实质。一件事，需待观察、描述和比较后才能了解的，人们往往只用思想去分析和综合；对于必须用实际的科学考察才能掌握的事物，人们往往只进行意识形态的分析。[①]

观念，往往是人们为说明道理、指导日常行为而产生的关于事物的主观印象。观念虽然反映事物，但这种反映通常与事物的实际有或大或小的距离，有时甚至相互背离，因此在本质上多属人们主观意志的产物。当人们把这种流于表面的东西误以为事物本身而作为考察对象时，就会产生关于该事物的错误认识。也就是说，一旦观念取代客观事实应有的地位而成为人们考察的对象时，这种研究就不可能成为真正意义上的科学行为。涂尔干说："无论是观念还是概念，都不能代替客观事物。观念或概念出自

---

① ［法］爱弥尔·涂尔干：《社会学方法的规则》，华夏出版社 1999 年版，第 13—14 页。

浅显的经验，是在实用中产生，也是为了实用而创造的，目的是为了使我们的日常生活与周围环境的事物相适应。然而，从实用出发，用观念推测事物所产生的理论，尽管仍然使用，却往往会是错误的理论。"① 是说以观念作为了解规律的基础并不可靠，在某种程度上，观念甚至是人与事物之间的一层隔膜，有时依据于它，事物的真实状况反而愈加朦胧。因此，唯有摒弃观念分析法，将道德作为客观事实处理，才能使道德研究成为一门科学。将客观事物作为研究对象，乃是近代社会学取得科学地位的重要成功经验之一。按照我的浅见，其他社会科学是这样，作为社会科学的历史学也没有什么理由不遵循这一原则。涂尔干说：

> 科学必须以它自己的材料作依据才能成立。如果用观念去估量事物，就缺少了这种根本，科学就无法成立。即使勉强凑成一种残缺不全的科学，由于没有根基，就会变为一种艺术。如果把观念与实际事物混为一谈，就会认为所有实际事物都能通过观念来估量……这种以艺术来侵占科学研究的思想，对于那些把科学看为急用品的人，有时可能很便利，但是却阻碍了科学的进步。他们以为科学只是为了满足他们的需要，为了应付他们的急用而产生的。所以越便利，越快捷，也就越好。这是一种急救剂，而不是一种用科学解释事物的方法。②

要之，几乎所有科学活动（有学者认为数学是一个例外），均须以客观事实为研究对象。相反，如果研究建立于观念的基础

---

① ［法］爱弥尔·涂尔干：《社会学方法的规则》，华夏出版社1999年版，第14页。

② 同上书，第14—15页。

上，观念推理取代事实分析的话，这种研究充其量只能称得上是一门艺术而已。既然把道德观念作为科学研究对象的做法不足为训，那么只有按照道德事实本身的面目去认识它才具有科学研究的价值。

将道德作为事实加以处理，不仅是强调道德的客观性，而且意味着要把它当作一个整体对待。换言之，人们应该认识到，道德事实本质上是一种社会文化现象，具有自成一体的整体性特征。常金仓先生在讨论文化史学的基本原理时曾提出"文化的整体观"，并认为这种整体观是科学的文化史研究的出发点，他说："大而言之，要把整个人类创造的文化看成一个整体，细而言之，也要把一个相对独立的文化体系看成一个整体……但是，在以往的历史和文化研究中，人们为了达到某种理论上的目的或者只是为了方便和条理，总是人为地将文化切割成一条一块。"[①] 道德是一种产生于人类社会生活中的文化现象，它的功能在于借助舆论等非暴力手段制约社会成员的行为，该文化现象普遍体现在人们的意识、行为、修养、制度规范等方面。尽管如此，我们只能说道德文化具有不同的表现方式和领域，但没有理由把它们理解为彼此迥然不同的道德事实。比如说，不能因为一种道德现象具有 10 种表现形式，便将它人为地割裂为 10 种道德，似乎它们之间具有无限不同似的。总之，文化的整体观对于认识道德的本质具有重要意义，现实社会的道德是这样，对于历史时期道德现象的认识也应作如是观。

（二）道德科学的目的是寻找规律

道德现象的客观性，还表现在它的发生、发展遵循特定的规

---

① 常金仓：《穷变通久：文化史学的理论与实践》，辽宁人民出版社 1998 年版，第 71 页。

律。笔者曾经批评说，20 世纪的先秦道德史研究者们往往试图得出道德规律，然而很多人却误解了规律，不恰当地把规律理解为某种过程。正因为如此，从前人的研究中通常只能看到诸如孝道、诚信、友善、良知、忠贞等一系列道德观念或范畴产生、发展、衰落的自然史。笔者并不反对寻找历史规律，相反还认为寻找规律的目标可以将史学研究引入更高的境界；但必须指出的是，前人关于道德演变过程的描述实际上只是指出现象，却没有揭示事物的内部原因，因此算不得真正的道德规律。科学意义上的道德规律，应当是指那种隐藏于社会文化事实内部，导致道德产生变化的一般性因果联系。这种联系唯有通过科学方法才能得以揭示，这也是道德科学研究的最终目的。

涂尔干在《社会分工论》的《第一版序言》中写道："同其他事物一样，道德事实也是一种现象。这些现象构成了各种行动规则，并可以通过某些明显的特征而得到认识。这样，我们就能够观察它们，考察它们，区分它们，同时也能找到解释它们的规律。"他又说："道德的形成、转化和维持都应该归于人类经验之源，因此，道德科学的目的就是要确定上述这些原因。"① 作者认为，同各种能够通过经验把握的自然规律一样，道德规律是居于事物深层的一般性因果关系。为认识这种关系，研究者需从道德事实入手，在事实的变化中发现、确定导致该现象形成、维持或转化的诸多因素。值得注意的是，身为社会学家的涂尔干在道德科学研究的范例《社会分工论》一书中，即将历史与现实社会的道德现象视为一体，并力图通过比较各时期道德的异同揭示其规则。这也从一个侧面表明，涂尔干关于"道德规律"的上述论断，对于解释现实和历史上的道德现象一样适用。实际上，这正

---

① ［法］爱弥尔·涂尔干：《社会分工论》，生活·读书·新知三联书店 2000 年版，第 6 页。

是本书摒弃传统的叙事史研究方法，而采用比较法考察先秦道德环境与道德事实关系的原因所在。

众所周知，在道德研究方面，历史学家与社会学家大致存在两方面的差异。首先，在研究对象的时间性上，社会学家主要关注现实社会中的道德事实，而历史学家则惯于将目光锁定于某个历史时期。其次，社会学家通常采用调查、统计等手段观察和确定道德事实，但历史学家则需借助大量文献资料做到这点。尽管这样，有一点却是毋庸置疑的，即无论道德所处时间如何有别，或者研究者观察道德的方式有何不同，都不能构成社会学和历史学的根本差异。怀特说："科学解释的目的是探求决定因素、因果关系、自变量与因变量的差别和常量与变量的差别。"[①] 科学规律的特质之一，就在于它涉及的因果关系具有相当程度的普遍性，同样的道理，道德规律无论对于解释历史或现实中的道德都应有一般的适用性。既然这样，历史学就有可能、有必要像社会学那样从大量社会事实中寻找和确定影响道德的因素，以期认识道德规律。要做到这一点，就得首先承认：道德的影响因素必然存在于某个社会文化系统中，道德史研究的目的就是把有关因素从这个系统中一一寻找出来。

以惩恶劝善、训导世人为职志的道德学家恐怕未必赞同笔者的做法。他们会批评道：放弃宣扬那些能够发人深省、富于教育意义的道德观念，而去关心这些死板生硬的道德事实，对于解决现实道德问题有何助益？这种处理方式岂不疏远了道德史研究与社会现实的关系？从道德教育和舆论宣传的角度来看，这种质疑无疑可以理解；因为科学家和牧师承担的本来就是性质截然不同的两类工作。尽管如此，我还是坚持认为，批评者的意见似乎高

---

① ［美］L. A. 怀特：《文化的科学——人类与文明的研究》，山东人民出版社1988年版，第140页。

估了道德观念、道德理想对于解决现实道德问题的价值。一方面，如上所述，道德家惯于将道德理解为人们头脑和心灵的作品，而常常倾向于割断道德与社会环境的关系。按照他们的工作原理，似乎只要厘清道德观念的逻辑关系，就等于合理地解释了道德本身。其实即使疏通了不同道德观念，不同思想家之间的逻辑关系，道德的本质、道德的运行机制问题依然不能得到正确解释。其后果，在于过分关注观念的逻辑关系，遂疏离了道德与社会环境之间的深层联系，道德事实无疑自然会成为无源之水、无本之木。另一方面，道德学家往往错误地把各种社会道德痼疾产生的根源追溯到个人的认识能力和修养实践方面。照此逻辑，现实社会道德的沦丧缘于人们心灵的堕落和认识水平的下降，因此欲挽回世道人心，只要设法使人们想见道德之合理、理想之伟大便可以解决问题。实际上，这种试图通过说服教育缔造良好公民、改造现实道德的主张固然令人心仪，不过终似难免有"读《孝经》以退黄巾"之嫌。

我的观点与此不同。在我看来，道德既然是社会和文化的产物，它的制约因素自然应求之于这个社会和文化的环境当中。因此，道德问题出现的主因，既非人们认识能力的下降，亦非道德教育的欠缺，而应归咎于某套社会文化机制的弊病。故而只有了解道德的制约因素，才谈得上合理有效地改造现实道德。在这个问题上，道德科学家与伦理家的看法势同天壤，两者遵从完全不同的方法和原则。早在20世纪初期，西方社会学家在从事道德研究时似乎就曾遭遇来自伦理家的严厉责难，有学者为此辩驳说：

> 尽管我们要研究所有现实，但这不等于说我们放弃了改良的观念。如果我们的兴趣只停留在思辨层次上，那么这种研究就会不值一文。我们之所以要小心谨慎地把各种理论问

题和实践问题划分开来，并不是因为我们忽略了实践问题。恰恰相反，我们的目的就在于更好地解决实践问题。然而，那些脚踏实地地从事道德科学研究，而无力去勾画理想的人们却往往受到谴责。

使用科学方法研究道德史，尽管可能使研究者远离古人道德诤言的谆谆教导，难以对古代的道德境界感同身受，但他却可以得到关于道德规则的认识，这些规则才是今日人们净化道德不可或缺的宝贵财富。所以涂尔干说道："道德科学并没有使我们对现实问题漠不关心，它使我们学会了怎样小心谨慎地处理现实问题，使我们的内心时刻保持沉稳持重。"① 在科学研究层面上，道德史学家与社会学家并无大异。道德科学将科学和道德调和起来，道德科学在教会人们尊重道德事实的同时，也提供给人们改良道德的有效策略。当然，对于考察历史时期道德事实的人来说，重要的是需要一套科学的研究策略和方法取代传统的文字训诂法和观念分析法。因为在确立可靠的研究对象之后，还需科学方法的有力保障，唯此才能使道德科学的理论落到实处。

(三) 道德科学的研究方法

适当研究对象的确定只是科学的基础，科学活动能否成功的关键则取决于研究方法。道德科学的研究原则是一致的，方法却不止一种，就笔者有限的见闻所及，至少有以下三种值得关注，它们分别是间接实验法、共变研究法及文化要素分析法。这些方法之间虽不乏共性，但角度和侧重点却各有不同，出于方便讨论

---

① ［法］爱弥尔·涂尔干：《社会分工论》，生活·读书·新知三联书店 2000 年版，第 7、9 页。

的考虑，在这里分别予以阐述。

首先看间接实验法。传统历史学界一度流行一种看法，即历史学无法像自然科学一样进行实验，所以历史研究不能得出规律，历史学也因此不可能成为一门真正意义上的科学。论者的思路是这样的：自然科学的研究之所以能够得出规律，是因为研究者能有意识地设计并操作实验；由于历史学的研究对象是人类过去的活动，研究者既不可能使历史过程再现，更不可能设计"实验"以检验自己的假设，自然无法经由研究得出规律。此说在近年来依旧盛行，以下言论似乎可以代表这方面的一般看法：

> 历史演变中至关重要的因素之一时间本身的一维性，决定了历史存在的不可重复性，决定了历史证据对以往客观存在的反映，不能像自然现象一样，可以通过有目的的系统的观察和实验反复验证。虽然史学家们强调"从历史认识的实践中提炼出来"的思想或理论，"要在史学研究的实践中不断验证"，但史学上的所谓"验证"，充其量不过是将其特定历史证据条件下得出的结论，"验证"于不同历史时期的历史活动。但我们要知道，历史上的任何一次活动都不可能复制，不同于自然研究者以可重复性的系统实验对其结论进行的验证。自然运动具有的"万世不变"的特点是人类社会不具有的。自然科学研究须臾不可脱离的实验原则，在史学研究中没有发挥其功用的天地；史学家在研究活动中所能坚持运用的原则只有一个，即逻辑原则。①

---

① 张绪山：《论历史学不是一门严格意义上的"科学"》，史学评论网（http://historicalreview.jianwangzhan.com）2006 年 6 月 28 日。

　　至为明显，上述意见给那些一度以"历史科学"之名引为自豪的历史学家浇了一头冷水。因为如果论者的说法成立的话，那么迄今为止被不少学者津津乐道的所谓"历史科学"就是名实不符的，而历史学迈入科学殿堂的大门恐怕也是阻碍重重的。但是仔细思考便会发现，这种观点实际上误解了科学实验的本质。在这里似乎有必要对自然科学中"实验"的本质及其价值进行一番考察。

　　实验的本质是什么？这要从人们进行实验的目的说起。在自然状况下，一种现象的存在往往受多种因素的影响，其中有些因素是观察者容易掌握的，另外一些则非经特殊手段便难以知晓。由于事物的变化通常发生于由多种不明朗因素参与的环境之中，因此人们很难直观地分清每种因素在变化过程中所处的地位及所发挥的作用，而这种混沌的状态对研究来说通常是缺乏科学价值的。为了理清各种因素的关系，最便利的办法是通过某种方法排除掉那些次要因素，从而使事物的变化发生于一个相对单一的环境之下。这种"便利的办法"，就是实验，自然现象的运动状况也因此而变得可以"反复"。由此看来，科学家设计实验的目的，不过是为了有效地辨别各种因素对研究对象的影响；实验能够为人们巧妙地观察各种现象提供一种场合，这表明实验的本质不是别的，只是人们为便于观察研究对象而采取的一种策略而已。既然这样，实验是否必须经由人为的设计，并且只能在实验室或试管里进行呢？答案应该是否定的。涂尔干在讨论乱伦禁忌问题时曾说过下面一段话，它对于从历史学角度认识"实验"的本质与价值具有一定参考意义。他说："自然科学是通过实验来发现原因的，然而，在这里我们显然无法进行严格意义上的实验。不过，就像贝尔纳很久以前指出的那样，实验的本质并不只是人为现象的产物。人为的做法，只是把被研究的现象放在不同环境中并改变其形式的手段，目的是为了进行行之有效的比较。"①

　　这段话清楚地指出了实验的本质和功能：实验是一种"行之有效"的手段，它可以帮助操作者卓有成效地进行比较研究。自然科学固然具有人为设计实验的特点和优势，但是社会科学在需要进行比较时也绝非束手无策。涂尔干在《社会学方法的规则》一书中就提出一种"间接的实验方法"，认为它能够被社会学家用于发现社会现象之间的因果联系。作者指出：

　　　　证明一种现象是否是另一种现象的原因，只有一种方法，这就是比较它们同时出现或者不同时出现的情形，考察它们在不同结合中的变化迹象，从这些变量中观察它们是否相互依赖。如果这些状况可以由研究者用人为的方法观察得清清楚楚，那么可以用实验的方法。如果用人为的方法不能观察出来，并且所有能够与事物接近的只限于自然得出的结果，那么就必须用间接的实验方法或者比较方法。②

　　这种"间接的实验方法"要求研究者把人类社会文化的不同场景作为相对独立的比较单位，通过观察和比较某种文化现象在不同条件下存在状况的异同，以便确认影响它发生发展的因素。在社会学中，研究者无法人为地创造实验环境（这同历史学家没有什么不同），但是他却有办法依据研究目标选择比较对象。另外，自然科学的实验不会自发地产生规律，它只能给人们关于事物之间存在联系的假设提供证据罢了。类似的情况也存在于社会学的"间接实验"中，客观结论的得出同样有赖于研究者从比较

_____

① ［法］爱弥尔·涂尔干：《乱伦禁忌及其起源》，上海人民出版社 2003 年版，第 370 页。

② ［法］爱弥尔·涂尔干：《社会学方法的规则》，华夏出版社 1998 年版，第 102 页。

中进行正确判断；这表明社会学的实验虽然有"间接"之名，但本质上与自然科学实验并无不同。

　　无独有偶，文化学家怀特也认为那种以"不能进行实验"为由，试图将社会学、文化学等从科学领域划分出来的看法只是浅薄的偏见：原因是自然科学通过实验进行的比较研究，社会科学家也可以借助其他类似方式完成。他曾不乏风趣地介绍说，一些富于同情心的朋友指出，社会领域里的科学家不像物理学家那样具有为自己支配的实验室，因此也不能指望他们提出能够承受由这些技术加以检验的理论，并且以此为由来宽恕社会科学成果贫乏和软弱无力。但这种"宽恕"显然是一种谬论，而且使人误解。在怀特看来，社会科学家的确没有像物理学家那样的实验室，但是在另一个非常现实的意义上说，他的确又有自己的"实验室"。历史学和人类学向社会科学家提供了相当于物理学实验室的领域。社会科学收获甚微，这不是缺乏实验室造成的，毋宁说是由不知道如何使用可供它自己支配的资源使然。①

　　道德史研究中值得借鉴的第二种方法是"共变研究法"，近代社会学在这方面为历史学家作出了杰出典范。关于这种方法，涂尔干曾予以详细论述：

　　　　共变方法……是比较方法中最能适用于社会学研究的方法。采用这种方法，不必把所有不同的现象一一排除出去，然后再进行比较；它只需把两种性质虽然不同，但是在某一时期中有共变价值的现象找出来，就可以作为这两种现象之间存在一种关系的证据……它不是简单地表明这两种现象表面上相伴随或者相分离，因为这样就会忽略彼此结合的内部

　　① ［美］L. A. 怀特：《文化的科学——人类与文明的研究》，山东人民出版社1988 年版，第 225—226 页。

联系。相反，它可以将这两种事物的内部关系用连续的方式
一一表现出来，使人们至少可以知道这两种事物的性质以及
它们之间的关系。考察一种现象，必须考察这种现象表现的
自然性质；了解两种现象之间的关系，必须了解这两种现象
表现出来的自然性质是否有关系。因此，在共变方法中，稳
定的共存条件是一条重要规律，不管现象的状况能否比较，
这条规律都发挥作用……在两种现象中，甲变，乙亦随之变
化，这是当然可以发现它们之间的关系；即使有时甲发生了
变化而乙却不变，采用共变方法仍然可以了解它们之间的
关系。①

　　共变研究法并非涂尔干首创，而是源自 19 世纪英国学者约
翰·密尔《逻辑体系》一书中提出的寻找事物间因果关系的五种
方法，即所谓"密尔五法"。② 不过在涂尔干看来，密尔五法中

---

　　① 〔法〕爱弥尔·涂尔干：《社会学方法的规则》，华夏出版社 1998 年版，第
107—108 页。

　　② 这五种方法即求同法、察异法、求同察异共用法、共变法以及剩余法。它们
的原理分别是：①求同法（又译作"察同法"、"契合法"）：如果研究对象中两个或
两个以上的事例只有一个情况是共同的，那么这个唯一的使所有事例有一致之处的
情况，就是给定现象的原因或结果。②察异法（又译作"差异法"）：如果研究的现
象出现于其中的一个事例和它不出现于其中的事例只有一个情况并非共同，而这个
情况只出现于前者中，此外的每个情况是共同的，那么这个唯一的使两个事例有差
异的情况，就是该现象的结果或原因，或原因的一个必要部分。③求同察异共用法
（又译作"察同察异并用法"）：如果现象出现于其中的两个或两个以上的事例只有一
个情况是共同的，而现象不出现于其中的两个或两个以上的事例除没有那个情况外
并无任何共同之处，那么这个唯一的使两组事例有差异的情况，就是该现象的结果
或原因，或原因的一个必要部分。④共变法：如果在被研究现象发生变化的几个场
合中，其他有关情况都不变化，唯有一种情况相应地发生变化，就可以得出结论：
这种相应变化的情况与被研究的现象之间有因果联系。⑤剩余法：从任何现象减去
那种由于以前的归纳而得知为某些先行条件的结果的部分，现象的剩余部分就是其
余先行条件的结果。见约翰·密尔：《逻辑体系》。

的求同、察异、剩余及求同察异并用四法对研究对象的准确性要求极高，因此社会学家无法将它们用于社会现象间因果联系的考察。那么这是否意味着科学归纳法在社会学研究中毫无价值？实际情况并非如此。涂尔干指出，密尔五法中的"共变法"对于研究对象的要求不像其他四种方法那样"苛刻"。为什么这样说呢？不妨看看"共变法"考察事物联系的一般原理：

如果　　A 从 A1 变到 A2，B 就从 B1 变到 B2；

A 从 A3 变到 A4，B 就从 B3 变到 B4；

诸如此类；

则　　B 或者是 A 的"一个原因或一个结果"，"或由于某种因果联系而与 A 相联系"。

在以上表述中，A 和 B 分别代表一个考察对象中的两类现象，A1、A2、A3、A4 与 B1、B2、B3、B4 分别代表 A、B 两类现象在不同情况下的变化形态。这样看来，所谓"共变法"就是通过观察两种现象同步变化的情形，确定两者之间联系的一种归纳研究策略。换言之，如果在被研究现象发生变化的几个场合中，唯有一种情况相应地发生变化，那就可以得出初步结论：这种相应变化的情况与被研究的现象之间具有因果联系。同其他归纳法相比，共变法不要求研究者全面掌握一种环境下所有现象的存在或变化状态，而只需把那些具有同步变化特征的现象找出来即可。

从共变过程中了解文化现象的因果关系，正如化学家、物理学家在化学反应或机械运动中观察事物之间的联系一样。共变研究法在工作原理上与自然科学完全相同，尽管它的操作过程比后者难度更高。道德与其他社会文化现象之间的联系客观存在，但通常只有在社会状况显著变化的情况下才容易被发现和观察。这是因为剧烈的变化暴露了更多的矛盾，也增加了矛盾的剧烈程度，道德与各种文化要素之间的关系也比正常情况下显得更为典型。从这个意义上讲，考察稳定持久的道德现象固然是道德史研究的题中应有之义，而某些特殊时期（如春秋战国之际）变动不居的道德现象则更有助于我们去探索道德规律。我在下文的分析中往往要从西方社会或"野蛮社会"中寻找道德事实的不同例证，目的就在于通过它们与先秦社会不同个案之间的比较研究，深入挖掘影响道德事实的各种因素。

第三，文化要素分析法。这是常金仓先生近年来在文化史学的实践中积极倡导并贯彻的一种研究方法，它对于考察历史时期的道德现象同样具有借鉴意义。按照笛卡尔的意见，当人们遇到一个比较复杂的问题时，正确的做法是把它分解为最简单的元素，依靠直觉确定每种元素，然后从它们出发进行演绎推理；相反，如果从高度复杂的对象开始进行推理的话，就很容易发生错误。新进化论派人类学家也认为，人类社会是由各种文化要素共同构成的一个综合体，正如碳、氧、钙等元素组成各种植物或动物一样。文化研究的目的，就在于将那些与研究对象有关的要素准确判断出来，同时将那些无谓的因素分离出去。[①] 笛卡尔和怀特在上述意见中已经涉及了文化要素分析法的基本要旨，其实这种方法不仅适用于探讨现实社会中的文化规律，而且适合于考察历史时期的文化事实。关于文化要素分析法在历史学中的运用，常金仓先生曾形象地用"舞台剧"来比喻，他说：

> 被历史学家记录下来的时间、制度、思想等都是由许多前赋的文化要素按照各式各样的形式组合起来的，它们就像

---

① ［美］L. A. 怀特：《文化的科学——人类与文明的研究》，山东人民出版社1988年版，第19、193页。

一幕舞台剧，其中综合了编剧、导演、道具、化妆、音响、灯光、布景、演员多种因素，它们是一种高度复杂化的文化集合体，这样的舞台剧全是独特的，一次发生的，稍许雷同，都是不受观众欢迎的。因此推理不能从如此高度复杂的对象开始，而必须深入到构成事件的要素层面进行分析。当我们把文化分解成它的组成要素后，这些要素就会在任何文化系统中被发现，在同一文化系统中也会发现它们彼此频繁地结合和分离，因此它们就不再是独特的而是普遍的，不再是一次发生的而是重复出现的。①

这就是说，历史由具体的人物、事件、制度构成，表面上看似纷繁复杂、缺乏共性，但从某种意义上又可以将它们归结为若干一般文化要素共存、消长的过程。如果历史学家将目光从具体史实转向一般性文化现象、文化要素的话，就有可能得出人类社会和文化发展的规律。当然，正如笔者在上文曾指出的那样：文化史的规律不是某个具体事物生息盛衰的过程，而是文化要素之间一般性的内在联系。就本书的主题而言，采用要素分析法意味着从先秦道德赖以发生、发展的社会环境入手，寻找并确定影响道德事实的文化因素；如果能够发现诸因素与道德之间的确存在某种相对稳定的一般性联系的话，那就是笔者所理解的道德规律。文化要素之间不仅是简单的数量相加关系，还存在某种结构关系，它们由此构成复杂的道德环境，道德环境又决定着道德的发生发展。从这个意义上讲，"道德环境"一词是对历史时期诸多影响道德的文化要素的最佳注脚。

试图从历史研究中得出规律（而不是教训或事实叙述），是

① 常金仓：《穷变通久：文化史学的理论与实践》，辽宁人民出版社1998年版，第66页。

以上三种研究方法（间接实验法、共变法研究法以及文化要素分析法）的共同目标。这种意义上的历史规律与传统叙事史视野中的"规律"不同：前者将科学的客观性与改造现实的实用性合二为一，后者只能使道德史研究得出一些老生常谈的常识或道德戒条。值得注意的是，以上三种对道德史研究具有借鉴价值的研究方法无一例外均以文化学或社会学为理论渊薮。这表明不同学科之间的综合研究（亦即近年来颇受关注的跨学科研究），尤其是向文化学和社会学学习仍将成为21世纪历史学发展历程中一个引人注目的动向。本书关于先秦道德文化的考察，即试图将包括以上三者在内的那些得之于文化学和社会学的方法论贯彻其中。当然我们也应充分地认识到，尽管有多种方法作为辅助，当人们以社会文化这样一个庞杂的体系为考察对象时，他们要面对的复杂性往往比自然实验有过之而无不及。

　　需要顺便指出的是，许多人认为历史学不可能成为一门真正意义上的科学，并将原因归结为历史不能重演、史学研究不能进行实验、历史与人类意志，甚至历史学家素质低下，等等。然而在笔者看来，这些都不是症结所在，因为这些问题都可以通过适当的方式解决。历史学之所以迄今仍踟蹰于科学殿堂的门阈之外，最重要的原因在于历史具有非同寻常的复杂性。如果有一天我们能够通过自己的努力得以自如地应对这种复杂性，用类似于自然科学研究的眼光看待和解释历史现象的话，相信历史学距离科学的要求便不再遥远。

（四）文化史学的建立

　　上文对传统道德史研究的不足作了较多分析和批评，在本章的结束部分再就笔者所持有的史学观念略加交代。本书以先秦道德作为考察对象，但笔者的目的不在于就事论事，而是试图通过若干案例的分析确定诸文化因素在道德环境中所处的地位及所发挥的作用。在笔者看来，传统史学长期以来徘徊于两种矛盾、两个极端之间：一个是与现实几乎隔绝的考证和叙述，另一个是以牺牲史学客观性为代价的任情褒贬。当然，一些坚持走"中间路线"的学者为解决这个矛盾曾提出一种折中策略，即主张历史学是科学但本质上有别于自然科学，是艺术而不全同于诗歌美学，因而它"既是科学又是艺术"。① 这种"两全其美"的观点看似公允，其实完全禁不住推敲，与其说它是关于史学性质的概括，倒不如说是史学界长期以来观念混乱状况的一种真实写照。平心而论，在史学性质和史学功能观上采取两可之说的做法只能一时地"搁置争议"，却无益于将史学引上科学道路；搁置只是暂时掩盖了矛盾，而不可能解决争端。

　　作为西方社会学、文化学理论与中国史学有机结合的产物，常金仓先生近年来倡导的"文化史学"不仅代表了20世纪世界学术跨学科研究的一般趋势，更是当代史学增强自身规范并走向科学化的实践成果。与近年来盛行的"历史社会学"、"历史人类学"、"文化史"、"社会史"等观点有所不

──────────

　　① 张荫麟是此说的一个代表，他说："史学应为科学欤？抑艺术欤？曰兼之……今以历史与小说较，所异者何在？夫人皆知在其所表现之境界一为虚一为实也。然此异点遂足摒历史于艺术之外矣乎？写神仙之图画，艺术也。写生写真，毫发毕肖之图画，亦艺术也。小说与历史所同者，表现有感情、有生命、有神采之境界，此则艺术之事也。惟以历史所表现者为真，故其资料必有待于科学的搜集与整理。然仅有资料，虽极精确，亦不成史。即更经科学的搜集与综合，亦不成史。何也？以感情、生命、神采，有待于直观的认取，与艺术的表现也。"参见张荫麟：《论历史学之过去与未来》，《文集》，第201页，转引自许冠三：《新史学九十年》，第64页。胡适也曾认为："史学有两方面：一方面是科学的，重在史料的搜集与整理；一方面是艺术的，重在史实的叙述与解释。"参见胡适：《介绍几部新出的史学书》，《古史辨》(2)，上海古籍出版社1982年版，第340页。实际上，张、胡二人论史学的艺术与科学之别，他们所谓"科学"是指历史的实证方面，而"艺术"则指历史的叙述方面。如果说上述观点虽容易启人疑窦，但本身尚有合理之处的话，那么后人动辄以史学的"艺术论"否认"科学论"的看法就多属得言而忘意的荒唐之论。

同，常金仓先生所说的文化史学不主张简单地将文化学、社会学的结论、材料或概念用于解释历史事物。在他看来，如果不实现研究思路的转变，而只是套用文化学或社会学的概念、理论、结论及材料去进行史学研究的话，这种研究虽然可能给人带来一时的新鲜感，但其结果却往往是生产出换汤不换药的叙事史，因为研究者只是用文化或社会的叙事取代了政治或人物的叙事而已。常金仓先生认为，文化学和社会学的可贵之处在于它们具有一套颇具科学价值的研究方法，相对于个把材料、概念或具体结论而言，这些方法才是改造传统史学时弥足珍贵的资源。因此，要充分发挥文化学、社会学对历史学研究的积极意义，就不能把文化史学简单理解为众多史学部门中的一个组成部分，而应视之为一种新的研究策略。他认为：

　　文化史学应该是这样一种历史学，它不再满足于叙述一个个历史事件，并用简单的因果关系把它们连缀起来，它也不再满足于描述一个个历史人物，并品评他们的功绩与过错，它认为处于事件、人物水平上的历史学是最肤浅、最粗糙的历史学，因为历史学家把前人记录下来的时间没有做任何提炼和加工就直接使用了，这样的历史永远不能得出一个确定不疑的答案。文化史学把全部注意力集中在由事件人物表现出来的各种文化现象上，这些现象比起变动不居的事件具有极大的稳定性，它们往往成百年乃至上千年没有本质的变化；比起事件的形式多样化又具有相当的齐一性，而具有稳定性、齐一性的事物才是科学方法便于处理的对象。因此，文化史学家的第一件事情就是从大量的事实中捕捉、发现、确定文化现象。这样的工作在以往的研究中尽管是无意识的却已经做过一些，留下来的是怎样来解释文化现象。①

　　要之，留意于具有一般特征的文化现象而非具体史事、人物、制度或思想，是文化史学有别于叙事史的鲜明特色之一；正是在这个意义上，文化史学又可称为"现象史学"。② 在我看来，文化史学的理论与方法既是历史学向文化学、社会学学习的一个成功案例，也是有效化解关于历史学性质的"科学"与"艺术"之争的一把利器。本书将文化史学的理论与方法置于一个较高地位，在文化史学（现象史学）中，不同学科的学术观、方法论有机地结合在一起，体现了社会科学不同部门在学科性质上的一致性。之所以这样说，主要是基于以下几点原因：

　　首先，只要转换一下思维方式就会发现，社会学和文化学的比较研究法同样适合历史学的需要。众所周知，社会学、文化学与历史学虽然在考察问题的视角上不同，但从更广泛的意义上都是以人类及其社会为研究对象的。既然今天的社会文化现象可以通过"间接实验法"、"共变法"进行研究，就没有理由怀疑可以用同样的手段处理历史时期的同类现象。这种处理不仅具有可操作性，而且还有助于研究的深化。笔者至少已经注意到，涂尔干在那本"根据实证方法来考察道德生活事实的一个尝试"（作者语）的《社会分工论》中，就不仅使用了社会学材料，而且也成功地使用大量来自历史学的材料。

　　如果社会学家能够从历史学借用资料，那么历史学为什么不能从社会学中学习方法呢？有人似乎担心，一旦采取文化学、社会学的研究方法，历史学便会因丧失其特征而显得"不伦不类"。

――――――――――

　　① 常金仓：《穷变通久：文化史学的理论与实践》，辽宁人民出版社1998年版，第43—44页。

　　② 常金仓：《论现象史学》，《宝鸡文理学院学报》2001年第3期。

是的，如果有人认为历史学只能以考证史实、编排年代、叙述故事、臧否人物、评价善恶为本行，其他均属不务正业的话，那么历史学确实面临这样一种根本性的改变，因而这些人的这种担心显然是有道理的。但是谁规定历史学只能按照传统指定的任务按部就班呢？事实上，只要历史学借助于一种方法能够更加有效地开展研究工作的话，我们又何必忌讳它被打上文化学或社会学的印记？我们为什么要介意它被称为历史文化学、文化历史学，或者被冠以其他什么名称呢？实际情况是，历史学家采用文化比较的研究方法并不意味着他们必须放弃各种传统研究手段。相反，那些在以往实践中被认为行之有效的史料甄别法，仍有其用武之地。历史学也绝不会因为采用文化学、社会学的方法而不成其为历史学。

历史学与比较研究法的第二个契合点，在于它的独特视角有助于人们从历时性层面深化比较研究的意义。历史学在许多情况下可以发挥历时性研究的特长，完成其他社会科学难以企及的任务。比如在资料方面，文化学和社会学需要通过调查来搜集资料，历史学则拥有长期以来积累的庞大资料库。历史学在资料方面具有的得天独厚优势，是科学的比较研究赖以展开的坚实基础。早在20世纪初期，羽翼未丰的社会学就开始向历史学汲取养料，在学习的过程中，不少社会学家和文化学家还表达过对历史学家固守丰富材料却不知利用的不满。有社会学家曾将历史学家比作"业余的、近视的、缺乏体系和方法的事实收集者"，并认为他们"数据库"的粗陋不堪恰与他们的分析低能相称。① 一位人类学家指出，就人类学研究的目的来说，历史学家可被看做仅仅是一位编年史作者，一位记录发生了的事件的记录者。历史

① ［法］爱弥尔·涂尔干：《历史学与社会学》，上海世纪出版集团2002年版，第3页。

学家在这儿发现一连串事实的顺序是按时间推移排列的，又在那儿发现另一连串事实的顺序也是同样的情况；而从众多的事实序列中归纳出一种顺序性就不再是他们的工作了。① 这些批评的确足以伤害任何一个历史学家的自尊心。但从这些批评中，我们除了看到其他社会科学从业者对历史学家史料处理能力低下的嘲弄之外，也可以看出他们对历史学家拥有巨大财富而不善经营的惋惜。在笔者看来，要使历史学成为一门真正富有尊严的学科，正确的做法是将它的资料优势与科学方法结合起来。涂尔干也从社会学角度提出了类似倡议，他说：

> 甚至到今天，也很少有历史学家对社会学研究感兴趣，或认为社会学与他们有关……一切事实都表明，两者有必要合为一种共同的研究，结合并统一两方面的要素。因为看起来，历史学家的角色是发现事实，他们不可能忽视针对事实所进行的比较，而同样采用比较方法的社会学家，也不能忽视这些事实是怎样被发现的。要引导历史学家像社会学家那样去发现历史事实，或按照同样方式引导社会学家掌握历史学的所有技艺，两者都是我们必须努力实现的目标。由此看来，社会学的解释程序必须进一步扩展到整个社会事实的复合体，而不再是制定最一般的纲要；与此同时，历史的广博学识也会变得有意义，因为人们可以借助它去解决人类所面临的重大问题。古朗治屡次重申，真正的社会学就是历史学；只要历史学以社会学的方式进行研究，那么这种看法就是不容置疑的。②

---

① ［英］R. R. 马雷特：《心理学与民俗学》，山东人民出版社 1988 年版，第130 页。

② ［法］爱弥尔·涂尔干：《乱伦禁忌及其起源》，上海人民出版社 2003 年版，第 179—180 页。

　　值得庆幸的是，论者指出的那种历史学家对社会学缺乏兴趣的状况今天总算有所转变。历史人类学、历史社会学、文化史、社会史在近年的中国历史学界格外盛行，它们的主旨与方法虽各有不同，却可以视为历史科学获得新发展的一个前奏。在此背景下，文化史学的提出自然有其特殊意义。当然，如何在文化史学的实践中将科学方法和历史材料很好地结合起来，仍是一个需要仔细思考的问题。拉德克利夫—布朗曾提出关于人类社会生活的两种描述方式，即共时性描述和历时性描述。他说："在共时性（synchronic）描写中，我们对于存在于某一时段上的社会生活方式加以解释，并尽可能把它从那些可能影响其特征的变化中抽象出来。历时性（diachronic）描写则叙述某个时期中的社会生活方式变化。在比较社会学中，我们必须在理论上论述社会生活方式的延续和变化。"① 文化学、社会学之所以强调共时性研究，是因为它们的资料多得之于田野调查，这种材料天然地没有历史，有些无文字社会甚至就没有历史感，两三代人以前发生的事情，连土著人自己也弄不清这个事物的起源，这是人类学、社会学的一个局限。人类学家有时非常羡慕历史学家的得天独厚，美国人类学家罗维说："民族学家（按：即人类学家）在这里（按：指资料）遇到一重障碍，为研究高等文化的历史学家所无，初民社会中的事变之相继，除最近期外，很少是有记录的，确实的报告能溯及三五百年前时，民族学者已认为是非常的幸运。"② 社会学家也十分重视材料的历史性，涂尔干说："只有历史才能使我们把一种制

---

　　① ［英］拉德克利夫—布朗：《原始社会的结构与功能》，中央民族大学出版社2002年版，第4—5页。

　　② ［美］罗维：《初民社会》，商务印书馆1987年影印本，第7页。

度按它的构成因素分解，因为历史是按这些因素出现的先后顺序向我们展示它们的出现过程的。"① 概括而言，共时性是社会学和文化学的特征，因为研究者通常只能通过对某个较短时期内人们的社会生活进行调查，它的优势是能观察到文化现象的空间流布及其相互关系，缺点则在于不容易发现文化的纵向变化。与此相反，历时性则是历史学的重要特征，这是由于历史学家可以通过大量史料发现一种事物在较长过程中的变化，然而它的缺陷在于不容易看到特定时期各种事物的情况及其相互关系。一般而言，社会文化现象往往具有极大的稳定性，只有在漫长的历史过程中，它（们）的变化才会显现出来。若缺少历史眼光的话，人们就很难谈得上全面真实地发现影响文化事实的因素。如果说社会学对帮助人们进行文化事实的共时性研究最有意义的话，历史学的意义则主要在于为人们进行文化事实的历时性比较提供依据。从这个意义上讲，多样化比较方法的运用不仅有助于具体历史问题的深化，而且将在一个新的层面为历史学进一步科学化作出贡献。

　　综上可知，历史学在走向科学的道路上缺乏的并不是什么特殊工具，而主要是一种学术观念和研究思路的转换。科学活动的要旨是通过实验为比较研究创造条件，以便确定影响事物发展的内在因素及其规则；自然科学与社会科学在具体的比较方式上虽小有差别，但是它们的工作原理、性质和目标却毫无二致。当然也不能否认，相对于自然科学而言，历史学的间接实验往往面临更大的困难，但这并不能构成历史学"实验"与自然实验的本质差别。相反，这种差别只能说明历史学何以比其他各个学科更难走上科学道路，由此我们似不难理解有位学者的以下断言：历史

---

　　① ［法］爱弥尔·涂尔干：《宗教生活的基本形式》，上海人民出版社1999年版，第3页。

学"在所有科学中难度最大"。① 迄今为止，我已经离开主题很远了，下面就从先秦社会道德环境的重要构成因素之一——家庭对道德的影响开始分析。

---

① ［法］马克·布洛赫：《历史学家的技艺》，上海社会科学院出版社 1992 年版，第 14 页。

第 一 章

家庭如何制约和影响道德

　　根据本书"绪论"拟议的研究目标和方法，考察古代道德应当从它赖以存在的环境入手，社会结构或社会组织是其中的重要构成部分。社会人类学的结构功能论者常常把文化比作有机体，他们认为，社会结构如同单个有机体的存在一样，是实在的。一个复杂的有机体是按一定结构排列而成的生命细胞和间质液体的合成物，一个生命细胞同样也是一个合成分子的结构排列。人们在有机体生命中观察到的生理现象和心理现象并不是这些构成机体的组成分子或原子本质的简单产物，而是那种把它们联结起来的结构的产物。同样的道理，"我们在任何人类社会中所观察到的社会现象也不是个人本质的直接产物，而是那个把个人联结在一起的结构的产物"。① 道德是社会这个庞大结构的组成部分之一，它与其他组成部分合起来才能发挥作用，也只有从各部分的联结中才能理解中国古人为什么制定了这样而不是那样的道德规范，才能理解这些道德范畴是靠什么条件维持的。有学者曾说过这样一番富于启发意义的话："道德是随群体生活而生的，因为只有在群体中，无私和奉献才会有意义。我所说的是一般意义上

---

　　① ［英］拉德克利夫—布朗：《原始社会的结构与功能》，中央民族大学出版社2002年版，第214页。

的群体生活；群体有各种不同的类型，如家庭、法团、城市、国家以及国际的群体。这些各种各样的群体构成了一个等级体系，人们可以根据相关领域，根据社会范围，根据其复杂程度和专业程度，找到相应级别的道德行为……道德生活与群体成员身份相伴而生，无论群体有多么小。"①

　　这里说的"群体"指的就是社会组织，无论结构和紧密程度如何，人们总是在某种联系中共居和活动。道德现象以组织化的群体为中心，并且伴随人们的一系列群体活动而产生。不仅如此，社会组织和生活方式甚至决定着道德的类型和特征，可以毫不夸张地说，社会正是人类各种道德事实的核心和本质所在。这正是涂尔干曾表述过的一项观点，他指出：

　　　　我所能说的一切，就是迄今为止在我的研究中，我没有发现哪个道德规范不是特定的社会因素的产物……各个民族已经实践的所有道德体系是这些民族的社会组织的功能，它们维系于它们的社会结构并随之发生变化，这已经十分明显了……历史是这样确立起来的：除了反常的情况外，每个社会大体上都有相适应的道德，其他道德不仅不可能存在，而且对于试图遵从它的社会来说也是致命的。关于个人道德，即便众说纷纭，它也无法逃避这一规律，因为它最终是社会的。它是我们力求实现的，是社会所构想的理想人，每个社会都依据自身的图像去构建它的理想。②

　　道德是人类社会生活的产物，有怎样的社会组织，便会产

------

　　① ［法］爱弥尔·涂尔干：《社会学与哲学》，上海世纪出版集团2002年版，第55—57页。

　　② 同上书，第60—61页。

生怎样的道德现象。只有承认道德事实与社会环境之间的这种
因果关系，关于道德现象的解释才有意义。同样的道理，道德
的变化也必然是由社会组织的变动而引起的。因此，无论考察
一种道德事实的成因，还是确定它的影响因素，唯一科学的办
法就是求之于它所赖以发生发展的环境——那个特定的社会组
织之中。

　　家庭作为一种基本的社会组织几乎无处不有，而在中国古代
文明中，这种组织更以其重要的地位和影响力给人们留下深刻印
象。梁漱溟曾经指出："家庭在中国人生活里关系特见重要，尽
人皆知；与西洋人对照，尤觉显然。"① 陈顾远认为："从来中国
社会组织，轻个人而重家族，先家族而后国家。"卢作孚甚至说
道："家庭生活是中国人第一重的社会生活……人每责备中国人
只知有家庭，不知有社会；实则中国人除了家庭，没有社会。"②
徐复观关于古代家庭地位的论述，则与本书讨论的主题极为相
近，他说："中国人生活的大部分，是在家庭及由家庭扩大的宗
族的自治堡垒之内。在这种自治堡垒里面，不仅是经济利害的结
合，同时也是孝弟的道义结合。这种道义精神，可以缓和在经济
结合中常常无法避免的利害冲突。平时不会因外部的压迫而解
体，且常因此而加强其内部的团结。灾难中的孤独者，有如洪流
中的个人，很容易被浪潮吞没。但一个自治堡垒，便如在洪流中
得到浮木竹筏一样，有更多渡起的机会。"③ 学者们的上述评论
虽多就中国古代社会的一般情况而发，但它们无疑也同样适用于
先秦社会。早在先秦时期，家庭组织就已奠定了它在整个社会体
系中独占鳌头的地位，因而也对时人的道德生活发生着至关重要

　　① 梁漱溟：《中国文化要义》，学林出版社 1987 年版，第 26 页。
　　② 转引自梁漱溟：《中国文化要义》，学林出版社 1987 年版，第 11—12 页。
　　③ 徐复观：《中国思想史论集》，上海书店出版社 2004 年版，第 145 页。

的影响；家庭组织实在是理解古代诸多道德现象的枢机所在。先从先秦家庭组织的基本情况说起。

一　先秦的家庭组织

（一）家庭组织的类型：父系家庭

家庭可以被理解为一种基于婚姻关系基础之上，由父母和子女及其他成员组成的，具有多种功能的社会组织。家庭在各种文化中的表现形式并不相同，研究者目标的要求，也决定着人们必须将它加以分类。对于本书的主题而言，家庭传承方式和亲属关系的异同最具重要意义，因此笔者试图从这两个方面对先秦家庭的主要类别进行区分。需要说明的是，笔者在这里坚持使用"类型"一词表示家庭的传承世系方式，而以"结构"指称家庭的规模、亲属构成状况及其相互关系。这与有些论著中的用法可能存在某种出入。

以传承世系为标准，家庭通常可以分为父系家庭、母系家庭、双系家庭及共同血统家庭四种。按照人类学的一般看法，在父系家庭中，家庭财产、特权或身份的传递均是在父子之间进行的。女人在这种家庭中是作为配偶，因其生儿育女、传宗接代的功劳而受到尊重的，是她生儿育女才使男人确保自己有男性后代。在这些群体中，谁是父亲至关重要，这些群体对于婚姻以及父亲对子女的权力十分重视。女子一旦结婚，便住在丈夫的父亲家里，这叫"入住（丈夫）父家"；或住在丈夫身边，这叫"入住夫家"。学术界认为，古罗马和古代中国可以作为父系家庭社会的典型代表。

母系家庭的情况则与此不同，在这里，财产、权力以及身份的传递是从母亲的兄弟到该兄弟的姐妹的子，即舅传甥（而不是像很长一段时间里人们误解的那样，从母亲到女儿）。在这种传承规则之下，母亲的兄弟（舅父）的角色起到决定性作用，而母亲的丈夫（父亲）则经常被降低到"传种人"的角色。父亲虽然与妻子儿女共同生活起居，但是他的一生从根本上讲却始终属于自己母亲或姊妹的那个单位（家庭）；一般来说，在他的夫妻小群体里，他的权威非常有限甚至几乎没有权威。母系家庭的传说很早便见诸各种古代文学或神话故事，而关于这种组织真确详细的范例，则存在于南亚、印度、非洲、美洲以及中国云南的部分地区，其中最为人熟知的是英国人类学家马林诺夫斯基曾调查过的南太平洋地区的特罗布里恩岛。

与父系和母系并列的，还有一种"双世系"的家庭组织。这种家庭的传承原则是父系与母系并存，而不相互矛盾和排斥。单世系和双世系家庭之外还有一种情况，就是家庭的传承不区分世系方式，属于哪个亲族集团也不是根据性别而定。这种家庭被称作"无区分"或"共同血统"家庭。

需要注意的是，以上四种家庭组织在人类文明中的普遍性程度并不一致。一般而言，父系和母系是较为普遍的两种家庭组织形式，对于人类文明的影响最大；而"双世系"和"共同血统"类型则较为罕见，它们在人类历史的发展进程中也扮演相对次要的角色。由于这种情况，多数学者便将关注和争论的焦点集中在父系和母系两种家庭类型。

大致可以确认，中国的家庭组织从史前较早时期以来便属父系制类型。根据先秦较为可信的文献，家庭组织的父系传统至少能够追溯到传说中的黄帝和炎帝时期。《国语·晋语四》司空季子曰：

> 同姓为兄弟。黄帝之子二十五人，其同姓者二人而已，惟青阳与夷鼓皆为己姓。青阳，方雷氏之甥也；夷鼓，彤鱼氏之甥也。其同生而异姓者，四母之子别为十二姓。凡黄帝

之子二十五宗，其得姓者十四人，为十二姓：姬、酉、祁、己、滕、葳、任、苟、僖、姞、儇、依是也。惟青阳与仓林氏同于黄帝，故皆为姬姓。同德之难也如是。昔少典取于有蟜氏，生黄帝、炎帝。黄帝以姬水成，炎帝以姜水成。成而异德，故黄帝为姬，炎帝为姜。

这段话中有几点值得注意：第一，黄、炎时期存在"子承父姓"的情况。炎帝的情况无由得知，但是司空季子明确说到黄帝为姬姓，而其子青阳氏和仓林氏"同于黄帝，故皆为姬姓"。①在人类家庭史上，姓氏同财产、身份一样，是判定家庭世系传承方式的一项重要标志。黄帝之族中"子承父姓"现象的存在，说明当时是以父系作为世系传承的标准。第二，除青阳、苍林二氏之外的其他"二十五宗"或得他姓，或未得姓，要之皆为黄帝之后，而不像母系制下那样归诸母舅。故《史记·五帝本纪》说："黄帝居轩辕之丘而娶于西陵之女，是为嫘祖。嫘祖为黄帝正妃，生二子，其后皆有天下。"《礼记·乐记》也说："武王克殷反商，未及下车而封黄帝之后于蓟。"显而易见，这些文献中提到的黄帝之后，乃是指黄帝之子而非其甥，这应当也是父系传承制的表现。

黄帝之后，关于这种父系家庭传承制度的记载史无异辞。《国语·鲁语上》云："有虞氏禘黄帝而祖颛顼，郊尧而宗舜；夏

---

①　这段话既说青阳、夷鼓"皆为己姓"，又说青阳与仓林"皆为姬姓"，崔东壁曾指出是一人而有两姓；皇甫谧、黄丕烈等人认为夷鼓即苍林，系一人而有两名，其他解释尚多。近人杨希枚认为"唯青阳与夷鼓皆为己姓"一语中的"己"字应解释为"自己"之"己"，意指黄帝本人而言；黄帝为姬姓，故"己姓"意即姬姓。至于文中内容则或为正文，或为注解，需要仔细辨别。此说较之其他各种观点似更为合理。参见杨希枚：《先秦文化史论集·〈国语〉黄帝二十五子得姓传说的分析（上、下）》，中国社会科学出版社1995年版，第211—212页。

后氏禘黄帝而祖颛顼，郊鲧而宗禹；商人禘舜而祖契，郊冥而宗汤；周人禘喾而郊稷，祖文王而宗武王。"这些带有强烈政治色彩的祖先祭祀制度，表现出比较明显的父系传承特征。从商周乃至春秋战国时期的大量文献和考古资料看，无论在贵族家庭抑或平民家庭当中，父系传承制度始终是基本特征。那么，中国古代是否出现过人类学家所描述过的那种母系家庭组织？在摩尔根等人进化理论的影响下，以往的中国史学界通常持肯定态度，史前考古发掘似乎也为此提供了不少佐证。尽管如此，文化人类学的较新研究成果表明，母系家庭与父系家庭之间并无必然的因果关系。目前人们更倾向于认为，一个社会选择哪种家庭组织形式，往往与当时的具体历史环境有关，而难以将其纳入一个统一的模式中。法国学者比尔基埃曾经总结说："在这些体系（按：指家庭传承方式）面前，很自然最后会提出一个问题：这些体系是怎样形成的？任何解决方案从来不会是任意采取的。一方面这是根据生活方式：男人在漫长的岁月中去打仗、去狩猎；也根据生态环境或经济地位：在粗放或集约农业的土地上集中或分散居住……但是直到今天，仍然说不清楚，为什么这个群体选择了这种解决方案，而不是另外一种。"① 论者似乎并未得出确定结论，这多少有些让人失望，不过他能够突破传统单线进化论的教条，这点已属难能可贵。在笔者看来，关于中国古代母系社会存在与否的问题仍有继续讨论的必要，简单套用古典进化论理论作为依据的做法已不足为训。

（二）家庭组织的结构：伸展型家庭

按照亲属关系的不同，家庭组织可以分为核心家庭、多偶家

---

① ［法］安德烈·比尔基埃等：《家庭史》（1），生活·读书·新知三联书店1998年版，第66—69页。

庭、伸展家庭三种。① 家庭亲属结构的不同，往往与家庭在社会中所处的地位及其作用有关，每种家庭结构甚至都反映着社会对家庭角色和功能的特殊要求。有学者指出："事实上，家庭形式也正像社会组织形式一样，既是亲族体制的产物，也是各种约束加在一起的产物，这些约束又反映了家庭身居其中的社会体制。家庭群体在某种程度上是从外部加以塑造的家庭的具体实现：'家庭生活领域是一种社会关系体制，通过这种社会关系体制，繁衍核与环境及整个社会结构构成一体。'"② 由于家庭是社会的产物，在各方面都受社会力量的约束，因此离开特定的社会环境去解释家庭亲属关系的成因，很少能够取得一致的看法。

先秦不同历史时期家庭组织虽多有变化，但结构上都以大型伸展型家庭为主，规模较大，这种情况直至东周之后开始有所变化。由上引《国语·晋语》一段文字中提到的"黄帝之子二十五人"及其"四母"等情况，至少可以推知当时部落首领实行一夫多妻制度，可惜其中亲属结构的详情已绝不可知。实际上，由于缺乏足以凭信的研究材料，三代之前的家庭亲属结构基本都处于这种茫昧无稽的状况之中。

商代社会常见的是大型伸展型家庭，这点已为学者所证实。朱凤瀚综合考古学和历史文献资料指出，商代的家庭组织（作者称之为"家族"）是以宗族形式表现出来的。他认为："商人家族

---

① 核心家庭（nuclear family，又称核式家庭、个体家庭、夫妻家庭、初级家庭）由父母及其未婚子女组成。核心家庭的结构较为简单，是最基本的家庭组织形式。多偶家庭（polygamous family）包括多妻家族（一夫多妻家庭和姊妹共夫制家庭）和多夫家族（一妻多夫家庭和兄弟共妻家庭）两种。伸展家族（extended family）由核心家族繁衍而来，又可分为主干家族（stem family）、直系家族（Lineal family）、大型伸展家族（expanded extended family）。参见朱凤瀚：《商周家族形态研究》，天津古籍出版社 2004 年版，第 9—10 页。

② ［法］安德烈·比尔基埃等：《家庭史》（1），生活·读书·新知三联书店 1998 年版，第 66—69 页。

从组织结构上看，通常以一种多层次的亲属集团亦即宗族形式存在，并以之作为从事社会活动的基本单位。宗族内最基层的组织是包含着几个核心家庭的小型伸展家族。核心家族已是社会的细胞，但不具有经济功能，尚未成为独立的社会组织。"[1] 换言之，商人的家庭组织是由若干小型伸展家庭构成的一个整体，核心家庭存在于这个整体之内。这种由数个伸展型家庭构成的集体，它的规模应当不小。就内部关系而言，不仅家族成员之间因血缘亲疏构成等差，甚至各个父家长之间亦形成等级关系。作者指出：

> 商人宗族内部等级结构的基础是宗族内部的亲属关系与亲属制度，在一个宗族内，处于最高等级的，是整个宗族的父家长，即宗族长。在宗族内所包含的若干分族中，处于最高等级的则是分族的父家长，即分族长。各级族长间的等级差别是与家族亲属结构的层次与隶属关系相吻合的。各级家族内家族成员阶梯状的等级差别，则缘于各成员与各级族长关系的亲疏。[2]

周代家庭组织的结构与商代似乎相去不远。朱凤瀚在对比总结青铜器铭文与文献材料之后发现，西周贵族家族的亲属范围至少包括以下数者：宗子（与其核心家庭）、其同胞兄弟（与其核心家族）、从父（与其核心家族）、从父兄弟（与其核心家族）。作者发现："这是一种包括两个旁系的家族。如果'诸父'还包括从祖父、族父，则这种贵族家族即可能包含有

---

　① 朱凤瀚：《商周家族形态研究》，天津古籍出版社 2004 年版，第 210—211 页。

　② 同上书，第 133 页。

三个以至四个旁系。"① 谢维扬也持有类似的观点，他认为："周朝社会中同居的血缘单位（家户），其通常规模已不超过三个旁系；一般以含一个或两个旁系的同居为多。"② 总的看来，西周时期的家庭组织通常包含一个本家主干与几个血缘关系较近的旁系分支家庭，这种家庭组织的人口总数无疑比较庞大。

东周之后，家庭结构出现新的特征。就春秋卿大夫家庭的情况而言，核心或直系家庭逐渐活跃并成为居住单位。与此同时，具有同宗关系的各个核心或直系家庭则或者聚居，或者异居。战国之际，上层官僚及部分旧贵族后裔的家庭及功能仍然保留着较大的组织形态。而以农民阶层为代表的一般家庭，同样也以直系或主干类小型伸展家庭为主。③ 因此，先秦家庭组织在结构上大致围绕伸展型家庭形式为主线，而在不同历史时期有所变动。

（三）家庭在国家产生过程中的作用

作为两种重要的社会组织，家庭与国家是世界上多数文明具备的两个因素。一般而言，家庭早在国家产生之前的好长一段时间内就存在于氏族等血缘组织中，这也是各文明中家庭和国家关系的共同之处。尽管这样，家庭组织在国家的酝酿和诞生过程中承担何种角色，发挥何种作用，却在各个文明中有大为不同的状况。第一种情形，是随着原始氏族、部落等血缘组织的解体，家庭被排除于国家产生进程之外，因而没有对国家的缔造发挥显著作用；希腊、罗马及德意志可以作为这种关系的代表。第二种情形，则是家庭干预了国家的产生，不仅使国家组织带上鲜明的血

---

① 朱凤瀚：《商周家族形态研究》，天津古籍出版社 2004 年版，第 300—301 页。

② 谢维扬：《周代家庭形态》，黑龙江人民出版社 2005 年版，第 211—223 页。

③ 朱凤瀚：《商周家族形态研究》，天津古籍出版社 2004 年版，第 74、477、567 页。

缘色彩，而且也在很大程度上奠定了家庭在文明时代的地位和模式。中国史前的家庭组织在国家产生进程中就扮演了这种角色。

下面笔者将根据恩格斯《家庭、私有制和国家起源》关于雅典、罗马及德意志的有关材料，对家庭组织在国家产生过程中发挥的作用略加考察。在雅典国家产生前夕的英雄时代，雅典的 4 个部落分居在阿提卡的各个地区；甚至组成这 4 个部落的 12 个胞族，也有各自单独的居住地。然而随着土地私有化，以及雅典海上贸易的发展，很快发生了不同部落、氏族、胞族成员之间的杂居，原有的氏族组织开始遭到冲击。为了挽救这种情况，提秀斯实行了两方面的制度改革。首先，他在雅典设立一个中央管理机关，将以前由各部落独立处理的事务，统一移交给这个机关处理。这一措施使得雅典公民在离开自身原有血缘组织的情况下也能得到有效的法律保护，"但这样一来就跨出了摧毁氏族制度的第一步，因为这是后来容许不属于全部阿提卡任何部落并且始终都完全处于雅典氏族制度以外的人也成为公民的一部分"。提秀斯改革的第二项措施，是把全体人民，不问氏族、胞族或部落，一概分为贵族、农民和手工业者，并赋予贵族以担任公职的独占权。它的重要意义，在于把每一氏族的成员分为特权者和非特权者，从而破坏了氏族中的血缘联系。在提秀斯改革至梭伦改革之间，随着商品经济和职业分工的不断发展，"氏族制度已经走到了尽头。社会一天天成长，越来越超出氏族制度的范围；即使是最严重的坏事在它眼前发生，它也既不能阻止，又不能铲除了"。①

公元前 594 年，梭伦进行了第二次具有深远影响的改革，改革的重要内容之一，就是把公民按照地产和收入分为 4 个阶级，使他们分别享有不同的权利，"于是，随着有产阶级日益获得势

---

① 《马克思恩格斯选集》（第 4 卷），人民出版社 1972 年版，第 106、110 页。

力，旧的血缘亲属团体也就日益遭到排斥；氏族制度遭到了新的失败"。"现在氏族、胞族和部落的成员都遍布于全部阿提卡并完全杂居在一起，因此，氏族、胞族和部落已不适宜于作为政治集团了；大量的雅典公民不属于任何氏族；他们是移民，他们虽然取得了公民权，但是并没有被编入任何旧的血族团体；此外，还有不断增加的仅仅被保护的外来的移民。"①

最后，对血缘组织造成致命一击的是公元前 509 年的克里斯提尼改革。这次改革抛开以氏族和胞族为基础的 4 个旧部落。代替它们的是一种全新的组织，这种组织以只按照居住地区来划分公民的办法为基础。有决定意义的已不是血族团体的族籍，而只是经常居住的地区了。就这样，全部阿提卡被划分为 100 个自治区，即所谓"德莫"。10 个"德莫"组成一个部落，但是这种部落和过去的血族部落完全不同，它被叫做"地区部落"，雅典国家在这样一种基础之上被建立起来了。恩格斯曾经称"雅典人国家的产生乃是一般国家形成的一种非常典型的例子"，他的重要根据就是"因为在这里，高度发展的国家形态，民主共和国，是直接从氏族社会中产生的"。②

罗马国家的产生方式与雅典大致相同。像英雄时代的希腊人一样，罗马人在所谓王政时代也生活于氏族、胞族和部落之中。随着罗马征服的不断推进，越来越多的外来移民和被征服地区的居民加入进来。这些新来者享有人身自由，占有地产，而且承担着纳税和服兵役的义务，但是被排除在原有的罗马血缘群体之外。由于血缘因素的限制，"他们不能担任任何官职，既不能参加库里亚大会，也不能参与征服得来的国有土地的分配。他们构

---

①　《马克思恩格斯选集》（第 4 卷），人民出版社 1972 年版，第 112—113 页。

②　同上书，第 106、110、112、113、115 页。

成被剥夺了一切公权的平民"。① 随着这类外来平民的数量以及他们商业、工业财富的增加，他们开始成为传统罗马社会组织的敌对力量。在这种背景之下，塞尔维乌斯·吐利乌斯依照梭伦的方法制定了新制度，设立了新的百人团人民大会，并以是否服兵役以及财产多少作为参加这个大会的标准。以前库里亚大会的一切政治权力（除了若干名义上的权力以外），现在都归这个新的百人团大会所有，这样一来，库里亚和构成它们的各氏族，像在雅典一样，就降为纯粹私人的和宗教的团体。为了把旧的血族部落从国家中排除出去，他们还设立了四个地区部落，每个地区部落居住罗马城的 1/4，并享有一系列的政治权利。就这样，在罗马的王政被废除之前，以个人血缘关系为基础的古代社会制度就已经被破坏，代之而起的是一个新的、以地区划分和财产差别为基础的真正的国家制度。

与希腊和罗马有所不同，德意志国家是通过入侵建立起来的。而在这个入侵过程中，血缘组织也遭到同样的破坏，正如恩格斯指出的那样："如果说氏族中的血缘关系很快就丧失了自己的意义，那末，这是氏族制度的机关在部落和整个民族〔Volk〕内由于征服而蜕变的结果。"② 当德意志民族征服罗马，做了罗马各行省的主人之后，就必须把所征服的地区加以组织。但是，他们既不能把大量的罗马人吸收到氏族团体里来，又不能通过氏族团体去统治他们。必须设置一种替代物来代替罗马国家，以领导起初还继续存在的罗马地方行政机关，而这只有国家才能胜任。因此，氏族制度的机关便必须转化为国家机关，并且为时事所迫，这种转化还得非常迅速地进行。征服者民族的代表人是军事首长，被征服地区对内对外的安全，要求增大他的权力。于是

---

① 《马克思恩格斯选集》（第 4 卷），人民出版社 1972 年版，第 124 页。
② 同上书，第 148 页。

军事首长的权力变为王权的时机便来到了，这一转变也终于实现。不仅如此，由于国家幅员辽阔，这些征服者已经不能利用旧的氏族制度进行有效的管理。在这种情况下，氏族首长议事会和旧的人民大会虽然还继续存在，但已经不再发挥作用而近于名存实亡。总的看来，德意志国家的建立似乎在很大程度上是为了适应被侵略者的习惯受到罗马国家模式的影响，正是在这种影响下，成功地促使血缘组织在德意志国家的产生过程中失去了用武之地。

综上所述可以看出，作为马克思主义经典学家概括的欧洲古代国家产生的三种典型方式，雅典、罗马和德意志的共同特点之一，就是原始社会的血缘组织在国家产生过程中被粉碎，并为新的社会组织机构所取代。也就是说，旧的氏族组织非但没有成为国家建立的基础，相反还被视为后者的障碍物被逐渐予以清除。当然，血缘组织瓦解的具体原因在不同民族中往往并不相同，例如商品经济、职业分工、外族侵略等造成的人口迁移和杂居，便是导致旧有血缘纽带难尽其用的重要因素。提秀斯、梭伦等人的改革正是为了填补社会组织力量的空缺，用另外一种非血缘的纽带重新组织社会。那么在氏族组织还有充分的力量组织和约束它的内部成员的情况下，国家是否必然不会产生？换言之，国家的产生是否必然要以氏族组织的充分瓦解为前提呢？

中国古代国家的产生为其提供了一个反证：这里的氏族组织并没有在国家产生之前遭到明显的破坏，而且作为血缘组织的家庭还在国家缔造中发挥了关键性的作用。按照学术界的一般看法，中国国家的产生当以大禹之子启建立夏朝为标志，前此则属于漫长的前国家时代。如果将传说中的黄帝时期划归史前军事民主制阶段的话，有迹象表明包括氏族、部落在内的各种血缘组织直至尧、舜、禹之际仍然保持着相当的活力。《尚书·尧典》曰："帝尧……克明俊德，以亲九族；九族既睦，平章百姓；百姓昭明，协和万邦。"所谓"百姓"，郑康成释为"群臣之父子兄弟"。九族、万邦之称虽可能出自后世，但它绝不会是毫无根据的杜撰。史前传说人物多以氏称，如《左传》文公十八年有所谓高阳氏、高辛氏及其"十六族"、帝鸿氏、少皞氏、颛顼氏、缙云氏，等等。同书襄公二十四年鲁穆叔如晋，当范宣子问以"死而不朽"时说道："昔匄之祖，自虞以上为陶唐氏，在夏为御龙氏，在商为豕韦氏，在周为唐杜氏，晋主夏盟为范氏，其是之谓乎？"宣子在谈到乃祖世系时娓娓道来，向上甚至追溯至虞、夏之时，其中当有可信之处。又，昭公十七年秋郯子来朝，昭子问以"少皞氏鸟名官"的传说，郯子回答说：

> 吾祖也，我知之。昔者黄帝氏以云纪，故为云师而云名。炎帝氏以火纪，故为火师而火名。共工氏以水纪，故为水师而水名。大皞氏以龙纪，故为龙师而龙名。我高祖少皞挚之立也，凤鸟适至，故纪于鸟，为鸟师而鸟名。凤鸟氏，历正也；玄鸟氏，司分者也；伯赵氏，司至者也；青鸟氏，司启者也；丹鸟氏，司闭者也；祝鸠氏，司徒也；鴡鸠氏，司马也；鸤鸠氏，司空也；爽鸠氏，司寇也；鹘鸠氏，司事也。

郯子在这里一口气举出十余个以"氏"名官的例子，涉及史前诸多部落首领，在一定程度上也可以说明血缘组织在当时的社会上占据重要地位。尤其值得注意的是，即使在古代国家产生的前夕，这种血缘组织也仍没有消失的迹象。

关于夏代国家的产生过程，《孟子·万章上》通过孟子与弟子万章之间的对话反映出来，其文略云：

> 万章问曰："人有言：至于禹而德衰，不传于贤而传于

子。有诸?"孟子曰:"否,不然也。天与贤则与贤,天与子
则与子。昔者舜荐禹于天,十有七年。舜崩,三年之丧毕,
禹避舜之子于阳城,天下之民从之,若尧崩之后不从尧之子
而从舜也。禹荐益于天,七年。禹崩,三年之丧毕,益避禹
之子于箕山之阴,朝觐讼狱者不之益而之启,曰:'吾君之
子也。'讴歌者不讴歌益而讴歌启,曰:'吾君之子也。'丹
朱之不肖,舜之子亦不肖。舜之相尧、禹之相舜也,历年
多,施泽于民久。启贤,能敬承继禹之道。益之相禹也,历
年少,施泽于民未久。舜禹益相去久远,其子之贤不肖,皆
天也,非人治所能为也。"

孟子的说法后来为司马迁所信从,采入《史记·夏本纪》:

> 帝禹立而举皋陶,荐之且授政焉,而皋陶卒。封皋陶
> 之后于英六,或在许。而后举益,任之。禹东巡狩,至于
> 会稽而崩,以天下授益。三年之丧毕,益让帝禹之子启,
> 而辟居箕山之阳。禹子启贤,天下属意焉。及禹崩,虽授
> 益,益之佐禹日浅,天下未洽,故诸侯皆去益而朝启。
> 曰:"吾君帝禹之子也。"于是启遂即天子之位,是为夏后
> 帝启……有扈氏不服,启伐之,大战于甘……遂灭有扈
> 氏,天下咸朝。

孟子和司马迁代表了先秦以来儒家关于夏代国家产生过程的
一般看法。按照这种观点,夏启虽然凭借血缘的优势"子承父
业",从而破坏了相沿已久的部落首领禅让制度,但此举不仅情
非得已,仿佛还是顺应世道人心的无奈之举。直到有扈氏对这种
背叛行为表示不满的时候,夏启才主动出击,以暴力手段维护了
自己的地位。

关于夏代国家产生的另一种说法散见于战国法家、纵横家等派的著作。《竹书纪年》说："益干启位，启杀之。"《韩非子·外储说右下》说："古者禹死，将传天下于益，启之人相与攻益而立启。"《战国策·燕策》则说："禹授益，而以启人为吏。及老而以启为不足任天下，传之益也。启与支党攻益而夺之天下。"以上三种说法都刻意突出了启在建立夏代国家政权中的暴力色彩，这是他们与儒家的不同之处。战国诸子为了宣传自己的主张，往往对同样的历史事实加以不同的发挥甚至篡改，这应该是导致先秦诸子关于夏启建国事件言人人殊的根本原因。

尽管如此，众说之中的共同点在于它们都没有否认夏启"以家代国"的基本事实。换言之，无论人们把夏启的行为看作天命所归、民心向背所致，还是夏启集团私欲膨胀、阴谋夺权的结果，却都反映了血缘组织在国家产生的关键时刻所发挥的主导性作用。结合上文关于雅典、罗马、德意志三类国家产生方式的论述可以看出，古代中国并没有像雅典、罗马、德意志的情形那样，把血缘组织当作建立国家的障碍；相反，国家的建立者还利用这一传统资源成功地建立了王权。这种现象之所以得以发生，就是因为在国家产生的前夜，史前社会的血缘组织并未遭到严重破坏。不管出于什么更深刻的原因，有一点可以断言，即中国国家产生前夕没有出现那种大规模人口流动或氏族成员杂居的情况（就像希腊、罗马、德意志一样，这种情况极易引起血缘组织的瓦解），这才使国家得以建立在稳固的血缘组织基础之上。如上所述，希腊、罗马人口的大规模流动主要与商品经济、职业分工的迅猛发展以及入侵战争有关。那么中国国家产生前的氏族组织之所以能保持比较稳定的状态，是否与缺乏以上因素的刺激有关？或者说，它们之间究竟存在怎样的关系呢？这些都是值得进一步研究的问题。

（四）古代家庭功能的二重性特征

如上所述，史前社会的血缘组织在中国国家产生的前夜并未遭到破坏，相反，政权的建立还得益于血缘组织的力量。这种"以家代国"的国家产生方式不仅使古代国家带有鲜明的血缘色彩，而且给家庭组织造成多方面的影响。

首先，"以家代国"既使家庭与国家结下了不解之缘，也使得国家时代的家庭承担起强大的政治功能。在中国古代国家的特殊产生过程中，由于家庭组织被挟裹于大量血缘组织（包括氏族、部落）中顺利进入国家时代，故而后来历史上家庭的地位不仅未见降低，反而被格外拔高。

大量史料表明，先秦时期许多重要政治事件、政治人物的背后往往以庞大的血缘组织为支撑，这与史前部落民主制之下情况几乎毫无二致。《左传》定公四年子鱼曰："昔武王克商……分鲁公以……殷民六族：条氏、徐氏、萧氏、索氏、长勺氏、尾勺氏。使帅其宗氏，辑其分族，将其类丑，以法则周公。用即命于周……分康叔以……殷民七族：陶氏、施氏、繁氏、锜氏、樊氏、饥氏、终葵氏……分唐叔以……怀姓九宗。"这条材料至少可以说明两个问题：第一，武王克商前后殷人的血缘组织没有遭到破坏，他们仍以血缘为纽带聚居一处；第二，这些聚居的血缘组织不仅在殷代社会中具有重要的政治作用，而且对西周政权构成了潜在威胁。正因为这样，周人才想到采用将远徙异地、分而治之的策略。恩格斯曾经指出，"按照居住地组织国民的办法，是一切国家共同的"。[①] 虽然与其他国家的情况有所不同，但血缘组织在中国古代国家产生后也经历了一个变化的过程。大概从西周时期开始，众多以"氏"为名的血缘组织开始逐渐让位于一

---

① 《马克思恩格斯选集》（第4卷），人民出版社1972年版，第167页。

种以"族"为名的血缘组织。这种在先秦古籍中被称作"族"的血缘组织虽然规模较小，但它的政治色彩却并未弱化。先秦文献表明，周代政权就建立在一种以姬姓大家族为主的封建制度之上。《左传》僖公二十四年富辰谏王以狄伐郑曰："昔周公吊二叔之不咸，故封建亲戚以蕃屏周。管、蔡、郕、霍、鲁、卫、毛、聃、郜、雍、曹、滕、毕、原、酆、郇，文之昭也；邘、晋、应、韩，武之穆也；凡、蒋、邢、茅、胙、祭，周公之胤也。"可见周初分封多以姬姓贵族及其后裔为对象。对此，《荀子·儒效》也说："（周公）兼制天下，立七十一国，姬姓独居五十三人焉，周之子孙苟不狂惑者，莫不为天下之显诸侯。"同篇又说："（周公）兼制天下，立七十一国，姬姓独居五十三人，而天下不称偏焉。"由于家庭组织在周人夺取政权的过程中作用重大、功勋显赫，因而理所当然地要分享政权中的主要部分。这说明"家天下"在当时来说不仅行之有效，而且深为人们所认同，家庭组织在周代政治中的重要地位由此可见一斑。

春秋时期，家庭组织在当时的政坛上仍然扮演着极为重要的角色。从很多史料中可以看出，大到政权的倾覆更替，小到政局的动荡安危，莫不与家庭组织息息相关。周王室与诸侯国的执政者也多属世家大族：如周有周氏、召氏、祭氏、原氏、毛氏、单氏、刘氏、尹氏等；鲁有仲孙氏、叔孙氏、季孙氏、展氏、东门氏等；晋有韩氏、赵氏、魏氏、范氏（士氏）、荀氏（后分为知氏、中行氏）、栾氏、郤氏等；齐有高氏、国氏、鲍氏、晏氏、陈氏等；宋有孔氏、华氏、乐氏、皇氏等；郑有良氏、游氏、罕氏……这些世族（古籍中一般称"某氏"或"族"）或由周王室为代表的姬姓分化而来，或本身便曾有辉煌久远的历史，总之都是规模庞大、结构复杂的家庭组织。大量世族群体的存在，应该是家庭组织在先秦时期具有重要社会地位与影响的表征。

古籍中有关这方面的材料屡见不鲜，试举几例。《左传》庄公十七年夏，"遂因氏、颌氏、工娄氏、须遂氏飨齐戍，醉而杀之，齐人歼焉"。这是说遂国的四个大族（遂因氏、颌氏、工娄氏、须遂氏）联合起来，乘犒劳齐国戍卒的机会报了国仇家恨。先是，齐国灭遂，并于庄公十三年派兵戍守。四年之后的这次报复行动由若干家族共同完成，这是当时诸侯之中宗族势力非同寻常之一例。强大的家庭组织是一把双刃剑，它不仅是人们争夺权力和维护社会稳定的基础，同时也极易演化为现实权利的威胁。正因为如此，人们往往对家庭持有颇为复杂的态度。比如对最高统治者来说，强大的家庭能够将大量社会成员组织、管理起来；但是大家族也可能是统治阶级权力的觊觎者，因此又需严加限制。对一般贵族来说，也存在类似的情况：他们既希望自己的家族力量壮大，以便在社会上谋取各种利益；同时又不得不防范支系过分膨胀，以免形成尾大不掉之势。这方面的正反例证都不少见：

如《左传》庄公二十三年："晋桓、庄之族逼，献公患之。士劳曰：'去富子，则群公子可谋也已。'"杜注："富子，二族之富强者。"这是说晋桓公、庄公后代家族势力庞大，甚至威胁到公室利益，谋臣遂建议拿其中的势力最强者开刀。公室通过一系列措施终于消灭了这种威胁，直至僖公五年尚有人评论此事说："桓、庄之族何罪？而以为戮，不唯逼乎？"

统治者常以树干和枝叶比喻公室与支系家族的关系，认为树干需要以枝叶为庇护，枝叶则需要以树干为骨架。《左传》昭公三年叔向就说："公室将卑，其宗族枝叶先落，则公从之。"文公七年宋司马乐豫劝谏宋昭公不要"去群公子"时也说过类似的话："公族，公室之枝叶也。若去之，则本根无所庇荫矣。葛藟犹能庇其本根，故君子以为比，况国君乎？"襄公二十九年季札适晋，悦晋文子、韩宣子、魏献子，曰："晋国其萃于三族乎？"

季札显然是以赞赏的语气评价三族的。

在正常情况下，一般贵族家族的力量不仅用于自保，而且还可以帮助公室解决危难。宣公十二年晋楚之战，"楚熊负羁囚知罃，知庄子以其族反之"。知罃为知庄子之子。在晋军已败的情况下，知庄子为救回知罃竟率族兵向楚军发起进击。成公十六年，晋楚鄢陵之战，"栾、范以其族夹公行"。栾、范是晋国的两个强族，这是说两个强族的家兵护佑于晋公左右。春秋时期，贵族的族兵和私属徒的兵力是不容忽视的。宣公十七年，晋郤至"请伐齐，晋侯弗许。请以其私属，又弗许"。如果管理得当，这些力量无疑有助于公室的统治（尽管没有更多的材料作为直接证据，但似乎有理由推断王室的情况也当与此相去不远）。

然而事物往往会向另一个方向发展，即"枝叶"的"茂盛"削弱、威胁公室（或王室）的力量，这便难免导致家族间的激烈冲突。比如上引例证中宋昭公就没有接受乐豫的劝说，而是试图解除支系对公族的威胁，穆、襄之族被迫率领国人发起暴乱。为了根除后患，统治者往往通过驱逐等方式消灭某些贵族的家族势力，宣公十一年："郑子家卒。郑人讨幽公之乱，斲子家之棺，而逐其族。"又如宣公十四年冬，晋人讨邲之败与清之师，归罪于先縠而杀之，"尽灭其族"。因一人之罪而诛灭全族，不仅是出于轻罪重罚、惩前毖后的考虑，更是为了防止罪犯或其亲属凭借家族势力东山再起。诸侯也往往视其他大族的存在为眼中钉，故往往欲除之而后快。成公十七年晋厉公将作难，胥童曰："必先三郤。族大，多怨。去大族，不逼；敌多怨，有庸。"三郤即晋卿郤犨、郤锜、郤至，三人倚仗家族势力骄奢，早已招人不满，在这里恰好成为厉公加强公室权力的牺牲品。襄公三十年郑子皮授子产政，子产辞曰："国小而逼，族大、宠多，不可为也。"对于郑国执政者来说，"族大"竟然成为格外棘手的一大难题，这也是先秦家庭影响政治生活的典型例证。

随着自身政治功能的衰退，家庭组织对于战国政坛的影响力也有所降低。清人顾炎武的以下文字中，就清楚地反映了当时家庭组织的这一特点。他说："春秋时犹论宗姓氏族，而七国则无一言及之矣。"① 当然也应看到，"巨室"虽多走向衰落，但人们对它们的信赖感却没有彻底消失。战国中期的孟子曾经说："为政不难，不得罪于巨室。巨室之所慕，一国慕之；一国之所慕，天下慕之；故沛然德教溢乎四海。"② 正因为这样，当时还有新贵力图重建"巨室"，以便保护自身的利益。《战国策·赵策一》说腹击为室而钜，荆敢言之。赵主谓腹击曰："何故为室之钜也？"腹击曰："臣，羁旅也，爵高而禄轻，宫室小而孥不众。主虽信臣，百姓皆曰：'国有大事，击必不为用。'今击之钜宫，将以取信于百姓也。"主君曰："善。""取信于百姓"与孟子所谓"巨室之所慕，一国慕之"的意思完全相同，应该代表了战国时期一种广为流行的观念。

家庭政治功能衰竭的后果之一，是政治与政权逐渐不再成为个别家族的禁脔，相反，一些缺乏家庭背景的有才之士也凭借个人努力出人头地。《战国策·秦三》范雎曰："臣东鄙之贱人也……无诸侯之援，亲习之故。王举臣于羁旅之中，使职事，天下皆闻臣之身与王之举也。"战国时期的不少游宦者或出自败落家庭，或本身已看不出有过怎样显赫的家庭背景，这说明家庭组织已不再像过去那样有力地干预甚至左右政权。当然，由于血缘组织在古代国家产生过程中的特殊作用，家庭在先秦历史的很长一段时期内仍承担着一定的政治功能。基于这一原因，家庭在人们心目中的地位仍然重要，这也是家庭内部各种道德通常被格外

---

① （清）顾炎武著，（清）黄汝成集释：《日知录集释》（上），上海古籍出版社1985年版，第1006页。

② 《孟子·离娄上》。

强化的社会基础。

第二，"以家代国"的国家产生方式，使先秦时期的家庭成为一种功能全面的排他性社会组织。按照传统看法，国家时代的社会基层组织通常都以地缘性为重要特征，人们主要按照地域分为不同单位；相应的，血缘性不再成为基层组织的重要特点，而群体的划分也不再主要依据血缘因素。但是血缘组织在中国早期国家产生过程中所起的特殊作用，决定了先秦历史上的情况与此迥然不同。换言之，至少从商周至春秋时期这一阶段，在中国社会的基层组织中发挥主要作用的仍然是血缘因素，而不是地缘因素。有学者认为这是中国早期国家形态的一个特点，朱凤瀚曾经指出：

> 商周时代虽已进入阶级社会，即恩格斯所谓组成国家的社会，代表少数贵族统治阶级利益的国家机器已建立，然而……社会的基层单位却并未立即转变为纯粹的地区性团体，而血缘型的家族组织仍长时期地作为社会的基层单位存在着。地区性组织虽在这种社会中缓慢地形成、发展，但直到春秋时期仍未能全部代替家族组织，这点显然与恩格斯在《家庭、私有制和国家的起源》中所论的国家的基层单位已非血缘团体而是地区团体不尽相合，因此这也可以认为是中国早期国家形态的特点。①

先秦时期，这种"血缘型的家族组织"不仅发挥着重要的政治作用，它甚至还集众多社会功能于一身，成为所有成员的活动中心。先秦家庭的社会功能至少涉及以下几个方面：经济生产、人口繁衍、子女的抚养和教育、老人的赡养和丧葬、精神信仰的维

---

① 朱凤瀚：《商周家族形态研究》，天津古籍出版社 2004 年版，第 2 页。

系、性别分工、赈济灾患，等等。而在其他文明或民族中，这些功能中的相当一部分则是由社会上的其他组织承担的。

先秦史料中有关家庭组织重要作用的记载俯拾皆是，试举几例加以说明。《韩非子·十过》说重耳即位三年后举兵伐曹，"曹人闻之，率其亲戚而保釐负羁之间者七百余家"。釐负羁为曹国大夫，曾有恩于当时流落至曹的重耳（即后来的晋文公）。盖曹人皆知重耳不忍罪及釐负羁，因此700余家举族相保于釐氏之间。《周礼·地官司徒·族师》："（族师）各掌其族之戒令政事。月吉，则属民而读邦法，书其孝、弟、睦、姻，有学者……五家为比，十家为联；五人为伍，十人为联；四闾为族，八闾为联；使之相保相受，刑罚庆赏相及相共，以受邦职，以役国事，以相葬埋。"这是关于同族之人生前事务的管理。此外还有墓大夫主管族葬之事，《春官宗伯·墓大夫》："掌凡邦墓之地域，为之图。令国民族葬，而掌其禁令；正其位，掌其度数，使皆有私地域。"家族是当时社会最重要的构成单元，家族成员之间不仅需要生时相保相受、共同承担各项事务，死后还需聚族而葬。在这种背景下，我们才能正确理解春秋时期孔子关于"为政"的一般观念。《论语·为政》或谓孔子曰："子奚不为政？"子曰："《书》云：'孝乎惟孝，友于兄弟，施于有政。'是亦为政，奚其为为政？"总的看来，由于先秦家庭的功能几乎涵盖了当时社会生活的各个方面，因此一个人不出家门即可解决人生的大多数问题。从这个意义上讲，中国古代的家庭集中了西方社会条件下由教会、社团、会所、福利机构、职业行会等组织分担的基本职能，它本身就是一个机制完备的微型社会。

另外需要指出的是，家庭组织不仅将人们牢固地约束在它的统辖范围之内，甚至在客观上抵制了其他社会组织的产生。恩格斯在谈到地区性组织和血缘性组织在希腊、罗马国家产生过程中的相互关系时指出："这种按照居住地组织国民的办法，是一切国家共同的。因此，我们才觉得这种办法很自然；但是我们已经看到，当它在雅典和罗马能够代替按血族来组织的旧办法以前，曾经需要进行多么顽强而长久的斗争。"① 在先秦历史上，虽然不能明显地看到恩格斯所说的两类组织之间的"斗争"，却可以发现家庭组织在某种意义上的确成为其他社会组织的对立面。《国语·周语中》说襄王欲借狄人之力讨伐郑国，大夫富辰以为不可，并引古语古诗劝谏道：

> 不可。古人有言曰："兄弟谗阋、侮人百里。"周文公之诗曰："兄弟阋于墙，外御其侮。"若是则阋乃内侮，而虽阋不败亲也。郑在天子，兄弟也……且夫兄弟之怨，不征于他，征于他，利乃外矣。

郑国与周王室同为姬姓，从广义上讲两者当然仍存在亲属关系。这是说同姓成员间的矛盾要尽量限制在家庭之内解决，如果一方试图借助外力攻击另一方的话，其结果或则使亲者痛、仇者快，或则让他人趁机渔利。不仅如此，人们还认为社会上最可信赖的是亲子、同胞、亲族关系，而其他社会关系则往往不可靠。《诗·小雅·常棣》云："常棣之华，鄂不韡韡。凡今之人，莫如兄弟。死丧之威，兄弟孔怀。原隰裒矣，兄弟求矣。脊令在原，兄弟急难。"此诗以兄弟和朋友作比较，重视亲情而疏远友情的意向非常明显。《唐风·杕杜》云："有杕之杜，其叶湑湑。独行踽踽。岂无他人，不如我同父。嗟行之人，胡不比焉。人无兄弟，胡不佽焉。有杕之杜，其叶菁菁。独行睘睘。岂无他人，不如我同姓。嗟行之人，胡不比焉。人无兄弟，胡不佽焉。"诗中以"湑湑"、"菁菁"形容树木的枝叶繁盛，而以"踽踽"、"睘

---

① 《马克思恩格斯选集》（第 4 卷），人民出版社 1972 年版，第 167 页。

睘”形容人的孤独无助；这是说没有同宗兄弟的支持和陪伴，一个人就像那孤独的棠梨树一样令人同情。又，《小雅·黄鸟》云：“言旋言归，复我邦族……言旋言归，复我诸兄……言旋言归，复我诸父。”父母兄弟等骨肉之亲即使存在矛盾冲突，也比没有血缘关系的人更值得信赖，这就是中国古代“疏不间亲”观念的典型表现。这些诗歌都反映出家庭对时人生活的重要影响，也从一个侧面表明人们对家庭之外各种社会关系缺乏信任。

总的看来，先秦时期从中央到地方既有行政组织，又有血缘家庭组织，政治组织通常为大家族把持，两者是重叠复合的。不仅如此，家庭在先秦社会中承担着复杂而全面的政治和社会功能，人们的许多目标基本都能够在这种血缘组织中得以实现。正是在家庭组织的上述特征下，各项道德才逐渐得到有效地发展和强化。今人往往将道德区分为“公德”与“私德”两者，并认为古代中国人颇重“私德”而轻视“公德”，这种看法是有道理的。其实私德就是血缘组织内部的道德，而公德则是血缘组织之外的规范，古人重视家庭远甚于其他社会组织，自然会偏向“重私德而轻公德”的路子。下面看看家庭环境如何影响私德的产生和发展。

二　家庭与孝道

（一）家庭父权对孝道的影响

孝道是发生于先秦家庭中亲子之间的一种道德现象，在某种特定的历史环境下，它对于家庭组织乃至整个社会的稳定具有不可替代的重要作用。前贤对此即有不少经典论述，20世纪早期的许多学者还将孝道视为中国文化的重要内容和特征之一。钱穆曾指出中国文化是“孝的文化”，此说深得谢幼伟、梁漱溟等人赞同。谢幼伟说：“中国文化在某一意义上，可谓为‘孝的文化'。孝在中国文化上作用至大，地位至高；谈中国文化而忽视孝，即非与中国文化真有所知。"梁漱溟将"孝"列为中国文化的第十三项特征，认为中国人的孝道闻名于世、色彩最显，堪称中国文化的"根荄所在"，他甚至主张"说中国文化是'孝的文化'，自是没错"。① 徐复观也指出："孝是经过中国历史上许多人的思虑、反省所提出的人生行为的一个重要规范，并且这个规范是经过长时期的社会生活实践，在中国历史里面曾经很深刻地作用于生活环境及自然生命之中，所以它和缠小脚、吃鸦片烟不同，它是中国的重大文化现象之一。"② 日本学者桑原隲藏也持同样观点的，他在《中国之孝道》一书中说道："孝道乃中国之国本，亦其国粹。故以中国为对象之研究，必须首先阐明理会其孝道。美国黑德兰即曾明白指出，如果人们不牢记孝道乃中国人之家族的、社会的、宗教的，乃至政治生活之根据的事实，你便始终无法理解中国与中国人的真相。"③

　　从这些论述中，已不难看到孝道的确是中国古代社会中最值得分析的一种道德现象。那么究竟什么导致了孝道的发生和发展，孝道又是如何在一个特定的环境中孕育出来的呢？人类社会就像一个巨大而功能复杂的加工厂，文化便是它的产品。一种产品之所以与众不同，就在于它具有特殊的原料，并且经过了特殊加工程序的处理。孝道也不外乎如此，它之所以成为中国文化的"特产"，乃是多种特殊的文化因素在某种环境中发生"反应"的结果。在这些因素中，家庭父权的影响需要首先加以考察。

　　我曾经指出，按照类型的不同，人类的家庭组织可以分为父系、母系等多种。中国史前自传说中的五帝以来的家庭组织均属

---

①　梁漱溟：《中国文化要义》，学林出版社 1987 年版，第 20—21 页。

②　徐复观：《中国思想史论集》，上海书店出版社 2004 年版，第 132 页。

③　［日］桑原隲藏：《中国之孝道》，宋念慈译，台北中华书局 1980 年版，第 1 页。

父系家庭，而母系家庭则普遍存在于南太平洋岛屿上的特罗布来恩人之中。按照本书"绪论"部分讨论过的比较分析原理，揭示孝道与家庭类型之间关系的可靠方法之一，就是将不同家庭类型中亲子关系的情况进行对比。只有看到孝道如何随着社会要素的不同发生变化，才有希望确定其中的联系。当然，为了比较孝道的异同，首先必须搞清楚究竟何为孝道。《论语》中有一系列关于孝道的记载，现依照篇目先后抄录如下：

　　1.子曰："父在，观其志；父没，观其行；三年无改于父之道，可谓孝矣。"（《学而》，又见《里仁》）

　　2.孟懿子问孝。子曰："无违。"樊迟御，子告之曰："孟孙问孝于我，我对曰'无违。'"樊迟曰："何谓也？"子曰："生，事之以礼；死，葬之以礼，祭之以礼。"（《为政》）

　　3.孟武伯问孝。子曰："父母唯其疾之忧。"（《为政》）

　　4.子游问孝。子曰："今之孝者，是谓能养。至于犬马，皆能有养。不敬，何以别乎？"（《为政》）

　　5.子夏问孝。子曰："色难。有事，弟子服其劳；有酒食，先生馔，曾是以为孝乎？"（《为政》）

　　6.子曰："事父母几谏，见志不从，又敬不违，劳而不怨。"（《里仁》）

　　7.子曰："父母在，不远游，游必有方。"（《里仁》）

可以看出，孔子虽然在以上多种场合下都谈到孝，但答案多不相同，这表明他只是就事论事，而不是为了给孝道下一个严格的定义。因此，如果我们试图从古人的论述中找到孝道的现成定义的话，那必将是徒劳无功的。尽管如此，这些论述却有助于我们从不同方面把握春秋时期孝道的主要内容及其一般表现。

从以上论述中可以看出孝道的内容主要有两方面：顺从和敬

养。顺从是孝道的第一种表现，这意味着子女的日常行为和意志应当与父母保持一致，即使父母去世之后也应如此。上引《论语》的1、2、6条就反映了孝道的这种要求。换言之，孝道首先意味着父母在世时子女不仅不能掌握处理事务的权利，而且还得在内心与他们保持一致，不可表里不一、口是心非；在父母去世之后，子女自己有权处理事务时，仍应该遵从父母的遗风，而不能数典忘祖，只有这样才能称之为孝子。孟懿子问孝，孔子答以"无违"，同样反映了孝道对于子女顺从父母的要求。按照春秋时期的道德规范，"无违"的义务即使在父母意见错误，子女谏而不从的情况下也不应放弃，这就是"事父母几谏，见志不从，又敬不违，劳而不怨"的道理。有学者正是看到孝道的这一内容，因此敏锐地指出，孝的最本质规定就是"顺"。①

孝道的第二项要求是敬养。所谓敬养，是指以崇敬的心理和态度对父母予以赡养、丧葬和祭祀，引文中2、3、4、5、7数例反映了这一内容。敬养包括多方面的细节，它不仅要求子女关心父母的衣食住行、疾病忧患，还要在父母去世之后按照礼制的要求进行丧葬和祭祀。值得注意的是，古人讲求"事死如事生"，要求人们把对生人的行为或态度延续到对象死后，因此自然鼓吹"追孝"、"孝享"。有人看到孔子主张为人子者要对父母"死，葬之以礼，祭之以礼"，又联想到周代金文中有大量"追孝"、"享孝"字眼，遂断言西周时期孝的对象是"神祖考妣，非健在的人"，"孝的基本内容是尊祖"，行为方式是"无休止地享孝祖考的宗教活动"。② 这种观点主张孝道源自宗教行为，而后才推广

---

① 刘泽华：《中国的王权主义》，上海人民出版社2000年版，第220—221页。

② 查昌国：《西周"孝"义试探》，《中国史研究》1993年第2期。肖群忠也说："周代以至春秋之孝，其主要内涵为尊祖敬宗，并且施孝德方式主要是祭祀。现有文献中大量可见的享孝连文的语言表现形态证明了这一点。"参见肖群忠：《孝与中国文化》，人民出版社2001年版，第15页。

到现实领域，虽然新颖，但却颠倒了事情的本末，与中国文化看重现实的基本精神也不吻合。"敬养"的另一个特点是强调子女的行为、心理和态度的虔敬，这种对子女义务的要求并非出自法律强制，而是一种道德力量。在古人看来，那种缺乏虔敬的衣食之养与对待犬马的态度没有什么区别，因而不足为贵。孔子所谓"父母在，不远游，游必有方"的要求，也典型反映出子女奉养双亲乃是无可推卸的道德责任。

那么在母系家庭组织内是否存在上述意义上的孝道呢？首先可以肯定地说，在特罗布来恩岛的母系家庭之中，人们并不以子女顺从父母为基本的道德义务。根据马林诺夫斯基的介绍，特罗布来恩群岛上的孩子们享有充分的自由和独立。他们很小就摆脱了父母从来都不十分严格的看管。他们有的愿意顺从父母，但这完全是双方的个人性格问题：绝不存在什么固定的原则观念或家庭内部的强制制度。在特罗布来恩群岛，父母像对待平辈人那样对待孩子，要么哄劝，要么责骂，要么请求。总的看来，就父母与子女之间的关系而言，人们根本听不到父母期望孩子天然服从的单纯的命令。[①]

在父亲和子女的相处过程中，人们更能体会亲子之间关系的平等色彩。母系氏族家庭环境中，在对待年幼子女的态度方面，父亲"与他们作朋友，帮忙他们，教导他们，他们乐意什么就是什么，喜欢多少就是多少。孩子在此时期较不关心于他，这是诚然因为他们都是通体上喜欢自己底小伙伴。然而父亲老在那里作着有裨益的顾问，一半是游戏的伴侣，一半是保护人"。[②] 这种情形与先秦时期建立在等级之差基础上的亲子关系形成鲜明对

---

① ［英］B.K.马林诺夫斯基：《原始的性爱》，中国社会出版社2000年版，第56—57页。

② 同上书，第44—45页。

比。《礼记·祭义》："孝子之有深爱者，必有和气，有和气者必有愉色，有愉色者，必有婉容。孝子如执玉，如奉盈，洞洞属属然，如弗胜，如将失之。严威俨恪，非所以事亲也。成人之道也。"这是从气色容貌等方面督责子女的孝行。《曲礼上》说："父子不同席"，"为人子者，居不主奥，坐不中席，行不中道，立不中门"。这些烦琐细致的规定显然与母系家庭中的亲子关系遵循全然不同的原则。

母系家庭亲子之间的平等关系还体现在他们之间的频繁冲突及其独特的化解方式上。据说父母们有时候也会为孩子们的行为生气，甚至在极度愤怒的时候动手责打孩子。但是，人类学家常常会看到孩子愤怒地冲向父母并攻击他们的情形。这种攻击可能会得到一个温厚的微笑，也可能遭到愤怒的回击，尽管如此，对土著人来说，明确的报复意识和强制性惩罚的观念不但极为少见，甚至令人厌恶。据说有几次在孩子明显做了错事之后，调查者建议说如果硬着心肠打他们一顿或用其他方法给予惩罚，今后有助于他们改邪归正，可是这种想法在土著们看来显得不近情理而没有道德，故而遭到怀有几分敌意的拒绝。① 这是一个很有意思的现象，因为它表明道德正是为社会而存在的，一种超时代或缺乏社会性的"道德"是没有意义的。《礼记·内则》："父母有过，下气怡色，柔声以谏，谏若不入，起敬起孝……父母怒，不说而挞之，流血，不敢疾怨，起敬起孝。"相比较而言，母系家庭中很难见到子女对父母的毕恭毕敬，因为这种行为并不为世俗所鼓励。这显然与《论语》"又敬不违，劳而不怨"以及《礼记》的类似记载相去甚远。

其次，与父系家庭的情况不同，母系家庭中的子女没有敬养

---

① ［英］B.K. 马林诺夫斯基：《原始的性爱》，中国社会出版社2000年版，第56—57页。

父母的道德义务。根据人类学家的调查，尽管特罗布来恩人家庭的父亲对于子女呵护有加，关心备至，但是子女却没有义务赡养他们。马林诺夫斯基曾形象地说，特罗布来恩社会的父亲是个耐苦耐劳谨慎小心的护士，社会传统所有的呼声就是使他尽到这项义务。这就是人类学家看到的真实情况：父亲永远关心子女，有时关心得火热，所以对于一切职务（即使是被社会加上的劳苦职务），也心悦诚服地执行着。[①] 尽管父亲这样尽心尽责，但与我们的文化观念不同，对于父亲的养育之恩，子女无需给予相应的回报。马林诺夫斯基这样写道：

> 子女永远感不到父亲底重手加到自己底身上，父亲既不是子女底宗人，也不是子女底主人，更不是子女底恩人。父亲并没有权利或专权。然他们仍然像世界上常态的父亲一样，对于子女感到强烈爱情。父亲既爱子女，再有对于子女的传统义务，于是设法获得子女底爱情，保持住对于子女的影响。[②]

子女对待父亲养育之恩的这种方式，无论在讲求反哺之情的中国人看来是如何有背人伦常理，如何"大逆不道"，在母系家庭制度下却完全合乎道德，而并非什么忤逆之举。由此可见，子女的这种行为正是社会和文化的特定要求，而与个人道德修养之高低无关。

母系家庭之所以不存在如中国先秦时期那种意义上的孝道，完全是由家庭组织类型的不同造成的。父系家庭中，世系、遗

---

① ［英］B. K. 马林诺夫斯基：《原始的性爱》，中国社会出版社 2000 年版，第 24—25 页。

② 同上书，第 32 页。

产、权利以男家长（父亲）作为依据，父亲由此成为家庭的重心。在这里，家庭成员的基本问题（如孕育、出生、成长、婚姻等），都要依赖父系家庭自身得以解决。因此，家庭的巩固以及家庭秩序的维系便成为社会的当务之急，强大的父权是达到这一目的的有效方式，强调父亲的权威自然也是顺理成章之事。孝道体现的正是父亲的权威，它的本质在于以道德的方式约束家庭成员（子女）的行为，加强家庭的凝聚力。相反在母系家庭中，人们依据母亲的血统进行世系、遗产、权利、巫术的继承，而这些世袭原则的代表者则是另外一个人——生活于另一家庭之中的母舅（母亲的兄弟）。与《论语·里仁》"父母在，不远游，游必有方"的要求不同，母系制下的孩童在成年之后必须进入新的生活空间，也就是说他们必须离开自己的出生家庭，搬到母舅的家庭中。居所的变迁既意味着生活重心的转变，也意味着角色的变换。在母舅的家庭中，母舅佑护或督责外甥，远胜于佑护或督责自己的孩子。正如马林诺夫斯基所指出的：

> 母舅好像我们之间的父亲，是理想化给孩子的；他们教给孩子，那是他要得其欢心的人，且是将来所要仿效的标准。我们就是这样见到，使我们底社会里的父亲这么困难的质素，大多数（虽非全数）都在梅兰内西亚人之间交给母舅了。他是有权势的，他是理想化的，孩子和母亲都要服从他；父亲则完全解除了这些可恨的权柄和特点。[①]

如此看来，母舅的权力在客观上成为瓦解子女与父母关系的重要原因，也成为对早先家庭秩序的破坏力量。在社会的要求

---

① ［英］B.K. 马林诺夫斯基：《原始的性爱》，中国社会出版社 2000 年版，第47页。

下，"孝道"在母系社会中便显得既属多余，也不可能。自然而然地，母舅担当起父系家庭中父亲所应担当的角色：他是外甥顺从、恭敬的对象，也是外甥履行自己人生各项义务的对象。

　　家庭类型的不同造成人们文化观念的迥异，正如早期的调查者和传教士曾对母系制下甥舅关系的状况感到难以理解一样，特罗布来恩人对父系社会家庭中的父子关系也感到格外困惑。据说早期的基督教传教士为了让土著理解西方基督教的教义，甚至不得不将父系制下的上帝观作适当变通，有学者记载说：

　　　　我们必须认识到，传教士所谓的父神、子神、唯子牺牲，以及人子对其创生者的父子之爱等基本的教理，在母系制社会里已经完全没有作用。在母系社会里，父子关系被部落法律规定为两个陌生人之间的关系，他们之间所有的个人联盟也被否定，全部的家庭义务和责任都与母系联系起来。那么，我们倒不能怀疑，父子关系确实是那些试图改变别人信仰的基督徒们耐心灌输的重要真理之一。基督教三位一体的教理将不得不译成母系的术语了：我们将不得不称圣父为"圣舅"（God-kadala，母亲的兄弟），称圣子为"圣姐妹之子"（God-sister's son），称圣灵为神圣的巴罗马（a divine baloma）了！[①]

可以想象，假如非得在母系家庭中寻找"孝道"的话，恐怕我们只能找到那种外甥对母舅的道德规范。

　　在这里似乎有必要强调指出父权对于家庭道德的特殊意义。笔者通过母系与父系家庭的对比发现，在从夫居的情况下，母系

---

　　① ［英］B. K. 马林诺夫斯基：《原始的性爱》，中国社会出版社 2000 年版，第191—192 页。

家庭内部不会产生一个权力中心，相反，在这个家庭之外倒是存在一个舅权的吸引。在这种机制之下，外甥为母舅负责，母舅的遗产相应地由外甥承袭。这种格局虽然可以保证社会秩序有条不紊，却在一定程度上使家庭成为一种较为涣散的组织。因为为了维护舅权，人们甚至会有意地淡化父亲与子女之间的关系。① 父系家庭中的情况则与此不同，它产生的权力中心（父权）天然地处于本家庭的内部。在父权制格局下，家庭在整个社会中的地位愈重要，人们对家庭稳定的要求就愈加迫切。为使整个社会处于一种秩序化的状态之下，以敬养、顺从为内容的道德现象——孝道便很容易滋生并受到强调。需要指出的是，世界民族史上还存在一种从妇居的母系家庭社会（中国云南纳西族的摩梭人就是代表），在那里丈夫通常以"外来人"的身份临时居住于妻子家中。在这种情况下，不仅男方对于女方的义务胜于权力，而且在母舅的干预下亲子关系就更为疏远。以上事实说明无论从夫居或者从妇居的母系家庭社会，它们对父权的限制都格外严格。这就是何以母系制下不会产生孝道之类道德规范的原因所在。

由上可见，只有在父系家庭中父亲成为家庭权力的中心时，出于维护家庭秩序稳定的现实需要，那种强调子女对父母敬养、顺从的孝道才会发生。相反，母系家庭则使得母舅成为权力的中心，舅甥之间的关系必然为文化所强调。母舅的存在对于父子关系构成一种客观的瓦解力量，因此父母（尤其是父亲）虽然对自己的子女负有养育的责任和爱心，但文化并不鼓励子女对父母付出相应的回报。通过两种家庭类型的对比可以看到，孝道在本质上反映的是父权制家庭试图通过道德力量维护和加强自身稳定和

---

　　① 母系家庭组织对亲密的父子关系有时甚至采取极为剧烈的反抗，原因是这种亲密关系违背了传统的习惯，对母系承继制度构成严重的威胁。马林诺夫斯基就曾详细描述了发生在特罗布来恩岛上的一个真实事件。参见马林诺夫斯基：《原始的性爱》，中国社会出版社 2000 年版，第 7—10 页。

秩序的要求。

（二）家庭功能与孝道

父权家庭虽然在理论上提供了孝道产生的必要条件，但一个社会能否真正产生这种道德现象，还与家庭在当时社会和政治生活中所发挥的作用有关，所以世界上的父系社会尽管很多，但并非都像中国这样有"孝"的戒律（异文化境况下的人们往往难以准确理解中国孝道的思想，翻译家们也苦于寻找准确的词汇来表达"孝"的涵义，都是典型的例证）。上文曾经指出，中国古代的血缘组织在国家产生过程中不仅没有被摧毁，相反它还成为国家建立的基础。这种特殊的国家发展道路，使得家庭组织在先秦历史上长期承担着复杂而重要的社会以及政治功能。具体而言，家庭的社会功能包括它在经济生产、人口繁衍、子女教育、精神信仰、养老送终、赈灾救济等方面发挥的作用。政治功能则主要表现为它为政治人物的活动提供必要的保障，代表了一个血缘集团的政治利益，以及它在军事上、战争中具有举足轻重的作用，等等。大致来说，三代以至于春秋前期的大家族不仅是一种社会组织，而且也是一种政治组织，因此它同时在人们的社会生活和政治活动中扮演着重要角色。而从春秋中后期开始，随着家庭结构的变化，不仅许多历史悠久的贵族家庭因衰落而一个个退出政治舞台，即使是平民阶层的家庭功能也逐渐趋于简单。三代以来的家庭在结构上经历了一个由复杂到简单、功能由广泛到有限的演变过程，孝道自身的发展也与这种变化紧密相关。

实际上，家庭的功能是考察这一组织社会价值的一个尺度。家庭具有政治功能，这意味着政局安危、政权兴废都与家庭密不可分；家庭具有强大的社会功能，同样意味着它有条件保证社会的安定和有序。换言之，家庭作为血缘、社会与政治因素"三位一体"的一种特殊组织，居于整个社会系统的核心位置，所以任何对它的损害都将因触及社会的根本利益而为社会所不容。在这种背景之下，人们以父权为基点，通过道德纽带将家庭成员组织起来顺理成章。从这个意义上来说，正是超常的家庭功能促使各种家庭道德应运而生。所谓孝道，其实就是承担重大社会功能的家庭组织为维护自身的秩序和稳定，以父权为依据而衍生出的一种道德现象。

家庭功能与孝道兴衰之间的紧密联系尤其体现在两者的共变关系上。通过对先秦社会的历时性考察，笔者发现家庭功能在不同时期或社会环境下的变化必然引起孝道的相应变化。这种共变关系主要表现在两方面：首先，孝道的盛衰与家庭功能的强弱之间成正比关系；其次，家庭功能的类型不同，则孝道的表现也不尽相同。下面结合有关文献，对家庭功能与孝道之间的这一关系试加分析。夏代史迹茫昧，不仅孝道之有无难有确证，即使家庭组织的基本情况也不可得知。商代存在大量的血缘组织是毫无疑问的，《左传》定公四年子鱼提到"殷民六族"、"殷民七族"以及"怀姓九族"之类，当为殷商亡国之后仍以血缘组织形式群居的确证。由此不难推知这种群居状况应是商代历史上非常普遍的现象。关于商代孝道之有无，人们习惯于从考证甲骨文"孝"字的有无及其涵义入手，然而在笔者看来这种方法是很成问题的。原因正如本书"绪论"中所指出的那样，文字与道德现象本是两回事情。值得注意的倒是《尚书·酒诰》中的一段话："妹土祀尔股肱，纯其艺黍稷，奔走事厥考厥长。肇牵车牛远服贾，用孝养厥父母。厥父母庆，自洗腆，致用酒。"《酒诰》成书于周初，讲的是周公鉴于殷商因酒亡国的历史教训，告诫康叔不得沉湎于饮酒的事情。这段话警告商遗民要勤于农事商贾，孝养父母长上，而在欢庆之时则可以饮酒自娱。如果此说可信的话，足见商人中已经有孝养父母的道德现象。当然考虑到《酒诰》成书时代较晚，且出自他邦史官之手，因此不能贸然排除周人把自己的孝道观念加诸殷人的可能。关于商代孝道的另一条线索，是说商王武丁之子有名"孝己"者，其形象为一孝敬父母而不被理解的悲剧式人物。战国以来的文献众口一词地将他描述为躬行孝道的典范，并往往与孔子门人曾参齐名并列。比如：

> 人亲莫不欲其子之孝，而孝未必爱，故孝己忧而曾参悲。（《庄子·外物》）
> 天非私曾骞、孝己而外众人也，然而曾骞、孝己独厚于孝之实而全于孝之名者何也？（《荀子·性恶》）
> 孝己爱其亲，而天下欲以为子。（《战国策·秦一》）
> 孝如曾参、孝己，则不过养其亲。（《战国策·燕策一》）

此外提到孝己其人的还有《管子·宙合》、《吕氏春秋·必己》等书，这里不再一一列举。有人主张孝己是后人根据周代的孝道观念附会出来的人物，笔者认为这种看法似有疑古过分之嫌，因而值得推敲。《韩非子·五蠹》说："孔子、墨子俱道尧、舜而取舍不同，皆自谓真尧、舜。尧、舜不复生，将谁使定儒、墨之诚乎？"为有效地推广自身，儒、墨等家无不独树一帜，竭力将自己的学说、主张同他人区别开来。正因为如此，先秦诸子对于同一种历史现象、同一个历史人物看法往往分歧极大，难以共谋。然而我们却不难发现，上述诸子论著中关于孝己的描述却大体一致，对这一现象的合理解释，就是孝己其人其事基本符合历史的实际。如果以上推理能够成立的话，我们即使无法通过只言片语论断商代家庭组织与孝道的关系，但至少可以断言商代社会已经存在孝道。

与夏商两代不同，周代大量比较可靠的传世文献和金文材料为考察当时孝道与家庭功能之间的关系提供了可能。在展开讨论之前，似有必要对学术界近年出现的一种关于西周孝道的看法进行澄清。有一篇题名为《西周"孝"义试探》①的文章试图通过关于西周金文和传世文献中"孝"字的考察证明一个道理，那就是"西周孝的对象为神祖考妣，非健在的人"，"其内容为尊祖"。文章从《三代吉金文存》104 则、《两周金文辞大系考释》36 则含有"孝"字的铭文入手，通过比较之后发现，"两书中没有一条健在的父母的金文。在其外的西周器铭中，也偶有以父母为对象的，但他们均已逝世"，遂断言"西周金文中孝的对象为神祖、考妣，非生人"。作者又从传世文献《尚书·酒诰》、《康诰》中挑出他认为可信的、带有"孝"字的若干则文例，同样发现其中孝的对象也是死者而非生人。文章还统计并归纳了《诗经》中有关"孝"字的 12 个篇章，认为"孝对象都未确指，度其上下文，有对象的全是指先王先妣"。作者至此得出结论说，西周的孝道与后代"有本质差异"，它是指人们对去世的祖先父母的祭祀和尊崇。这就意味着作为伦理的孝源自宗教信仰，而不是由现实生活而来。这篇文章是采用笔者在"绪论"中谈到的文字考证和观念分析方法考察先秦道德的一个很典型的标本，不妨对它略加分析，借以说明本书为什么选择了社会结构或文化要素分析方法。

　　第一，把"孝"字的涵义与孝道加以等同似乎把学术研究简单化了。孝道作为一种道德现象，不仅表现在社会生活的各个侧面，人们对它的表达方式也是千变万化的。"孝"字通常固然被用来表述孝道，然而在其他场合下人们也完全可能采用别的文字或方式来表达同一思想和现象，研究者需要仔细去体会，切不可以文字检索的方法暴掠一通了事。金文与《诗》、《书》中的"孝"字虽然为人们了解周代孝道提供了一些依据，但把它们简单等同于周代孝道的做法却不可信从（参见本书"绪论"的相关

---

① 　查昌国：《西周"孝"义试探》，《中国史研究》1993 年第 2 期。

分析）。文献中的"孝"字不以生人为对象，并不说明周人不以在世父母为孝道的对象。试举《诗经》中数例，以概其余：

> 陟彼岵兮，瞻望父兮。父曰嗟，予子行役，夙夜无已。上慎旃哉，犹来无止。陟彼屺兮，瞻望母兮。母曰嗟，予季行役，夙夜无寐。上慎旃哉，犹来无弃。（《诗·魏风·陟岵》）
>
> 嗟我兄弟，邦人诸又，莫肯念乱，谁无父母。（《小雅·沔水》）
>
> 王事靡盬，忧我父母。（《小雅·杕杜》）
>
> 我心忧伤，念昔之人。明发不寐，有怀二人。朱熹《集传》曰："二人，父母也。"（《小雅·小宛》）

这些诗歌或表达羁旅之人对父母的思念，或表达征途中的士兵对于父母生计无依的深切忧虑，其中虽然无一"孝"字出现，但谁能否认它们与孝道有关呢？

第二，金文、《诗经》中的材料多与祭祀有关，以死者为"孝"的对象屡见不鲜，这其实是由文献的性质决定的。但是应当注意的是，不能因为金文、《诗经》中没有记载便断言这一现象在当时并不存在。众所周知，先秦时期的特点是"国之大事，在祀与戎"。周代彝器多为子孙为纪念功勋而作，其用途又多在祭祀场合，因此铭文往往以歌颂、追念祖先为题材。如果单纯依据这种性质的材料来判断西周孝道的整体情况，恐怕未免有以偏赅全之嫌。联系上文所引《论语》相关材料不难看出，金文、《诗经》中的观念与《为政》孔子以"死，葬之以礼，祭之以礼"为孝的说法一致。既然春秋时期的"孝享"思想源自西周，我们又有什么理由怀疑"孝养"的观念竟是后来才产生的呢？这样看来，"孝享"、"追孝"、"孝祀"固然是周人表达孝道的方式之一，但绝不能由此遽断"尊祖"为西周孝道的唯一内容。传世文献的记载也可证明笔者的这一看法是有道理的，如《国语·周语上》说：

> 三十二年春，宣王伐鲁，立孝公，诸侯从是而不睦。宣王欲得国子之能道训诸侯者，樊穆仲曰："鲁侯孝。"王曰："何以知之？"对曰："肃恭明神而敬事耈老；赋事行刑，必问于遗训而咨于故实；不干所咨。"王曰："然则能训治其民矣。"乃命鲁孝公于夷宫。

很清楚，鲁侯之所以有"孝"之名，不仅由于他能"肃恭明神"，而且还能"敬事耈老"、"问于遗训而咨于故实"，等等。周代贵族的孝道不仅限于孝享于死者，这是显而易见的。

第三，孝道在周代贵族、平民家庭中的表现不尽相同，我们不得不承认现有文献存在的局限，那就是金文、《诗经》、《尚书》关于"孝"的记载多以周代贵族为对象，而未及平民阶层中的孝道现象。西周时期的钟鼎彝器是贵族才配享用的东西，铭文中所谓的"孝"与平民基本无关是情理之中的事情。至于《诗经》中的"孝"字，则主要集中于《小雅》、《大雅》、《周颂》、《鲁颂》四部分。雅、颂也是周代贵族在祭祀祖先或宴会时所用的庙堂之乐，其中自然难以窥见平民家庭中的孝道现象。事实上，对于周代贵族而言，道德的当务之急恐怕并不是养老送终，而是利用祖先的威望凝聚人心、团结族人，以保障他们的现实政治利益。如果套用东周时期儒家的术语来说，"慎终追远"只是手段，而"民德归厚"才是目的，① 这就是金文、《诗经》中屡屡提到"孝享"、"追孝"、"孝祀"的真实原因。

---

① 《论语·学而》曾子曰："慎终追远，民德归厚矣。"

　　人们往往简单地将宗教视为现实事务的对立面，认为宗教就是服务于鬼神，以鬼神为中心。其实不然，尤其是在理解中国文化时，更要注意到宗教的落脚点始终是现实。古人与鬼神交通的最终目的是什么？《左传》文公十五年日食，鲁人祭于社，作者记载道："伐鼓于朝，以昭事神，训民事君，示有等威，古之道也。"这是说伐鼓、祭社的目的在于训示民众如何以礼事君，并指出这是沿袭已久的传统。在定公十年的齐鲁夹谷之会上，双方举行了盟神约信的仪式，作者评论说："夫享所以昭德也，不昭，不如其已也。"意思是盟神约信是为了培养良好的社会道德，不达此目的则不如不祭。也可看出祭祀是形式、手段，目的则要落实在现实社会上。

　　与贵族家庭不同，平民家庭因远离政治而只具有一般的社会功能，因此生活其中的人们更关心如何维持家庭的正常运作，如何报答父母的养育之恩，使他们免于衣食无着、老病无养。如《诗经》即有如下数例：

　　　　王事靡盬，不能蓺稷黍，父母何怙……王事靡盬，不能蓺黍稷，父母何食。（《唐风·鸨羽》）
　　　　王事靡盬，忧我父母。（《小雅·北山》）
　　　　祈父，亶不聪。故转予于恤，有母之尸饔。（《小雅·祈父》）
　　　　维桑与梓，必恭敬止。靡瞻匪父，靡依匪母。不属于毛，不离于里。（《小雅·小弁》）
　　　　哀哀父母，生我劬劳……哀哀父母，生我劳瘁……无父何怙，无母何恃。出则衔恤，入则靡至。父兮生我，母兮鞠我。拊我畜我，长我育我，顾我复我，出入腹我。欲报之德，昊天罔极。（《小雅·蓼莪》）

这些诗篇都以下层士兵的口气写成，应当在某种程度上反映了当时的平民阶层对于孝道的理解。

第四，将西周"孝"义仅仅理解为"尊祖"，这种看法有背于古人的文化观念。先秦时期人们崇尚以同样的方式对待一个人的生前与死后，即所谓"事死如事生"。《左传》哀公十五年说："事死如事生，礼也。"《荀子·礼论》说："哀夫敬夫，事死如事生，事亡如事存。状乎无形，影然而成文。"《礼记·祭义》说："唯圣人为能飨帝，孝子为能飨亲"，"文王之祭也，事死者如事生"。《中庸》也说："事死者如事生，事亡如事存，孝之至也。"这些议论虽然出于春秋战国之时，但是它们必然以一定的历史文化积淀为根据。如果说一个人首先只是意识到"孝敬"鬼神，以后才出于某种原因而把这种道德义务转移到活着的父母身上，这种行为恐怕无论如何也难以符合中国历史的实际。

这篇文章像不少历史著作一样把史学定位在"重构历史"或"复原历史真相"上，表面看来未涉任何理论问题，但是在作者的潜意识里仍有一个理念在发挥作用。18世纪法国社会学家孔德曾把人类思想概括为三个发展阶段——宗教神学、形而上学、实证科学，后来这个概括被社会进化论者继承而影响至今。这一概括成为不少人研究历史的基本思想框架，无论任何事物都要探究出一个宗教根源来，好像孝道只有从宗教脱胎出来然后回到现实才符合历史的惯例，才能使人们能够描述出它的全部发展过程，然而用心造的历史代替真实的历史恐怕与作者的初衷背道而驰。这就是运用大量为历史学家所珍视的"第一手"资料、以复原历史为目的得到的结果。社会是一个网络，只有从它内部各部分的关系中才能说明，不是孤立的、机械的考证能够奏效的。

总的看来，西周时期的孝道绝不仅仅局限于"尊祖"，它还至少包括子女敬养父母等内容在内，不过孝道的表现往往因家庭而异。在贵族家庭中，孝道主要表现为对父母和祖先的尊崇，而在一般平民家庭组织中，孝道的主要内容则是敬养双亲。西周孝道的上述内容和特点，取决于周代家庭的不同功能类型。研究者曾经指出，西周时期"每一个相对独立的贵族家族都不仅是几代同居的亲族组织，同时亦是一个政治经济的综合体"。[①] 这就是说，贵族家庭兼有社会组织和政治组织的二重性特点，也相应地承担社会和政治两方面的功能。由于政治功能通常在贵族家庭中占有主导地位，因而贵族们强调的并非奉养父母、满足其衣食所需（当然也不完全排除这些），而主要是尊崇父母（包括已故先祖）的权威，因为这是增强家庭凝聚力的关键。这就是为什么大量金文材料中容易看到"孝养"、"追孝"一类字眼的原因。就平民家庭而言，它们虽然与政治活动关系不大，但却承担着诸如生育、抚养、教育子女、经济生产、赡养老人、宗教信仰等庞杂而重要的社会职责。正因为这样，以维系家庭组织秩序为主旨的孝道在这里也成为必需，而对于颠沛流离的家庭成员（如上引《诗经》所描写的士兵）来说，敬养老人本身就是孝道的一项最基本内容。正如有学者指出的那样："庶民对父母之孝强调实际的'奉养'，一方面是基于血缘关系的基本义务，另一方面则由其个体家庭经济所决定。如果子女对父母不尽具有实际意义的奉养之责，年迈体衰的父母便会因生计无着而面临生存危机。"[②] 明白了这点，就容易理解为什么周代会有那么多反映游子或军旅之人怀念、担忧父母的诗篇。当然，即使这些文献中通篇见不到一个"孝"字，也不能武断地认为它们便与孝道无关。

春秋时期，"孝养"、"孝祀"仍然是孝道的重要内容，而且两者似乎同时为贵族与平民所重。《左传》隐公元年载郑庄公与

---

① 朱凤瀚：《商周家族形态研究》，天津古籍出版社 2004 年版，第 319 页。

② 徐难于：《西周金文伦理语词与伦理思想研究》，四川大学博士论文，国家图书馆博士论文库，第 79—81 页。

母亲姜氏因政治斗争而产生隔阂，前者遂立下"不及黄泉，无相见也"的重誓。后来庄公萌生悔意，试图挽回僵局，便发生了这样一则著名的故事：

> 颍考叔为颍谷封人，闻之，有献于公。公赐之食。食舍肉。公问之。对曰："小人有母，皆尝小人之食矣；未尝君之羹，请以遗之。"公曰："尔有母遗，繄我独无？"颍考叔曰："敢问何谓也？"公语之故，且告之悔。对曰："君何患焉？若阙地及泉，隧而相见，其谁曰不然？"公从之……遂为母子如初。君子曰：颍考叔，纯孝也，爱其母，施及庄公。《诗》曰："孝子不匮，永锡尔类。"其是之谓乎？

详传之义，可见春秋初年的贵族（包括颍考叔和郑庄公）对父母都怀有一种孝养意识。作为下层贵族，颍考叔以"小人有母……请以遗之"诸语为说辞，从中也不难看出孝养观念在当时应深入人心。因为只有在这种信仰氛围中，郑庄公才会产生强大的心理落差，从而发出"尔有母遗，繄我独无"的感慨。春秋中期，不少人由于种种原因不得不流落异乡，但仍然以孝养父母为念。据《左传》宣公二年记载，赵宣子有次在首山打猎：

> 舍于翳桑，见灵辄饿，问其病。曰："不食三日矣。"食之，舍其半。问之。曰："宦三年矣，未知母之存否，今近焉，请以遗之。"使尽之，而为之箪食与肉，置诸橐以与之。

灵辄离开父母三年之久，就连母亲死否依然健在也不能确信，可见孝道存在的环境在春秋时期已遭到破坏。尽管如此，从灵辄的举动来看，他还是认为孝养父母乃是人子的天职。这应当反映了一般平民阶层对于孝道的理解。又昭公十三年，楚公子比、公子弃疾（即后来的楚平王）等杀太子禄及公子罢敌，"（楚灵）王闻群公子之死也，自投于车下，曰：'人之爱其子也，亦如余乎？'侍者曰：'甚焉，小人老而无子，知挤于沟壑矣。'"古人非常清楚：老而无子者面临的最现实的问题就是无人赡养。因此孝道绝不是人类恻隐之心或善良本性的外显，而是社会要求下的产物。

这表明即使到了春秋后期，家庭养老仍然有赖于孝道来维系。《论语》的许多材料也直接或间接地反映出孝养父母在当时的重要性。《学而》子夏曰："事父母，能竭其力……虽曰未学，吾必谓之学矣。"《里仁》孔子曰："父母之年，不可不知也。一则以喜，一则以惧。"前者是说能否竭尽全力地孝养父母反映出一个人修养的高下；后者是说孝子都期望父母长寿，同时又担心他们的身体状态每况愈下。对父母的真挚感情和深切关爱的背后，无疑是崇尚孝道的强大舆论基础。与此同时，丧葬祭祀也被人们继续视为孝道的重要内容。有些文献笔者在上文已经提到过，如《论语·学而》曾子曰："慎终追远，民德归厚矣。"《为政》孟懿子问孝，孔子回答说："生，事之以礼；死，葬之以礼，祭之以礼。"这种生死一贯的孝道观念显然与西周时期完全一致。

与此同时，春秋时期的孝道也产生了不少新变化。首先，在西周以来"孝祀"、"孝养"的基础上，顺从、爱身、保族成为春秋孝道理论的组成部分。春秋之际的贵族包括士阶层特别强调"顺从父志"的重要性，如《左传》襄公二十三年闵子马曰："为人子者，患不孝，不患无所。敬共父命，何常之有？"是说尊重并服从父亲的命令是人子的道义所在。桓公十六年急子曰："弃父之命，恶用子矣？有无父之国则可也。"闵公二年羊舌大夫语："违命不孝。"《国语·晋语一》太子曰："敬顺所安为孝。"这些都是说顺应父命是孝子的义务，而违背父亲的意愿则不是儿子应有的行为。《论语》中关于子女顺从父母意愿的讨论更是不胜枚举,《学而》孔子曰:"父在,观其志;父没,观其行;三年无改于父之道,可谓孝矣。"①《里仁》孔子曰:"事父母几谏,见志不从,又敬不违,劳而不怨。"除此之外,爱身、保族作为孝道的重要内容也得到强调。《论语·泰伯》说曾子有疾,召门弟子曰:"启予足! 启予手!《诗》云:'战战兢兢,如临深渊,如履薄冰。'而今而后,吾知免夫! 小子!"曾子认为人子的身体发肤受于父母,不敢有所毁伤,因此有疾恐死时便使弟子开衾而视。曾子以孝道著称于世,他以"爱生"为孝的思想在后世更得到进一步扩充和发扬。《左传》文公二年:"凡君即位,好舅甥,修昏姻,娶元妃以奉粢盛,孝也。"是以常保后嗣为统治者孝道的构成内容。爱身与保族之所以被人们视为孝道的表现,是因为身体发肤受自父母,毁身即毁父母之遗体便是对父母的不敬,不过这种生理学的解释只是表面的;深层的社会原因则是:宗族绵延的链条上每代人就像一组接力赛跑的运动员,他们负有家族的集体责任,因此只有保重自身,才谈得上繁衍和培育后代,如果能够保住家庭组织的话,便是对祖先最大的孝。总的看来,以顺命、保族为孝道即使不是春秋时期的新观念,至少是在这一阶段才得到人们空前重视的。

春秋时期的变化之二,是孝道开始走向衰落,而且时代愈晚程度愈甚。《诗·邶风·凯风》:

> 凯风自南,吹彼棘心。棘心夭夭,母氏劬劳。凯风自南,吹彼棘薪。母氏圣善,我无令人。爰有寒冰,在浚之下。有子七人,母氏劳苦。睍睆黄鸟,载好其音。有子七人,莫慰母心。

---

① "三年无改于父之道,可谓孝矣!"又见《论语·里仁》。

《毛序》："《凯风》，美孝子也。卫之淫风流行，虽有七子之母，犹不能安其室，故美七子能尽其孝道以慰其母心，而成其志尔。"朱熹集传："卫之淫风流行，虽有七子之母，犹不能安其室。故其子作此诗，以凯风比母，棘心比子之幼时。"意思是说卫国人道德沦丧，母亲虽然有七个儿子，却仍然不安分，诗人作此诗旨在批评教育和感化。不过就诗歌本身来看，重点则在指责子女不能体谅母亲的含辛茹苦，不能履行孝道的要求。春秋初年郑庄公与母亲姜氏之间的冲突，似乎是一个特殊的政治事件，但在某种程度上也反映了贵族家庭中孝道的松动。

　　春秋晚期孝道的急剧衰落，在孔门师徒关于"三年之丧"的讨论中得到充分反映。《论语·阳货》：

　　　　宰我问："三年之丧，期已久矣。君子三年不为礼，礼必坏；三年不为乐，乐必崩。旧谷既没，新谷既升，钻燧改火，期可已矣。"子曰："食夫稻，衣夫锦，于女安乎？"曰："安。""女安，则为之！夫君子之居丧，食旨不甘，闻乐不乐，居处不安，故不为也。今女安，则为之！"宰我出。子曰："予之不仁也！子生三年，然后免于父母之怀。夫三年之丧，天下之通丧也，予也有三年之爱于其父母乎？"

三年之丧是周代孝道即子女对父母"死，葬之以礼，祭之以礼"的典型体现，然而在春秋晚期，就连孔子门徒都表示难以施行而加以质疑，孝道之衰落由此不难看出！《论语》有不少弟子问孝的条目（如前引子游、子夏、孟武伯问孝），前人多认为那是儒家学派对古代孝道思想的莫大贡献。然而在笔者看来，正如《老子》十八章所谓"六亲不和有孝慈，国家昏乱有忠臣"，思想家的重视和鼓吹其实不过暴露了当时社会条件下孝道衰落的严峻事实而已。

　　此外，思想领域出现"以孝释仁"观念，可以说是春秋孝道的又一显著变化。众所周知，"仁"作为一种道德观念起源颇早，而且涵义十分丰富。春秋晚期，以孔子为代表的儒家学派不仅把"仁"的价值提升到极致，而且发展了其中"爱人"的涵义，使之成为调节血缘纽带以外人际关系的道德准则。《论语·颜渊》樊迟问仁。子曰："爱人。"对于为什么要"爱人"，儒家的回答是：爱人是孝的表现，孝是爱人的基础和根据。《学而》有子曰："其为人也孝弟，而好犯上作乱者，鲜矣；不好犯上，而好作乱者，未之有也。君子务本，本立而道生，孝弟也者，其为仁之本舆！"同篇孔子曰："弟子，入则孝，出则弟，谨而信，泛爱众，而亲仁。"这是说家庭道德是社会道德的基础。《礼记·中庸》哀公问政，子曰："仁者，人也，亲亲为大。"哀公请教的是政治问题，孔子却以家庭问题作回答。孔子等人之所以要把仁与孝联系起来，就是为了给"仁"寻找一个可靠的落脚点。换言之，儒家试图在处理血缘关系的"孝"德与处理非血缘关系的"仁"德之间架起一座桥梁，以便"移孝作仁"。儒家告诉人们，用仁爱的原则处理家庭以外的社会关系，不仅不与家庭道德冲突，相反它还是孝道的一种延伸。可以想象，如果人们都能以这样一种心态处理各种非血缘性的社会关系的话，那么人与人之间的相处和交流就会容易得多。

　　春秋时期孝道的衰落以及"以孝释仁"观念的出现，实际上都可以通过当时家庭功能的变化得到合理解释。先看贵族家庭的情况，朱凤瀚指出："贵族世族作为政治单位的国家结构形式，在春秋时期已处于过了顶峰开始下滑的阶段，逐渐失去存在的价值"，"旧的传统的贵族家族形态即世袭封土民人的世族，实际上已日益失去了其旧有的社会政治功能。"① 事实上，由于政治斗争

① 朱凤瀚：《商周家族形态研究》，天津古籍出版社 2004 年版，第 517 页。

等原因，贵族家庭组织的剧变早在春秋中期已初现端倪，而到春秋后期更是屡见不鲜。纵观春秋二百余年历史，公子流亡、大族火并、宗姓覆灭之类的事件几乎史不绝书。《左传》昭公三十二年史墨云："三后之姓，于今为庶。"（按：三后即夏、商、周）昭公三年叔向论晋国贵族的状况时说道："栾、郤、胥、原、狐、续、庆、伯，降在皂隶。"这八个在晋国政坛上曾显耀一时的大宗族所遭遇的命运，其实只是代表了当时的冰山一角而已。残酷的政治斗争或者粉碎了贵族家庭，或者把它们排除于政治圈子之外，不过结果都是削弱甚至剥夺了它们的政治功能。政治功能的丧失、家庭组织的破裂，势必使一批人游离于原来的血缘组织范围之外，对他们实际上已经难以用传统的家庭道德加以有效约束了。

平民家庭的情况也有类似之处，它们虽然不存在丧失政治功能的危险，但是社会分工的发展、其他社会组织的出现开始对家庭的既有功能提出挑战。上文所引《左传》宣公二年赵宣子田于首山之事中，饿人灵辄就说："宦三年矣，未知母之存否，今近焉，请以遗之。"这是三年没有归家奉养母亲的例证，其实还有不止于此者，如《韩非子·十过》管仲批评卫公子开方说："齐、卫之间不过十日之行，开方为事君，欲适君之故，十五年不归见其父母，此非人情也。"灵辄、卫开方都是为了谋生而常年宦游于家庭之外者，家庭道德对这些人显然不可能有多少约束力。春秋后期，越来越多的人走出家庭，不少还加入某种社会组织当中。孔子首开聚徒讲学之风，据说拥有弟子三千，其中不乏背井离乡、负笈远游者。如果此说可信的话，它们本身就组成了一个规模颇大的社会组织。这种情况的出现，不仅在客观上分化了家庭的最初功能，而且促使人们思考将远游者加以约束的有效方法。春秋晚期的儒家之一方面强调"父母在，不远游"，[①] 一方

---

① 《论语·为政》。

面又指出"四海之内皆兄弟也",[①] 其实生动反映了在家庭功能式微的情况下,人们在尽孝与谋生的价值取向之间游移不定的一种矛盾心态。

这样看来,社会上下层情形虽然不同,但贵族和平民家庭都面临着功能被分化,家庭组织和道德遭遇危机的问题。在这种情况下,人们一方面极力试图保存家庭组织,因而强调"顺从"、"无违"、"爱身"、"保族"的孝道信念;另一方面,面对家庭道德难济其用的无情事实,以孔子为代表的儒家学者试图弥合家庭道德与社会道德之间的裂缝。关于这点,费孝通曾经有一段生动的论述。他指出:

> 孔子的困难是在"团体"组合并不坚强的中国乡土社会中并不容易地指出一个笼罩性的道德观念来。仁这个观念只是逻辑上的总合,一切私人关系中道德要素的共相,但是因为在社会形态中综合私人关系的"团体"的缺乏具体性,只有个广被的"天下归仁"的天下,这个和"天下"相配的"仁"也不能比"天下"观念更为清晰。所以凡是要具体说明时,还得回到"孝悌忠信"那一类的道德要素。[②]

就这样,尽管孝道自身已经处于一种风雨飘摇的颓势当中,人们还是在"孝"与"仁"之间建立起一种哲学上的联系。这就是思想家、伦理学家解决道德问题的通行办法。

战国时期,孝道仍然为一部分人所坚持,但总的趋势却是继续走向衰落,与此同时,思想界则出现了鼓吹和讨论孝道问题的热潮。战国孝道衰落的表现之一,是不少人开始懈怠于对父母的

---

① 《论语·颜渊》。

② 费孝通:《乡土中国 生育制度》,北京大学出版社1998年版,第34页。

孝养、祭祀、埋葬等传统职责。《战国策·魏三》说宋人有外出求学者，三年返家而直呼其母之名。母亲质疑说："子学三年，反（返）而名我者，何也？"其子曰："吾所贤者，无过尧舜，尧舜名；吾所大者，无大天地，天地名；今母贤不过尧舜，母大不过天地，是以名母也。"这是人受过教育、具备了独立思考能力后对孝道的轻慢。《墨子·公孟》：

> 鲁有昆弟五人者，其父死，其长子嗜酒而不葬，其四弟曰："子与我葬，当为子沽酒。"劝于善言而葬，已葬，而责酒于其四弟。四弟曰："吾未予子酒矣。子葬子父，我葬我父，岂独吾父哉！子不葬，则人将笑子，故劝子葬也。"

这是出于某种功利性目的而埋葬父亲，其行为当然已不符合孝道的精神。如果说这些代表了平民阶层对孝道的懈怠的话，那么贵族阶层中也是如此。《孟子·滕文公上》说，滕定公薨，然友反命，定为三年之丧。父兄百官皆不欲，曰："吾宗国鲁先君莫之行，吾先君亦莫之行也。至于子之身而反之，不可。"由此可见，三年之丧不仅滕国君臣不行，即使在"礼仪之邦"的鲁国也被遗忘良久。这种情形与春秋时期孔子所谓"死，葬之以礼，祭之以礼"的要求相去何止千万！顾炎武在《日知录·周末风俗》中一语中的地指出："春秋时犹严祭祀、重聘享，而七国则无其事矣！"[①] 祭祀不再受到重视，西周时期盛极一时的孝祀、追孝当然也就退出了历史舞台。

孝道的衰落，还表现在社会各阶层中为追求功名利禄而标榜孝道的事情层出不穷。与上举父死不葬的例子有所不同，有人因

---

① （清）顾炎武著，（清）黄汝成集释：《日知录集释》（上），上海古籍出版社1985 年版，第 1006 页。

亲死而毁瘠过度，但真实目的却在于牟取官职爵位。《庄子·外物》说："演门有亲死者，以善毁爵为官师，其党人毁而死者半。"《韩非子·内储说上》也说："宋崇门之巷服丧，而毁甚瘠。上以为慈爱于亲，举以为官师。明年，人之所以毁死者岁十余人。""崇门之丧"是否与"演门之丧"为同一事件的不同版本，今已不得而知。然而道、法两家各就其观点立论，所引例证却别无二致，也正好说明最初那种发自血缘亲情的孝由于掺杂了功利因素而变质的普遍性。《韩非子·内储说上》记载说，齐国曾盛行厚葬之风，布帛尽于衣衾，材木尽于棺椁。桓公对此深以为患，管仲则一针见血地指出："凡人之有为也，非名之，则利之也。"为了遏制歪风，国家不得不下令"棺椁过度者戮其尸"。这则故事虽以春秋时期的人物为题材，但在很大程度上可能反映了战国的社会现实。另外，不论能否做到名实相符，战国诸侯大多都好以孝道相标榜。《战国策·西周》或谓周最曰："不如誉秦王之孝也，因以原为太后养地，秦王、太后必喜，是公有秦也。"可见在时人的眼中，秦王孝养母亲是有德的表现。《秦四》秦王见顿弱，顿弱曰："无其实又无其名者，王乃是也已！为万乘主，无孝之名；以千里养，无孝之实！"由于被人指责"无孝之名"，秦王遂"悖然而怒"。不仅君主如此，大臣也以孝名而自豪，如《吕氏春秋·劝学》："先王之教，莫荣于孝……显荣，人子人臣之所甚愿也。"

战国孝道的变化之二，是儒、法各家掀起一场关注和讨论孝道的热潮。以孟子等人为代表的儒家坚持孝道的价值，并扩充了传统孝道的内涵。《孟子·万章上》："孝子之至，莫大乎尊亲。"所谓"尊亲"即对父母做到"无违"。《尽心上》："父母俱存，兄弟无故，一乐也。"这与《论语》"父母之年，不可不知"的话道理相通。《离娄上》："事孰为大？事亲为大。"又说："不孝有三，无后为大。""不得乎亲，不可以为人。不顺乎亲，不可以为子。"

"大孝终身慕父母。"《离娄下》曰："世俗之所谓不孝者五：惰其四支，不顾父母之养，一不孝也；博弈，好饮酒，不顾父母之养，二不孝也；好财货，私妻子，不顾父母之养，三不孝也；从耳目之欲，以为父母戮，四不孝也；好勇斗狠，以危父母，五不孝也。"这是从反面说明什么才是孝道的标准。总的看来，由于社会上出现形形色色亏损和蚕食孝道的行为，思想家们针锋相对地扩展了孝道的内涵，切不可从学说史的观点把它看成孝道深化的标志。

不仅如此，儒家思想家还继"孝为仁本"之后提出"移孝作忠"的思想，试图将家庭道德进一步扩充到社会和政治领域。《离娄上》孟子曰："仁之贵，事亲是也。"在大小戴《礼记》、《孝经》等著作当中，人们借曾子的名义将孝道提升为人们从事社会活动和政治活动的最高指导准则，略举几例加以说明。《大戴礼记·曾子本孝》曾子曰：

> 忠者，其孝之本与？孝子不登高，不履危，庳亦弗凭，不苟笑，不苟訾，隐不命，临不指，故不在尤之中也。孝子恶言死焉，流言止焉，美言兴焉，故恶言不出于口，烦言不及于己。故孝子之事亲也，居易以俟命，不兴险行以徼幸。孝子游之，暴人违之。出门而使不以，或为父母忧也。险涂隘巷，不求先焉，以爱其身，以不敢忘其亲也。孝子之使人也，不敢肆，行不敢自专也。父死三年，不敢改父之道。又能事父之朋友，又能率朋友以助敬也。君子之孝也，以正致谏；士之孝也，以德从命；庶人之孝也，以力恶食。任善不敢臣三德。故孝子于亲也，生则有义以辅之，死则哀以莅焉，祭祀则莅之，以敬如此，而成于孝子也。

总之，儒家认为孝道不能仅限于家庭，也不能仅以父母为对象。相反，判断一个人的行为是否符合孝道，还要看他能否正确地处理各种社会关系。因此《曾子立孝》曾子曰：

> 君子之所谓孝者，先意承志，谕父母以道……身者，亲之遗体也。行亲之遗体，敢不敬乎！故居处不庄，非孝也；事君不忠，非孝也；莅官不敬，非孝也；朋友不信，非孝也；战陈无勇，非孝也。五者不遂，灾及乎身，敢不敬乎！故烹熟鲜香，尝而进之，非孝也，养也……夫仁者仁此者也；义者，宜此者也；忠者，忠此者也；信者，信此者也；礼者，体此者也；行者，行此者也；强者，强此者也。乐自顺此生，刑自反此作。夫孝者，天下之大经也。夫孝，置之而塞于天地，衡之而衡于四海，施诸后世，而无朝夕，推而放诸东海而准，推而放诸西海而准，推而放诸南海而准，推而放诸北海而准。

在儒家看来，孝为众德之首，一个人举手投足之间都事关孝道，因此要随时检讨自己的行为是否符合孝的标准。《曾子立孝》说乐正子春下堂而伤其足，伤瘳，数月不出，犹有忧色。门弟子对此表示疑惑，乐正子春回答说："吾闻之曾子，曾子闻诸夫子曰：'天之所生，地之所养，人为大矣。父母全而生之，子全而归之，可谓孝矣。不亏其体，可谓全矣。'故君子顷步之不敢忘也。今予忘夫孝之道矣，予是以有忧色。故君子一举足不敢忘父母，一出言不敢忘父母。一举足不敢忘父母，故道而不径，舟而不游，不敢以先父母之遗体行殆也。一出言不敢忘父母，是故恶言不出于口，忿言不反于己。然后不辱其身，不忧其亲，则可谓孝矣。草木以时伐焉，禽兽以时杀焉。夫子曰：'伐一木，杀一兽，不以其时，非孝也。'"作为战国儒家讨论孝道的集大成之作，《孝经》最终把孝提升到史无前例的至高地位。该书围绕孝道分别论述了天子、诸侯、卿大夫、士以及庶人等阶层在从事各自家庭、社会活动中所应遵循的标准，将人们的各种行为规范统一在孝道的名号之下。简言之，《孝经》的主要思想可以见之于下面这段话："身体发肤，受之父母，不敢毁伤，孝之始也。立身行道，扬名于后世，以显父母，孝之终也。夫孝，始于事亲，中于事君，终于立身。"①

战国时期一方面发生了孝道的急剧衰落，一方面又出现了关于孝道的大讨论，这两种看似矛盾的现象其实都可以通过当时家庭组织功能的变化得到合理解释。首先，孝道的衰落当主要归因于家庭功能的削弱。战国时期，大家族瓦解的事件并不罕见。《战国策·赵一》："知过见君之不明，言之不听也，出更其姓为辅氏，遂去不见……知氏尽灭，唯辅氏存焉。"这是在紧急情况下变换姓氏，以保存宗族的成功例证。如果说贵族家庭政治功能的丧失以春秋初年为开端的话，那么到战国时期这一过程已基本完成。朱凤瀚在有关研究成果中指出："战国时期作为旧的世家贵族之宗氏已不再成为影响政坛的重要因素，因此在人们心目中的地位与影响明显下降……春秋时期一些未进入集权制国家官僚阶层的旧贵族失去了政治地位。"② 失去政治功能的贵族家族尚且难保，孝道自然随之衰落。不仅如此，随着家庭血缘关系的淡化，越来越多的人走出家庭，加入其他社会组织、谋求就业门路。在这种情况下，平民家庭虽然仍是基本的经济生产单位和养老送终场所，但是它的功能逐渐趋于简单化。战国初年的墨家学派就曾广收门徒，并在弟子学成之后由"巨子"负责向各诸侯国推荐就业。《墨子·贵义》

---

① 《孝经·开宗明义章》。
② 朱凤瀚：《商周家族形态研究》，天津古籍出版社 2004 年版，第 569—570 页。

说有游于子墨子之门者，身体强良，思虑狗通，欲使随而学。子墨子曰："姑学乎！吾将仕子。"劝于善言而学，期年而责仕于子墨子。综观战国诸子不难发现，几乎每个著名学者的左右都有一批规模不等的信徒长期追随。而在战国后期的历史上，更是经常出现为谋生而客游他乡者。《战国策·韩二》刺客聂正曰："臣有老母，家贫，客游以为狗屠，可旦夕得干脆以养亲，亲供养备"，"臣所以降志辱身居市井者，徒幸而养老母。"这是为了奉养母亲而外出劳动者。《秦三》范雎曰："臣东鄙之贱人也，开罪于魏，遁逃来奔；臣无诸侯之援，亲习之故；王举臣于羁旅之中，使职事。"《秦一》说苏秦游说秦王，书十上而说不纳，"归至家，妻不下纴，嫂不为炊，父母不与言"。这也是将父母留在家中，自己外出寻求出路者。《燕一》苏代见燕王哙曰："臣东周之鄙人也。窃闻王义甚高甚顺，鄙人不敏，窃释锄耨而干大王。"对于这些长期在外，连见父母一面都不容易的人而言，孝道的衰落岂不是时间早晚的事？这种情形与今日社会分工发达之后，人们为了就业的需要，不得不走出家庭、离开父母，而他们对于老人的关爱自然减少是同样的道理。

《老子》第十八章说："国家昏乱，有孝慈。"《庄子·天运》说："夫孝悌仁义，忠信贞廉，此皆自勉以役其德者也，不足多也。"历史的发展往往就是这样：当一种道德规范有效地发挥社会作用的时候，人们通常不会对它过于在意，而只有在这种道德面临危机的情况下才会成为人们关注的焦点。实际上，儒家关于孝道的激烈鼓吹及其主张，恰好反映了当时道德问题的严重程度。笔者曾经指出，孔子"以仁释孝"的观点是为了弥合家庭与社会的裂缝，在两者之间架起一座桥梁，使人们从孝道当中寻找仁的根据。事实上，战国儒家"移孝作忠"等思想的提出，也是为了解决类似的问题。从战国文献中可以看出，随着家庭政治功能的丧失，政治生活中的血缘关系也不断淡化。

许多人走出家庭，参与到政治生活中，使得血缘组织与其他社会（政治）组织之间的冲突逐渐凸显出来。关于政治团体中的君臣矛盾，韩非子曾予以直白的揭示。《韩非子·奸劫弑臣》说："夫君臣非有骨肉之亲，正直之道可以得利，则臣尽力以事主。正直之道不可以得安，则臣行私以干上。明主知之，故设利害之道以示天下而已矣。"这是说由于君臣之间没有亲属关系，因此只有利益才能将两者有效地联系在一起。《备内》也说："人臣之于其君，非有骨肉之亲也，缚于势而不得不事也。故为人臣者，窥觎其君心也无须臾之休，而人主怠傲处其上，此世所以有劫君弑主也。"说到底，利益（而不是血缘）构成了君臣关系的基础，因此家庭道德与政治道德两者并不一致。尤其到了战国后期，对父母的"孝"与对君主的"忠"之间的差异更被彰显出来。《战国策·燕一》说有人在燕王跟前诋毁苏秦，批评他抛开双亲到燕国求仕渔利，苏秦辩解道："且夫孝如曾参，义不离亲一夕宿于外，足下安得使之于齐？"很显然，如果要恪守春秋时期儒家所谓"父母在，不远游"的孝道标准的话，人们只能活动于家族的圈子里，与父母须臾不离，又岂能为君主效力？

先秦诸子书中，多有臣、子企图在忠、孝之间取得平衡的案例。如《孟子·尽心上》桃应与孟子关于"舜为天子，皋陶为士，瞽瞍杀人，则如之何"的讨论，又如《吕氏春秋·当务》中的"直躬者"以及《高义》中的"石渚"，等等。这些故事可能多由虚构而来，不过代表了当时学者关于解决传统家庭道德与战国时期社会、政治道德矛盾的见解。儒家在这个问题上当然更有发言权，他们认为应该从孝道中寻找各种非血缘关系道德准则的依据。在这个意义上可以看出，前引"移孝作忠"等观念就是儒家思想家在家庭功能丧失之后，为解决家庭与其他社会组织功能矛盾而开出的一剂药方。

（三）家庭结构、规模与孝道的关系

除了家庭类型和功能之外，家庭的结构与规模也是考察先秦道德的制约因素时应关注的重要内容。一般意义上的"家庭结构"通常是指家庭内部成员所处的位置及其相互关系；而"规模"一词则指家庭人口的数量。规模与数量是影响家庭道德的两项重要因素，两者既有联系又有区别。不过人们往往将它们混为一谈，对此费孝通曾举例指出：

> 我们普通所谓大家庭和小家庭的差别决不是在大小上，不是在这社群所包括的人数上，而是在结构上。一个有十多个孩子的家并不构成"大家庭"的条件，一个只有公婆儿媳四个人的家却不能称之为"小家庭"。在数目上说，前者比后者为多，但在结构上说，后者却比前者为复杂，两者所用的原则不同。①

这就是说，中国古代所谓"大家庭"是结构复杂的扩展式家庭组织，而不是人口众多的核心家庭；"小家庭"则是结构相对单一的核心家庭，而不是人口较小的扩展式家庭。一般而言，家庭的结构、规模均与家庭道德的强度之间成正比关系，当然具体情况还要根据三者之间的关系作具体分析。

笔者在上文讨论了家庭功能与孝道之间的关系，那么家庭的功能与结构、规模之间究竟存在怎样的关系呢？就贵族阶层而言，春秋中期之后众多家族政治功能的丧失无不以家庭的小型化甚至破裂为前提，而在平民阶层当中，家庭小型化也意味着它所能承担的社会功能更少。至为明显，先秦家庭的功能往往随着结

---

① 费孝通：《乡土中国　生育制度》，北京大学出版社 1998 年版，第 38 页。

构的简单化和规模的小型化而减弱，反之亦然。当然在有些情况下，实际上很难分清家庭功能与结构、规模之间究竟孰因孰果。费孝通在讨论中国乡土社会时曾说过这样一段话，似乎有助于我们更好地理解数者之间的复杂关系。他说：

> 一方面我们可以说在中国乡土社会里，不论政治、经济、宗教等功能都可以利用家族来担负；另一方面也可以说，为了要经营这许多事业，家的结构不能限于亲子的小组合，必须加以扩大。而且凡是政治、经济、宗教等事物都需要长期绵续性的，这个基本社群决不能像西洋的家庭一般是临时的。

他又说："中国的家是一个事业组织，家的大小是依着事业的大小而决定的。"①"家的大小"兼指家庭结构与规模二端，为了增加农业社会的劳动力而鼓励生殖，为了增加家族的"事业"而将家庭扩及亲子关系之外，由此造成数世同堂，人口数量可观的大家庭。这不仅是古代社会极为普遍的价值取向，而且在今天较为落后的农村也依然盛行。由此可见，家庭的功能与结构、规模之间的确存在一种互动关系。

　　下面需要考察这样一个问题：家庭的结构和规模如何构成一种道德环境，这种环境与孝道之间又存在什么样的关系？首先，孝道有赖于家庭组织的结构和规模，复杂的结构和庞大的规模是孝道得以成立的有力保证。众所周知，道德虽然表现为人们的内在修养和自觉行为，但这种修养和行为却是社会环境的产物。可以毫不夸张地说，离开社会环境的影响和约束，不仅道德现象不会产生，而且就连既已发生的道德现象也会渐渐销声匿迹。《韩

---

① 费孝通：《乡土中国　生育制度》，北京大学出版社1998年版，第40页。

非子·六反》说："夫陈轻货于幽隐，虽曾、史可疑也；悬百金于市，虽大盗不取也。不知则曾、史可疑于幽隐，必知则大盗不取悬金于市。"从根本上而言，是环境造就了道德高尚者，而不是道德高尚者造就了环境。不少道德哲学家往往把道德视为某些操行高尚者的个人行为，而不是从他们所处的社会环境中寻找道德的根源，这种充满理想化色彩的看法是不足为训的。事实上，正如笔者在"绪论"中所坚持的那样，要想有效地解决道德问题，最佳的办法是将道德理解为外在环境约束之下的产物。费孝通在《维系着私人的道德》一文中深刻地指出："社会结构格局的差别引起了不同的道德观念……从社会观点说，道德是社会对个人行为的制裁力，使他们合于规定下的形式行事，用以维持该社会的生存和绵续。"① 在扩展式家庭中，子女的言行不仅受到父母的督责，而且处于祖辈、从父母及其家庭成员、兄嫂弟妇、子侄等人构成的庞大亲属群体舆论的干涉之下。这种环境意味着，子女的举止一旦有背于长辈的意志或利益的话，各种道义、物质上的谴责和惩罚便会接踵而至，孝道自然容易得到贯彻。相反，在一个核心家庭中，子女行为所受的约束无论在强度或数量上都小（少）得多。子女的"忤逆"行为除了用有限的父权加以压制以外，便没有任何有效的凭借了，孝道之脆弱甚至匮乏自是情理中事。

其次，复杂的家庭结构和庞大的家庭规模对孝道提出了要求，因为唯有这样才能避免家庭的破裂，进而保证它顺利地承担起各种社会功能。四世同堂甚至五世同堂的家庭成员虽都是一个共同男性祖先的后代，然而随着代系繁衍，他们之间的血缘关系必然会逐渐疏远。如果说父母与子女之间、同胞兄弟之间的关系和秩序尚且可以通过天然的亲情建立、维系的话，这种亲情对于

---

① 费孝通：《乡土中国　生育制度》，北京大学出版社 1998 年版，第 31 页。

三代以外的家庭成员就很难发挥约束作用了。在任何一个社会组织中，经济利益、个性差异等因素都是容易导致群体分裂的潜在因素，家庭组织自然也不例外。因此，除非人们容忍家庭随着结构的复杂化和规模的扩大化而陷入分裂，否则就必须依靠一种新的纽带加强他们的联系；在先秦时期，这种纽带就是包括孝道在内的各种家庭道德。换言之，特殊的家庭结构和规模不仅是孝道产生的基础和条件，而且它们本身就为孝道的发生提出了要求。明白了这点，就能够理解为什么随着现代社会中家庭结构的简单化和规模的小型化，孝道会逐日呈现衰落的趋势。这就意味着，无论人们的传统观念何等强盛，只要社会结构和规模发生变化，那么道德的相应变动就不过是时间问题。

　　总的来说，家庭的结构、规模与孝道之间存在一种共变关系：在结构复杂、规模庞大的家庭组织中，孝道容易得到滋生和发展；相反，在结构简单、规模较小的家庭组织中，孝道往往显得微不足道。就周代的家庭结构而言，有研究者曾经指出："西周贵族家族以宗族形式存在，包含着一个本家主干与几个血缘关系较近的旁系分支家族，多数采取几世代聚居的形式。"这种扩展式家庭所涵盖的亲属范围，至少包括同祖的三世以内的亲属，即宗子（与其核心家庭）、同胞兄弟（与其核心家族）、从父亦即世父、叔父（与其核心家族）、从父兄弟（与其核心家族），等等。与贵族家庭类似，西周早、中期的平民家庭也以扩展式父系家庭为主，其中包括若干较小基层家庭在内。这种大规模的家庭组织甚至一直维持到西周末期。[①] 结合周代鼎铭诗书的记载不难看出，这种扩展式家庭组织中的孝道观念持久而强烈，其中有关父母、祖先的"孝享"、"追孝"等字眼屡屡可见，而孝道尚未成

---

　　① 朱凤瀚：《商周家族形态研究》，天津古籍出版社 2004 年版，第 304、417—418 页。

为当时思想家担忧和考虑的热门话题。此类现象表明，西周时期的孝道处于一个较为发达的状态，它在维护家庭秩序方面应当发挥着较为积极有效的作用。

相反，在一种结构较为简单的家庭组织中，由于规模有限而且关系单一，子女的行为所受约束的力度便会减小。东周时期，由于政治斗争、社会分工、经济分化等原因，社会上出现了结构相对简单的家庭模式。《孟子·王制》："百亩之田，勿夺其时，八口之家可以无饥矣。"《汉书·食货志》引李悝语曰："今一夫挟五口，治田百亩。"值得注意的是，韩非子为了将战国人口的增加与上古"人民少而禽兽众"进行对比，所以着力强调人口增殖之速。《韩非子·五蠹》说："今人有五子不为多，子又有五子，大父未死而有二十五孙。是以人民众而货财寡，事力劳而供养薄。"不过人口绝对数量的增加与家庭规模的大小却是两回事，从战国社会的实际来看，"大父未死而有二十五孙"共居一家的可能性不是很大。相反，如孟子、李悝所说的"八口之家"、"一夫挟五口"恐怕倒应是更为普遍的情况。如果再考虑到宗法制度对同族异居者约束力的减小，则可以推知在战国家庭较为疏松的环境中，孝道的效力和影响无疑也会急剧减弱。笔者在前文曾引述了《墨子·贵义》中的一个故事，说的是鲁国有昆弟五人者，其父死，长子嗜酒而不葬，在四弟的诱导下勉为其难地埋葬了父亲。结构简单的家庭难以有效地促使子女履行孝道的义务，在这种情况下，乡里舆论的干涉就可能发挥一些功效，此即《吕氏春秋·安死》所谓"父之不孝子……乡里之所釜鬵者而逐之"的道理。总的看来，虽然先秦文献中没有留下太多关于家庭结构、规模与孝道之间相互关系的系统材料，然而通过上述分析却足以看出，家庭结构和规模与孝道之间的正比共变关系是先秦时期一项不容否认的社会文化现象。

三　家庭与乱伦禁忌

（一）先秦时期的乱伦禁忌

乱伦禁忌是以婚姻和两性关系为核心的一种重要的道德现象，它广泛存在于先秦时期的家庭组织之中。关于"乱伦"一词的涵义，生物学家和社会科学家的理解并不一致。在生物学家看来，乱伦是指具有生物学意义上血亲关系的男女之间发生的婚姻或两性关系，它的范围主要涉及核心家庭之中的成员。文化学家和社会学家则认为，所有那些具有社会学意义上的亲属关系者之间发生的，为习俗所禁止的婚姻和两性关系，都可以称为"乱伦"。在笔者看来，乱伦虽然与生物本能具有一定关系，但它在本质上仍属于社会文化的产物；而所谓乱伦禁忌则是这样一种道德现象，即特定社会条件下人们对社会科学意义上的乱伦行为的抵制和禁止。

作为一种文化现象，乱伦禁忌的范围和对象往往随着人们所处的家庭环境，以及特定社会条件下人们对亲属关系理解的差异而不同。关于先秦时期乱伦禁忌的主要内容，可以通过《国语·晋语四》司空季子的一段话加以认识：

> 同姓为兄弟……昔少典娶于有蟜氏，生黄帝、炎帝。黄帝以姬水成，炎帝以姜水成。成而异德，故黄帝为姬，炎帝为姜，二帝用师以相济也，异德之故也。异姓则异德，异德则异类，异类虽近，男女相及，以生民也。同姓则同德，同德则同心，同心则同志，同志虽远，男女不相及，畏黩敬也。黩则生怨，怨乱毓灾，灾毓灭姓。是故取妻避其同姓，畏乱灾也。故异德合姓，同德合义。义以道利，利以阜姓。

　　司空季子这番话的背景是：晋国公子重耳因为骊姬之乱流落至秦国，寻求秦国的支持。秦伯嫁给他五个女子，其中有一个叫怀嬴，曾是晋国公子圉（晋怀公）在秦国做人质时秦人嫁给他的妻子。由于怀公是重耳的侄子，因此文公在这件事上进退两难：若辞退怀嬴，很可能因此而失去秦国的欢心和支持；若接受她的话，又畏于沉重的道德压力。在这种情况下，司空季子通过上引这番话促使重耳作出了符合长远政治利益的明智选择。

　　仔细分析，可以看出司空季子实际上透露了古代婚姻禁忌中的两条基本戒律。第一条，是姓氏相同的男女之间不得发生婚姻或两性关系，这就是人们通常所说的"同姓不婚"。如何理解"异类虽近，男女相及，以生民也……同志虽远，男女不相及"呢？"异类"即异姓，"近"是指血缘关系较为紧密；"同志"即"同姓"，"远"是指血缘关系较为疏远。这就是说，姓氏不同的男女之间，即使血缘关系非常紧密，也可以建立婚姻关系；相反，姓氏相同的男女之间，即使血缘关系极为疏远，也不宜发生婚姻和两性关系。这表明，判断两性之间能否结成婚姻关系的标准并非源自生物，而是源自文化。综观先秦历史不难看出，"同姓不婚"似乎很早就成为一项众所周知的婚姻准则。如果抛开传说中的黄帝与炎帝不说的话，这一准则至少自周代以来即为人们所认可和遵守，最典型的如周王室（姬姓）与齐国（姜姓）之间、鲁国（姬姓）与齐国（姜姓）之间以及鲁国（姬姓）与宋国（子姓）之间的婚姻，等等。先秦时期同姓不婚的禁忌不仅十分严格，而且涉及范围极为广泛。例文中所谓"同姓"其实不仅限于有明确血统或血亲关系的家族成员，甚至一些"身份可疑者"都包括在内，因此《礼记·曲礼上》有"取妻不取同姓，故买妾不知其姓则卜之"之说。

　　制度与现实在任何时候、任何地方都不可能完全一致，所以先秦时期仍然存在一些同姓之间的婚姻或两性关系。最具代表性的如春秋时期齐襄公与他的妹妹文姜之间的暧昧关系，根据《左传》的记载，齐国这对贵族兄妹间的不正常关系一直保持到文姜出嫁给鲁桓公之后，一度达到肆无忌惮的程度。对于这种违背禁忌的行为，不仅《左传》给予严厉抨击，围绕这个主题，人们还创作了好几首讽刺诗歌。比如：

南山崔崔，雄狐绥绥。鲁道有荡，齐子由归。既曰归止，曷又怀止。葛屦五两，冠緌双止。鲁道有荡，齐子庸止。既曰庸止，曷又从止。（《诗·南山》）

载驱薄薄，簟茀朱鞹。鲁道有荡，齐子发夕。四骊济济，垂辔沵沵。鲁道有荡，齐子岂弟。汶水滔滔，行人彭彭。鲁道有荡，齐子翱翔。汶水滔滔，行人儦儦。鲁道有荡，齐子游敖。（《载驱》）

敝笱在梁，其鱼鲂鳏。齐子归止，其从如云。敝笱在梁，其鱼鲂鱮。齐子归止，其从如雨。敝笱在梁，其鱼唯唯。齐子归止，其从如水。（《敝笱》）

按照古来注释者的一般看法，这些带有浓厚文学色彩的描述都是为了讽刺文姜与襄公之间厚颜鲜耻、伤风败俗的行径。尤其是《诗序》关于以上三首诗歌旨趣的概括，大致反映了人们对这种现象的一般看法：“《南山》，刺襄公也，鸟兽之行，淫乎其妹。”“《敝笱》，刺文姜也。齐人恶鲁桓公微弱，不能防闲文姜，使至淫乱，为二国患焉。”“《载驱》，齐人刺襄公也。与文姜淫，播其恶于万民焉。”如果《诗序》之说可信的话，足见这件事在当时社会所产生的负面影响。

同姓而婚的另外一例，是春秋后期鲁昭公（姬姓）娶吴国（亦为姬姓）之女，讳称“吴孟子”。关于这件事情，《春秋》哀公十二年记载道："夏五月甲辰，孟子卒。"《春秋》三传对这句经文的解释分别如次：《左传》说："夏五月，昭公夫人孟子卒。昭公娶于吴，故不书姓。"《公羊传》说："夏五月甲辰，孟子卒。孟子者何？昭公夫人也。其称孟子何？讳娶同姓，盖吴女也。"《穀梁传》也说："夏五月甲辰，孟子卒。孟子者何？昭公夫人也。其不言夫人者何？讳娶同姓也。"三者文辞略异而大意则同，均表明鲁吴统治者间的乱伦婚姻引起了当时君子的强烈不满。对于此事，《论语·述而》中陈司败也批评说："君取于吴，为同姓，谓之'吴孟子'。君而知礼，孰不知礼？"毫无疑问，通过这些批评可以看出，先秦时期"同姓不婚"的原则在很大程度上可谓深入人心。

那么这种现象是否与乱伦禁忌的道德要求相互抵牾呢？有学者提出一种看法，即认为齐襄公与文姜间的暧昧关系并不为世俗所排斥，而是一种被人们认可的婚姻形式。作者认为《诗·齐风》的有关记载，"表现了齐襄公与其妹文姜之间的婚外恋情，反映了一种特殊的婚俗"；这种特殊的婚俗之所以形成，"最根本的原因是：齐国的贵族仍流行着血族的内婚制，即群婚中的血缘婚，这是同一血族的同胞兄弟姐妹之间的婚姻"。[①] 所谓内婚制、群婚、血缘婚之类的概念，显然是由西方人类学中引介而来。

从西方人类学某些具体结论中获得"启示"，对传统材料加以解释，以期推翻旧说、创立新见，这是近年盛行于中国古史研究领域的一种值得注意的倾向。一段时间以来，这种风气不仅弥漫于古代宗教、神话、国家起源问题研究的方方面面，而且在上文提到的婚姻家庭史研究中也不例外。然而在笔者看来，这种为文姜与襄公的暧昧关系进行"正名"的"翻案文章"在观点上却不能成立。其中的原因大致有二：首先，这种观点建立在错误的

---

① 左洪涛：《〈诗经〉婚俗形态的再探析》，《襄樊学院学报》2000 年第 1 期。

婚姻形态进化理论的基础之上。美国人类学家摩尔根认为，人类婚姻模式先后经历了群婚—血缘婚—对偶婚—专偶婚等一系列发展过程，血缘婚是人类婚姻形态发展的必由阶段。按照摩尔根的理解，所谓血缘婚是指在嫡亲和旁系的兄弟姐妹之间互相婚配的两性关系。然而值得注意的是，血缘婚理论虽然在文化人类学上产生过深远的影响，但是它本身却是建立在纯粹推理猜测的基础之上。实际上，摩尔根关于血缘婚的看法来自于他对马来式亲属制度，尤其是亲属称谓的考察和推测。而在人类学调查中，人们从未在任何一个文明中发现血缘婚的实例。20 世纪以来，许多人类学家开始从新的角度进行考察，他们发现亲属称谓虽然建立在婚姻制度之上，但影响亲属称谓的因素还有很多。例如夏威夷人所使用的是"类分式"亲属称谓，他们虽然把与父亲的兄弟毫无区别地称为"父"，把母亲的姐妹毫无区别地称为"母"，但并非在内心分不清谁是自己的生身父母，也不意味着这些人相互曾是实际上的或理论上可能的丈夫和妻子，这种推测是对人类婚姻史的极大误解。这个误解曾在中国人文社会科学领域长期占有相当大的市场，却也不是绝无有识者，比如有学者就指出："国内的民族学材料，也无法为血缘婚理论的存在提供相应的佐证。"①

　　其次，乱伦事件的发生可能有各种复杂的原因，不能由于若干案例而断定它就必然是社会的正当制度。实际上，道德只能在一般程度上遏制大多数人的不道德行为，却不可能真正禁绝所有的不道德行为。这个道理不难理解，正如今日社会有不准重婚的禁律，但重婚现象却不可能根除一样。乱伦禁忌只是为道德设置的一道防线，它能否达到目的又是另外一回事。西方人类学家曾

---

① 章立明：《兄妹婚型洪水神话的误读与再解读》，《中南民族大学学报》2004年第 2 期。

经发现，在特罗布里恩群岛土著居民的婚姻与两性关系中，一方面存在着极为严格的乱伦禁忌，另一方面又时时出现各种违背禁忌的传闻。对此马林诺夫斯基曾明确断言说：

> 有一点很清楚，那就是，尽管禁条似乎绝对严厉，加之土著人强烈的憎恶，兄妹（姐弟）之间的乱伦行为还是确实存在的。这并不是与欧洲人接触后才出现的新现象——这种接触被土著人认为是导致风俗习惯变化的根源。很久以前，在白人来到这个岛上以前，就已发生过这种违反部落道德的事情；这些事例对土著人来说至今仍记忆犹新并且仍然姓名俱全地详细引用。①

乱伦行为的出现，只能说明道德法规的乏力，而不能证明人们对乱伦的赞成或鼓励。恰恰相反，严峻的社会现实其实正好表明加强道德约束力的必要性和紧迫性。如此看来，不能看到一种行为愈演愈烈，对社会秩序发生严重威胁时，便轻易地将它归之为某种原始婚姻形态的"遗留"。人们都知道春秋是一个礼坏乐崩的时代，这个时代违法乱纪的事情层出不穷，切不可以此为社会的常态而把一贯的制度看成是思想家的"理想"。

事实上，"同姓不婚"的道德禁忌并非中国古代所独有，而是世界各民族所有外婚制社会的历史和文化中普遍存在的现象。人类学家通过调查发现，在图腾崇拜相同的氏族之内，是不允许性交和婚姻行为的。在氏族以下的亚氏族里，共同的成员关系就意味着真正的血缘关系，故而更加严格地禁止性交和

---

① ［英］B. K. 马林诺夫斯基：《原始的性爱》，中国社会出版社 2000 年版，第410 页。

婚姻。如果两个人同属一个祖先的后裔，这种禁忌在他们之间就越发严格。[1]

在特罗布里恩岛，乱伦行为一旦被发现，对双方当事人而言都毫无例外地意味着死亡，而这种死亡形式通常是自杀。1915年，在瓦卡伊鲁瓦的村子有一个名叫科马依的男青年从树上跳下自杀了。三年之后，人类学家才发现事情的真相：原来科马依爱上了他姨妈的女儿，持坚决反对态度的人们开始时只是试图将他们分开，但没有成功。最后，科马依的情敌、女孩的合法恋人公然羞辱了他，在村里高喊他违反了乱伦禁忌并指明这一关系中所涉及的女子。在舆论的强大压力下，科马依不得已走上了自杀之路。[2] 在印度阿萨姆邦的卡西人中，如果某个男人被发现与本氏族的女人同居，就被视为乱伦，人们认为这样将招致大祸。霍屯督人不允许有相同的祖父母、外祖父母及相同的曾祖父母、外曾祖父母的堂表兄弟姐妹之间的婚姻，他们有一条传统的法律，规定相互之间在血缘上接近的男女一旦被确认为发生了婚姻或私通关系，就必须用棍棒打死。当暴雨倾盆时，东印度哈尔马赫拉岛的加莱拉人就说，一定是有兄妹等一类的乱伦行为发生；只有将这件事找出来，尽人皆知，才能使雨停下来。被指控的肇事者将被溺死或扔进火山口。婆罗洲的海上达雅克人遇到连日大雨，庄稼在地里要烂掉时，就会将它视为有人乱伦或重婚的结果，长老们会聚集起来审理这类案件，并且用猪血净化大地。山地达雅克人厌恶乱伦，连表亲婚也不容许。1864年，当地人告诉一个西方人休·洛尔，说是因为有个酋长娶了自己的孙女，结果破坏了整个村子的安宁，土地再也得不到好天气的护佑，于是那老东西

---

① ［英］B. K. 马林诺夫斯基：《原始的性爱》，中国社会出版社 2000 年版，第468 页。

② 同上书，第 411 页。

就被废黜了。①

从这些例子可以看出，当一个地方发生乱伦行为时，人们态度的总倾向是反感和抵触。区别只在于，不同的社会条件下人们处理乱伦事件的严厉程度不尽相同。有人可能出于政治目的、利益动机等一系列现实原因而发生乱伦，但这不能改变人们对它的基本看法。比如说，法老时代的埃及王室当中实行兄妹婚姻，它的目的是保证王室血统的纯正。尽管如此，埃及社会的其他阶层却没有实行这种婚姻的。有学者就曾经指出：

> 书中发表的文字对于禁止乱伦在人类社会中所采取的多种形式提供了大量见证，一直到法老时代的埃及……我们也见过其他社会中的其他情形，记载的结合，有的我们可以认为属于乱伦性质，一般来说是在王族之中，因为他们最关心保持"血统"纯正。但无论如何，这些事实中，没有一件能够否定禁止乱伦的普遍性。②

这就是说，若干乱伦行为的出现并不足以否定乱伦禁忌的普遍意义。无论是先秦时期人们对乱伦行为的委婉讽刺，还是西方民族对这种婚姻和两性关系的暴力压制，在本质上都反映了乱伦禁忌作为一种道德现象的客观存在。乱伦禁忌是保护家庭的律法，因为实行严格的外婚才能通过联姻与另一个本无关联的家庭成为亲戚，成为可靠的外援；与自家的兄弟姐妹结婚，就等于主动放弃外援而成为孤家寡人。在今天的开放社会中如果偶尔发现一两个冒犯者，人们至多把它当作一般丑闻说笑一下了事，或干脆认为

---

① ［英］弗雷泽：《魔鬼的律师——为迷信辩护》，东方出版社 1988 年版，第 41—106 页。

② ［法］安德烈·比尔基埃等：《家庭史》（1），生活·读书·新知三联书店 1998 年版，第 39—42 页。

那是人家个人的事情，他人无权过问，这其实不完全是社会开化程度提高的表现，更重要的是由于家庭在社会上的功能淡化了。

第二种婚姻禁忌，是指家庭内部的男性成员，不能与庶母、兄弟之妻、子妇发生两性关系，笔者姑且称之为"族内异姓婚姻禁忌"。正如上文指出的那样，重耳面对怀嬴之所以疑虑重重，就是因为怀嬴曾是自己侄子子圉的妻子。不难设想，如果将她纳为己有的话，就可能因触犯婚姻原则而遭到世俗的讥议。对于重耳的顾虑只能有一种解释，即在先秦时期人们的观念中，娶兄弟、子侄之妻属于一种乱伦行为。为了打消重耳的疑虑，司空季子便力图证明重耳与子圉虽然是亲属（两者为叔侄关系），但是子圉和重耳恩义已绝，加之怀嬴又被子圉抛弃。在这种情况下，与怀嬴的婚姻关系便与同姓家族成员之间的婚姻禁忌无关了："今子于子圉，道路之人，取其所弃，以济大事，不亦可乎？"显而易见，司空季子为了劝说重耳接纳怀嬴，以便取得秦国的政治援助，将"同姓"的内涵进行了适当变通。这种变通其实正好说明一个问题，即同姓家族成员相继与同一女子建立的婚姻或两性关系为世俗所不许，这种变通正如《左传》隐公元年颍考叔解释"黄泉"一样，只是一种变乱名实以切实用的策略而已。

春秋时期，诸侯国中曾发生多起不同形式的族内异姓婚姻。"烝"，是指子与父妾之间的乱伦行为。如《左传》桓公十六年："初，卫宣公烝于夷姜，生急子，属诸右公子。"夷姜为宣公之父妾，后来嫁给了宣公。庄公二十八年晋献公"烝于齐姜，生秦穆夫人及太子申生"。齐姜为献公的父亲晋武公之妾，后来嫁给献公。闵公二年："初，惠公之即位也少，齐人使昭伯烝于宣姜，不可，强之。生齐子、戴公、文公、宋桓夫人、许穆夫人。"僖公十五年："晋侯烝于贾君。"是为晋惠公娶其庶母。成公二年楚王以夏姬赐予连尹襄老，"襄老死于邲，不获其尸，其子黑要烝焉"。"报"见于史籍者只有一例，即宣公三年："（郑）文公报郑子之妃，曰陈妫，生子华、子臧。"郑子，即文公叔父子仪，则"报"显然是指侄子与伯母之间的乱伦。"因"是庶孙与嫡祖母的乱伦关系，文公十六年："（宋）公子鲍美而艳，襄夫人欲通之，而不可，夫人助之施。昭公无道，国人奉公子鲍，以因夫人。"襄夫人是公子鲍的嫡祖母。

　　人们对以上几种婚姻关系通常均表现出极度的反感，这种情绪在《诗经》的许多篇章中都有反映，以《鄘风》关于卫昭伯（公子顽）烝于宣姜的批评为例进行说明。《墙有茨》云：

　　　　墙有茨，不可埽也。中冓之言，不可道也。所可道也，言之丑也。墙有茨，不可襄也。中冓之言，不可详也。所可详也，言之长也。墙有茨，不可束也。中冓之言，不可读也。所可读也，言之辱也。

《诗序》云："《墙有茨》，卫人刺其上也。公子顽通乎君母，国人疾（嫉）之而不可道也。"若此说可信，则足见诗人是将这种婚姻关系理解为一种难以启齿，不足称道的丑事。《鹑之奔奔》：

　　　　鹑之奔奔，鹊之强强。人之无良，我以为兄。鹊之强强，鹑之奔奔。人之无良，我以为君。

《诗序》云："《鹑之奔奔》，刺卫宣姜也。"这是讽刺婚姻的当事人违背伦常、寡廉鲜耻，何以为人之上？

　　通过这些记述可以看出，当时人们对于这种族内异姓婚姻或两性关系的态度颇为复杂。一方面有人试图予以抵制，另一方面则有人积极地进行鼓动甚至强迫。如重耳起先对怀嬴"欲辞"，而司空季子和舅范则极力主张促成此事；又如闵公二年昭伯烝于宣姜之事，昭伯表示"不可"，而齐人却"强之"。应该怎样认识这种现象呢？有学者主张，同先秦时期鼓励一定范围内的血缘婚一样，对于这类家庭内部婚姻或两性关系，"当时并不认为这是'乱伦'，而是被公认的社会婚姻行为规范"。① 为了证明这一观点，作者提出两种理由：第一，昭伯烝宣姜，齐人强迫昭伯烝庶母，《左传》对这件事并无微词。第二，从《左传》中看不出卫惠公对生母被烝有什么不满，而且这种婚姻所生育的子女后来都有很高的社会地位。然而在笔者看来，以上两点最多表明人们对一件事采取了不同的看法，但不能证明那些家庭内部的婚姻行为规范"是被公认的"。

这里需要注意几个问题：首先，这种婚姻关系的建立并非没有遭到反对。相反，在重耳与怀嬴事件中重耳开始的态度便是"欲辞"，而在"昭伯烝于宣姜"的事件上，也经过了昭伯"不可"，齐人"强之"的激烈斗争过程。重耳的"欲辞"和昭伯的"不可"，实际上并无不同，两者都反映了他们对世俗婚姻禁忌的畏惧。区别之处只在于，重耳婚姻关系的确立通过变乱名实得以实现，而昭伯烝于宣姜则是齐人强迫、当事人无可奈何的结果。其次，与此相关的，就是这种婚姻关系的建立往往出于特殊的政治利益，因而即使面临触犯道德禁律的风险，人们也甘愿为之一搏。古代贵族的婚姻大多是政治联姻：重耳接纳怀嬴是为了取得秦国的政治援助，这是毋庸置疑的；同样的，虽然史书没有具体记载，但并不能排除晋怀公、齐人等在策划同类婚姻关系时可能持有重要的政治目的。事实上，人们的不道德行为未必都是出自个人品质，一种政治行为也可能严重地伤害道德规范。政治利益常常会与社会道德之间发生冲突，而且人们在两者之间进行权衡的结果，往往都是使道德禁律服从于政治利益的要求。尽管如

① 左洪涛：《论〈诗经〉中的奇婚异俗》，《中国地质大学学报》2003 年第 1 期。

此，政治乱伦行为的出现并不能使人们改变对一种社会现象的普遍看法，也不足以导致一种道德禁律的消失。最后，应该注意到这种家庭内部特殊婚姻关系的建立，往往都是在一方丧失配偶的情况下发生的，古代对妇女从一而终的要求主要是对宗妇而言的，宗妇壮年丧夫，以暗度陈仓的私密形式获得性满足是情理之中的事，宋襄夫人主动要与公子鲍私通就是这种情况，所以贵族之家的两性丑闻有时正是另一种制度的结果。人们在一般情况下很少尝试打破现实的婚姻关系，以便在家族内部建立新的婚姻关系。这表明即使考虑政治利益的时候，人们也要将因婚姻道德崩溃而带来的负面效应降至最低限度。

总之，先秦贵族阶层出现的一系列非同寻常的婚姻关系，并非一种"被公认的社会婚姻行为规范"，而毋宁是人们在婚姻道德与政治利益之间进行权衡的结果。这种关于道德禁律与政治利益之间的权衡抉择，在重耳与舅范讨论怀嬴问题时表现得尤其生动，《国语·晋语四》："公子谓子犯曰：'何如？'对曰：'将夺其国，何有于妻？惟秦所命从也。'"

人类学调查材料表明，族内异姓婚姻禁忌在世界各民族文化中普遍存在。英属东非的阿基库尤人相信：假如儿子同父亲妻子中的某一个通奸，那无辜的父亲就受到一次危险的玷污，这次玷污的后果使他生病憔悴或是长疮和生疖，并且要是没有一个巫医及时赶来干预的话，他十有八九还要死掉。在有的地方，这种禁忌不仅涉及范围更广，而且表现形式也尤为多样。苏门答腊的卢博人禁止已婚女人同她的公公在一起，禁止男人同他的岳母往来。如果公公在路上碰到儿媳，他就应该转向道路另一边，让儿媳在离他尽可能远的地方通过。在加利福尼亚和佛罗里达的某些印第安土著中也是如此。在澳大利亚桂德尔河的卡米拉罗伊人中，一个男子不得与岳母讲话或有某种来往。在东非班图族阿肯巴人中，如果一个男人在路上遇见了他的岳母，两人都要遮掩自己的面部，并在小路两侧的灌木丛中交错通过。如果一个男人没有遵守这一习俗，这就会成为奇耻大辱，而当他以后想再娶妻子时，对方的父母便会一概不予理睬。此外，如果一个妻子听说她的丈夫在路上停下来向她的母亲讲话，她就会离开丈夫。如果一个男人有事想与他的岳母商量，就在夜间去到岳母的小屋，岳母会在屋内隔墙后面同他谈话。[①] 这些看似奇特的禁忌往往只存在于异性（或庶母与儿子、或公公与儿媳、或岳母与女婿）之间，说明它们正是与乱伦的禁律有关。

在不同的人类文化中，为什么会普遍地产生乱伦禁忌现象呢？一百多年以来，众多人类学家、社会学家和心理学家提供了不下十余种解释，其中最主要的有生理论（遗传退化论或称优生论）、心理论（包括本能论和弑父论）、社会组织论（包括防止破裂论和联合异己论）三类。

生理论的主要倡导者是美国人类学家摩尔根。摩尔根认为，人类早期历史上曾经出现过原始乱婚和血缘群婚的制度，但是随着人类的不断进步，人们开始认识到近亲结婚给人类生理造成的危害。他说："随着时间的推移，嫡亲兄弟姊妹之间通婚的害处终于被发现了，这就导致了在这一亲等之外去选择妻子。"[②] 因此，近亲之间的婚姻和两性关系受到禁止，乱伦禁忌由此出现。在这种理论的影响下，中国不少学者也把先秦时期的"同姓不婚"理解为古人对近亲婚配危害认识的产物。有学者就认为："经历了漫长时期的生活实践之后，到了早期智人阶段，人类进一步意识到近亲婚配的危害性……'男女同姓，其生不蕃'，周

---

① [英] 弗雷泽：《魔鬼的律师：为迷信辩护》，东方出版社1988年版，第41—106页。

② [美] 路易斯·亨利·摩尔根：《古代社会》，商务印书馆1977年版，第404—405页。

朝的制度，凡同姓不管血缘关系多远，就是相隔许多代也不得通婚。"① 生理论虽然从生物学角度指出了乱伦对人类群体的危害，但是它没有合理解释乱伦禁忌的核心问题。在笔者看来，这一理论面临的主要挑战有两点：首先，许多民族判别乱伦行为的标准源自文化，而不是生理或生物。最为明显的例子，就是人们往往在那些毫无血缘关系者（如上述岳母与女婿、公公与儿媳）之间设置禁忌，而对另外一些具有亲密血缘关系者的婚配非但不加干涉甚至积极鼓励（如交表婚）。其次，处于科学欠发达状态的民族未必能真确地认识到近亲婚配带来的严重后果，有些民族甚至否认父母的结合与子女的关系，哪里可能懂得近亲结婚所造成的危害呢？马林诺夫斯基就曾明确指出，特罗布来恩人根本不明白父亲在子女生育过程中所起的作用。如果说古人早就发现了近代科学条件下才能得到的认识成果，这的确是不可思议的。由此可见，生理论不能科学地解释乱伦禁忌的起源和功能。

关于乱伦禁忌的第二种解释可以称作心理论，其中包括本能论和弑父论两种观点。本能论认为，自幼亲密生活在一起的人们之间由于过于熟悉，因而缺乏两性之间的激情，以至于他（她）们会天然地厌恶和抵制彼此的婚配和两性关系。芬兰学者韦斯特马克是此说的代表，他指出：

> 一般来说，自幼就在一起亲密生活的男女，明显地不存在那种恋情。而且，在这种情况下，正如在其他很多情况下一样，性淡漠是与一想到性行为就会产生的实实在在的厌恶感相伴随的。而这，正是我所认为的产生外婚制规则的根本原因。自幼就在一起亲密生活的人，通常都是近亲，而近亲对彼此性关系的厌恶感，表现在习俗和法律上，就是禁止近

① 林耀华：《原始社会史》，中华书局 1984 年版，第 171 页。

亲之间发生两性关系。①

持类似观点的还有美国人类学家罗维，他同样认为：乱伦禁忌的普遍存在，是因为人类对近亲结合具有天生的反感。② 这种观点看似合乎人类的心理感受，然而在笔者看来，它的漏洞也非常明显。首先，乱伦禁忌所涉及的范围非常广阔，而具有共同幼年生活经历的两性只是其中的一小部分。这就是说，即使本能论可以解释人们对相互熟识的男女之间婚姻的反感和禁止，也不能为其他更大范围内出现的乱伦禁忌现象提供答案。其次，心理学家经过研究发现，自幼生活在一起的人们并不因为彼此熟悉而缺乏恋爱的激情，相反他们之间的吸引力甚至更加强烈；例如，中国人就常常将一对自幼一起长大的情侣叫"青梅竹马"，并认为这是一种理想的婚姻类型。实际上，人们对近亲婚配的反感本身不过是文化习染的结果而已，如果将它作为乱伦禁忌的缘由，并没有触及问题的根本。美国人类学家莱斯利·怀特甚至尖锐地批评说："对于乱伦加以普遍禁止的最为平常的解释之一，是以乱伦禁忌为一种本能……把一种行为说成本能，无助于我们对它的一般理解。有时，这只是以花言巧语来掩饰我们的无知。"③

奥地利精神分析学家弗洛伊德关于乱伦禁忌成因的解释，建立在他的恋母情结理论的基础之上。他认为，随着人类个体的成长发育以及性意识的产生，他们首先会将生活中最亲密的人视为自己爱恋的对象。为了防止因为性的嫉妒而导致的家庭分裂，人们便制定了乱伦禁忌。他说："精神分析已明示我们，男孩最早

　　① ［芬兰］E. A. 维斯特马克：《人类婚姻史》，商务印书馆 2002 年版，第 638 页。

　　② 楚云：《乱伦与禁忌》，上海文艺出版社 2002 年版，第 146 页。

　　③ ［美］L. A. 怀特：《文化的科学——人类与文明的研究》，山东人民出版社 1988 年版，第 295—296 页。

的爱嗜对象是乱伦的，她们总是他的母亲或姊妹。我们知道，在其成长过程中，他必须逐渐消除这些乱伦倾向。"① 弗洛伊德的观点有些道理，但并非无可挑剔。之所以这样说，是因为他关于乱伦禁忌的制定是"为了防止因为性的嫉妒而导致的家庭分裂"的判断是正确的（详下）；但是，他又错误地将乱伦禁忌的成因归之于个体心理因素。人类的心理究竟决定于本能还是文化呢？如果心理决定于本能的话，弑父论便无法解释乱伦禁忌何以在各个文化体系中往往有不同的表现？如果心理决定于文化的话，那么研究者就不能仅限于就个体心理而谈乱伦禁忌，而应该进一步考察这些心理因素背后的文化原因。很显然，弗洛伊德的理论没有从根本上解答乱伦禁忌的成因问题。

作为一种人类文化现象，乱伦禁忌既然不能通过生理或者心理因素得到合理解释，那么就只有从文化或社会环境中寻找答案。事实上，一种文化现象应该通过另外一种（或一些）文化因素去加以解释，这已是当代文化学界、社会学界的普遍共识之一。怀特曾经指出："文化是自成一体的事物，文化之为文化，只能依据文化加以解释。"② 涂尔干也说过类似的话："社会现象的确切原因应该从那些以往的社会现象中去寻找。"③ 上文的分析已经表明，导致乱伦禁忌这一文化现象发生、发展的原因很可能就蕴藏在某种文化或社会环境之中。这里笔者将结合西方学者的有关理论成就，试就先秦家庭组织与乱伦禁忌之间的关系略加分析。

---

① ［奥］西格蒙德·弗洛伊德：《图腾与禁忌》，中央编译出版社 2005 年版，第 152 页。

② ［美］L. A. 怀特：《文化的科学——人类与文明的研究》，山东人民出版社 1988 年版，第 66 页。

③ ［法］爱弥尔·涂尔干：《社会学方法的规则》，华夏出版社 1998 年版，第 89—90 页。

（二）乱伦禁忌的功能与家庭组织的关系

首先，乱伦禁忌有助于增强家庭组织的稳定性和秩序性。限于种种条件，包括人类学家和历史学家在内的诸多学者对于乱伦禁忌的具体起源时间迄今仍不能达成比较统一的看法。尽管如此，人们可以通过某些证据考察乱伦禁忌在家庭生活中发挥的重要作用。现代人类学调查材料表明，无论在史前民族的部落生活中还是文明民族的社会生活中，家庭组织与乱伦禁忌之间都具有相伴而生、难解难分的关系。就目前看到的材料，我们甚至可以断言：世界上恐怕不存在没有乱伦禁忌的家庭，也不存在脱离家庭生活的乱伦禁忌。那么乱伦禁忌与家庭组织之间究竟存在怎样的内在联系，通过什么手段才能对它们进行观察呢？这里就要用到本书"绪论"中介绍过的"共变方法"，试从以下几则例证的分析入手：

晋文公重耳与怀嬴的故事载于《国语·晋语四》，内容已见上文所引。正如笔者曾指出的那样，乱伦禁忌在当时是一种深入人心的道德观念，人们没有违背它时通常难以感觉到来自舆论的压力（这种情况在当今社会依然存在）。然而当秦伯打算把怀嬴嫁给重耳，这种道德观念（禁忌）即将遭到破坏的时候，巨大的压力便会凸显出来，因此"公子欲辞"。这件事情最终虽然以重耳纳娶怀嬴而宣告结束，但乱伦在当时可能引起的灾难性后果却被司空季子一语道破。他说："同姓则同德，同德则同心，同心则同志，同志虽远，男女不相及，畏黩敬也。黩则生怨，怨乱毓（育）灾，灾毓灭姓。是故取妻避其同姓，畏乱灾也。"这段话是说，如果破坏了"同姓不婚"的禁忌，家族内部就会因为不合理的两性关系而产生嫉妒和怨恨。这些怨恨和嫉妒势必引发家庭内部的斗争，从而颠覆既有的家庭秩序，甚至导致宗族覆灭。由此可见，乱伦禁忌的重要社会功能是防止家庭内部成员之间因为性嫉妒而导致家庭破裂。值得注意的是，司空季子并未刻意区别两种层面上的婚姻禁忌（即笔者在上文概括的所谓"同姓不婚"与"族内异姓婚姻禁忌"），这显然是因为两者在本质和后果上完全相同。

同样的道理还可以从其他一些事例中得出。《左传》昭公元年载晋侯有疾，郑伯使公孙侨（子产）如晋聘，且问疾。子产曰：

> 侨又闻之，内官不及同姓，其生不殖。美先尽矣，则相生疾，君子是以恶之。故《志》曰："买妾不知其姓，则卜之。"违此二者，古之所慎也。男女辨姓，礼之大司也。今君内实有四姬焉，其无乃是也乎？若由是二者，弗可为也已。四姬有省犹可，无则必生疾矣。①

晋侯属姬姓，却又与四个姬姓女子为婚，这显然有背于当时的婚姻原则。正因为这样，子产借"君子"之口委婉地批评说："君子是以恶之。"至于君子"恶之"的原因，子产认为有两点：其一，同姓而婚会导致"其生不殖"。何谓"其生不殖"？孔颖达疏云："言内官若取（娶）同姓，则夫妇所以生疾，性命不得殖长。"又，《左传》僖公二十三年："男女同姓，其生不蕃。"孔颖达疏云："礼取（娶）妻不取（娶）同姓，避违礼而取（娶）。故其生子不能蕃息昌盛也。"今人多据此将传文作为古代"优生说"的铁证，然而笔者以为孔疏二说俱不确切，且有自相矛盾之处。比如他将"不殖"解释为"（夫妇）性命不得殖长"，又将"不蕃"解释为"生子不能蕃息昌盛"。其实"不殖"即"不蕃"，两者异词而同义，故韦昭释《国语·晋语四》"同姓不婚，惧不殖

---

① 《左传》昭公元年。

也"曰："殖，蕃。"另外，不殖、不蕃并非指子嗣体质孱弱，或者夫妻短命。正确理解这段文字的关键，在于搞清楚其中的几个"疾"字的涵义。"美先尽矣，则相生疾"之"疾"字，前人多以为指疾病，常金仓先生认为当与嫉妒之"嫉"通。[①] 这是说，同姓婚姻尽管在短期内看来会使得当事人亲上加亲，但是从长远来看，"美先尽矣"，同姓之内的两性关系往往引起内部的嫉妒和争斗，最终对家庭的稳定构成威胁。考虑到家庭在周代社会的重要地位和强大功能（如上文所述），周人将乱伦禁忌的范围极力扩大，《礼记·王制》所谓"（同姓）虽百世而婚姻不通者，周道然也"的规定便不难理解。这样看来，造成家庭危机的根本原因就是不正当的同姓婚姻，从这个意义上理解"同姓不婚，其生不殖"的深刻内涵当然也入情入理。

乱伦禁忌的功能在于维护家庭组织的稳定，避免家族成员之间因为两性嫉妒而祸起萧墙，这在当代民族学调查材料所揭示的母系家庭社会中也可以得到有力证明。摩梭人是纳西族的一支，主要分布于中国云南省丽江宁蒗永宁地区，截至民主改革前期依然盛行母系家庭制度和以"男不婚，女不嫁"为特色的走婚制（又称"阿注婚"、"阿夏婚"）。根据民族学家的调查，摩梭青年男女之间的走婚需要遵循族外婚或乱伦禁忌的原则。按照规定，同一个"尔"（即母系氏族）的男女之间不能通婚，他（她）们只能在不同的"尔"之间进行婚配。也就是说，外氏族的男子要到本氏族找女子过婚姻生活，本氏族的男子则要到外氏族寻找配偶。随着"尔"的发展，每个"尔"又分为若干"斯日"（即女儿氏族），通婚范围也随之发生变化，出现斯日外婚制。同一"斯日"的男女不得通婚，但不同"斯日"的人则可婚配。不属于同一母系血缘系统的父系血亲，如父女之间、同父异母的兄妹

---

①　常金仓：《周人同姓不婚为优生说辨》，《山西师大学报》1996 年第 4 期。

之间，都可以通婚。而同母异父的兄妹，甚至姨兄妹、从姨兄妹等均不能通婚，因为这种通婚触犯母系血缘关系。同样，上述以维护母系制度为主旨的乱伦禁忌原则在因女子过继而发生血缘变化的情况下也完全适用。原来没有血缘关系的两个"衣杜"（即母系亲族）在进行了过继养女的活动之后，过继者与被过继者就变成一个血统，成为血亲关系，两个"衣杜"从此不得通婚。但是过继者"衣杜"的后代已非原来血缘，故而他们可以与本属同一血缘的其他"衣杜"通婚。[①] 婚姻或两性关系的当事人双方考虑的完全是社会意义上的亲属关系，而不是真正的血亲关系，这也进一步证明了上文的结论，即两性禁忌服务于家庭稳定而非生物本能。

通过以上关于共变关系的分析可以看出，乱伦禁忌与家庭组织之间的确具有一种内在联系。具体而言，乱伦禁忌的重要功能在于，它通过将家族成员婚姻关系排除于原有家族之外的方式，防止同族成员之间的发生性冲突的可能，从而维护家庭的秩序和稳定。实际上，早在 20 世纪初期，马林诺夫斯基就对乱伦禁忌的社会功能进行过精彩的论述。他说：

> 性冲动，总的来说是一种非常不安定的社会分裂力量。不对性冲动进行一场革命性的变革，它是不能被先前业已存在的情感所接受的。因此，性兴趣与任何家属关系——无论是父母的兄弟姐妹之间的关系——都是不相容的……如果允许情欲侵入家庭范围，那么，它不仅会造成忌妒和竞争因素，并致使家庭解体，而且也会搅乱最重要的亲属关系纽带，而亲属关系乃是全部社会赖以进一步发展的基础……一

---

① 严汝娴、宋兆麟：《永宁纳西族的母系制》，云南人民出版社 1983 年版，第 100—101 页。

个允许乱伦的社会内连一个稳定的家庭都产生不出来；亲属
关系的最稳固的基础（家庭）因此而丧失殆尽，在一个原始
共同体中，这意味着社会秩序的瓦解。[①]

这样看来，乱伦禁忌的目的在于为人类的婚姻和两性关系划
定一个范围。不难想象，除非一个社会不是以家庭为细胞并且家
庭的存亡与社会稳定毫无关系时（这种情况恐怕是不会存在的），
人们才会放弃这个禁区。相反，如果人们试图保留家庭，并在此
基础之上构建稳定合理的社会机制的话，那么乱伦禁忌的道德规
范就是不可或缺的。涂尔干也曾意识到："任何对乱伦的压制，
其前提条件都是家庭关系要得到社会的承认，并被社会组织起
来。只有当社会把一种社会性赋予了这种亲属关系以后，它才能
够去阻止亲属间的性结合；否则这对社会就没有什么意义了。"[②]
从这个意义上我们有理由断言，个体的生理或心理因素都不能真
正地改变乱伦禁忌：只要社会的存在和运行还需要以家庭作为基
础，乱伦禁忌就会存在下去。这一结论提示我们，要从根本上改
变乱伦禁忌这种道德观念的现状，就必须从家庭组织（而不是心
理、生理因素）入手。

其次，乱伦禁忌使得人类的婚姻纽带伸向家庭之外，从而
扩大了家庭的社会影响力。在人类文明史上，与乱伦禁忌相伴
而生的另外一种现象是外婚制。实际上，乱伦禁忌与外婚制之
间的关系是如此紧密，以至于人们很难搞清两者的产生究竟孰
先孰后。人们是因为乱伦禁忌才转向外婚制，还是为了实行外
婚制才杜绝了乱伦呢？这种鸡生蛋、蛋生鸡式的问题的确是令

---

① ［美］L. A. 怀特：《文化的科学——人类与文明的研究》，山东人民出版社
1988 年版，第 310 页。

② ［法］爱弥尔·涂尔干：《乱伦禁忌及其起源》，上海人民出版社 2003 年版，
第 13 页。

人费解的，或者它就是一个缺乏科学意义的问题。在笔者看来，诸如此类关于事物发生次序的争论往往只具有逻辑学上的价值。因为即使搞清了两者的逻辑关系，人们也不可能在实际生活中把它们的发生顺序区分得很清楚。与其把外婚制和乱伦禁忌视为时间上前后相继的两件事物，倒不如把它们理解成一件事物的两种表现更为准确。借用涂尔干的话来讲，"外婚制就是乱伦禁忌"，或者说"外婚制就是乱伦禁忌第一次在历史上出现时所采取的形式"。① 在这种意义上，自然可以说外婚制的功能也就是乱伦禁忌的功能。

乱伦禁忌把家庭内部划为家庭成员婚姻的禁区，使他（她）们在家庭之外建立婚姻关系，这在客观上促进或增强了家庭与外界的联系。在古代社会，一个家庭要生存和发展，异姓家庭的作用不可忽视，而婚姻就是建立与其他家庭之间友好关系、取得对方支持的重要方式之一。先秦时期最早的外婚制，似可以黄、炎二帝之间的联姻为证据。《国语·晋语四》："昔少典氏娶于有蟜氏，生黄帝、炎帝。黄帝以姬水成，炎帝以姜水成。成而异德，故黄帝为姬，炎帝为姜，二帝用师以相济也，异德之故也。"是说黄、炎二帝姓氏不同（黄帝为姬姓，炎帝为姜姓），尽管两者之间一度发生战争，但更为经常的还是相扶相济。② 这里虽未直接提到两姓之间的婚姻关系，但从周代以来姬、姜集团长期通婚的事实推测，似乎有理由把这种联姻关系的存在期上溯至黄、炎时代。关于族外婚的意义，司空季子讲得很明白，他说："异姓则异德，异德则异类，异类虽近，男女相及，以生民也……故异

---

① ［法］爱弥尔·涂尔干：《乱伦禁忌及其起源》，上海人民出版社 2003 年版，第 12 页。

② 韦昭读"济"为"挤"，释为灭，似不可取。按司空季子劝重耳为婚于秦，以黄帝、炎帝为例是为了说明异性婚姻的功能，因此"用师相济"应释作"互相救援"较妥。

德合姓。"古人清醒地意识到，异姓联姻可以化解矛盾，它既是
不同血缘团体加强联系的依托，也是巩固自身姓氏集团的资本。
有资料表明，异姓婚姻对三代的家庭、政治产生过深远影响。
《国语·周语中》富辰曰："夫婚姻，祸福之阶也……昔挚、畴之
国也由大任，杞、缯由大姒，弃、许、申、吕由大姜，陈由大
姬……昔鄩之亡也由仲壬，密须由伯姞，郐由叔妘，聃由郑姬，
息由陈妫，邓由楚曼，罗由季姬，卢由荆妫。"富辰用这番话劝
谏周王不要以狄女为后，其本意只在于泛论慎重选择婚姻对象的
重要性。尽管如此，从中也足以看出异姓婚姻对古代家庭乃至政
治的重要影响作用。

　　通过与外姓的联姻可以提高或巩固自身家庭的社会地位，春
秋时期的贵族很清楚其中的利害。《晋语九》：

　　　　董叔将取（娶）于范氏，叔向曰："范氏富，盍已乎？"
　　曰："欲为系援焉。"它日，董祁愬于范献子曰："不吾敬
　　也。"献子执而纺于庭之槐，叔向过之，曰："子盍为我请
　　乎？"叔向曰："求系，既系矣，求援既援矣，欲而得之，又
　　何请焉？"

董叔将要娶范献子的妹妹范祁作妻子，叔向认为范氏富而董氏
贫，两家地位悬殊，不宜联姻。而董叔的目的却正好试图通过联
姻攀附范氏，遂促成了这桩婚事。不料因为夫妻间的琐事而引起
两家的小插曲。婚姻结成了，可是"系援"的真正目的却未达
成。董叔所谓"欲为系援"一语，生动形象地表现出大族联姻在
古人心目中的意义。董、范联姻虽然是当时异姓通婚的一个失败
例子，却如实反映了先秦贵族在缔结婚姻时怀有的实用心态。异
姓婚姻为什么具有如此重要的意义？先秦思想家曾从哲学的高度
对这个问题进行了回答。《国语·郑语》史伯曰："夫和实生物，

同则不继。以他平他谓之和，故能丰长而物归之；若以同裨同，尽乃弃矣……于是乎先王聘后于异姓……务和同也。"异姓之间谓之"和"，同姓之间则谓之"同"。"和而不同"在古代婚姻中的涵义，是指不同姓氏的家族之间可以凭借婚姻纽带加强团结、增进合作。除了哲学家的鼓吹之外，政治家也多次表述了异姓通婚的政治意义。比如《鲁语上》臧文仲曰："夫为四邻之援，结诸侯之信，重之以婚姻，申之以盟誓，固国之艰急是为。"又如《礼记·郊特牲》云："取于异姓，所以附远厚别也。"这些都是说异姓之际的通婚能够将关系疏远者紧密团结在一起，而绝不是恋人之间的私事。

英国人类学家泰勒大概是首位从外婚制的优势角度解释乱伦禁忌的学者，他指出："族外婚能使一个发展中的部落，通过与其分散的氏族的长期联姻而保持自身的紧密团结，能使它战胜任何一个小型的孤立无助的族内婚群体。"[①] 泰勒的观点后来被美国人类学家、新进化论派代表人物怀特继承和发扬。怀特说："社会为促成族外婚而限制和禁止乱伦，以便增进相互帮助，从而使社会成员的生活更为稳定。"[②] 事实证明，泰勒和怀特的观点在很大程度上符合世界各种文化的实际情况，堪称迄今为止对于乱伦禁忌问题最具科学价值的一种解释。

人类学调查资料表明，不少落后部落中的民众对于乱伦禁忌给家庭带来的切实利益同样了然于胸。比如在新几内亚，当人类学家马加莱特·米德询问一个土著为什么要与异姓通婚时，对方回答道：

---

① 泰勒：《论用于婚姻和血统法中的制度发展调查法》，转引自楚云《乱伦与禁忌》，上海文艺出版社 2002 年版，第 150 页。

② ［美］L. A. 怀特：《文化的科学——人类与文明的研究》，山东人民出版社 1988 年版，第 154 页。

　　怎么？你想娶你的姐妹吗？你什么毛病？你不愿意有大舅子、小舅子？你难道不明白，如果你娶了另外一个男子的姐妹，又有另外一个男子娶了你自己的姐妹，这样你至少就有了两个（大、小）舅子，而你如果娶你自己的姐妹，你就一个（大、小）舅子也没有？那你跟谁去打猎呢？跟谁去经营种植园呢？上谁家去串门呢？[①]

通过婚姻关系来建立与大舅子、小舅子的联系，寻找打猎、经营种植园、串门的伙伴，这就是前引传文中董叔所谓"欲为系援"的意思。有人否认历史之中存在规律，认为时过境迁，诸多历史文化现象之间不存在什么固定的联系。那么该如何解释以上现象在不同的文化形态下一再的重现呢？同样的情况也存在于母系社会当中，比如对于特罗布来恩岛上的酋长而言，每次与异姓的通婚必然带来一批数量可观的婚姻馈赠。这笔收入无疑可以使他有足够的经济实力维持自身地位，并进而实现对整个部落的有效管理，因此特罗布来恩岛的男子总是在力所能及的情况下争取与较多的异姓女子联姻。[②]

　　当然，对那些生活于血缘关系框架下的人而言，乱伦禁忌还意味着拓展社会关系、带来现实利益，甚至化敌为友，实现不同团体之间的和平相处。为什么要到相邻部落中去寻找妻子？肯尼亚的卢奥人给出的回答是："他们是我们的敌人，所以我们到那里找老婆。"无独有偶，英国人类学家泰勒于1888年也曾发现同样的现象。他总结说："在人类历史上，有许多次，野人部落大概就面临着两者必须择一的选择：要么到另一个部落里去娶个老

---

　　①　［法］安德烈·比尔基埃：《家庭史》（1），生活·读书·新知三联书店1998年版，第41页。

　　②　［英］B.K.马林诺夫斯基：《原始的性爱》，中国社会出版社2000年版，第136页。

婆，要么为另一个部落所杀死。"① 中国古代早期历史上，黄、炎之间似乎就曾经历过由战争到联姻的转变过程。联系人类学材料似乎可以推知，这种不同血缘团体之间"化干戈为玉帛"的现象绝非出于偶然，而是乱伦禁忌这种道德文化现象在不同社会历史条件下稳定发挥功能的结果。

（三）家庭对乱伦禁忌的影响

首先，家庭的类型和结构决定了乱伦禁忌的范围和对象。在不同的家庭类型中，乱伦禁忌所涉及的对象和范围往往有显著差别。在父系家庭，血统、财产、权力的传承以男性家长为线索，人们生活在父系家长这个核心的周围。对整个社会而言，众多父系族群的稳定是利益攸关的大事，而婚姻的缔结会引起原有关系的巨变；为了避免这一后果，人们首先要排除的是父权家庭内部的婚姻关系。正因为这样，父系制社会的乱伦禁忌中便会包括以下名单：同胞兄弟姐妹、从兄弟姐妹，以及同家族内部的异姓婚姻关系。这方面的例子上文已经涉及了不少，下面再举几项。《左传》襄公二十五年：

> 齐棠公之妻，东郭偃之姊也。东郭偃臣崔武子。棠公死，偃御武子以吊焉。见棠姜而美之，使偃取之。偃曰："男女辨姓，今君出自丁，臣出自桓，不可。"……遂取之。

崔杼的祖先是齐丁公，东郭偃的祖先是齐桓公，两者皆为姜姓。按照周人同姓"百世不婚"的原则，东郭偃的姐姐自然不能与崔杼通婚。这样看来，尽管崔杼想方设法、巧立名目而最终促成了

---

① ［法］安德烈·比尔基埃：《家庭史》(1)，生活·读书·新知三联书店1998年版，第41—42页。

这桩婚姻，但这并不意味着它符合当时的道德观念。又襄公二十年：

> （卢蒲）癸臣子之（庆舍），有宠，妻之。庆舍之士谓卢蒲癸曰："男女辨姓，子不辟宗，何也？"曰："宗不余辟，余独焉辟之？赋诗断章，余取所求焉，恶识宗？"

庆氏、卢蒲氏虽皆为姜氏，而庆舍却不顾祖宗之法，试图将自己的女儿嫁给卢蒲癸。从庆舍之士与卢蒲癸的对话中可知，春秋时期的人们往往在政治或权贵的压力下已经顾不得遵守道德规范了。

在父系家庭条件下，以下两种血亲之间的婚姻关系一般被认为是合法的并受到鼓励：姑、舅表兄弟姐妹婚，以及姨表兄弟姐妹婚。先秦时期周王室与齐国之间的婚姻属于典型的姑舅表兄弟姐妹婚，古代的亲属称谓在一定程度上反映了这一事实。《仪礼·觐礼》说："同姓大国，则曰伯父；其异姓，则曰伯舅；同姓小邦，则曰叔父；其异姓小邦，则曰叔舅。"此处所谓伯父伯舅、叔父叔舅之称，都是从周王室的角度而言的。姑且抛开伯父、叔父，单就伯舅、叔舅而言：如果齐国女子嫁到周王室，所生子女则当以齐为母舅之国。当这种婚姻关系继续进行时，对于嫁到齐国的王室女子而言，丈夫的父亲（自己的公公）就会同时是自己的母舅。同样，对于娶得齐女的周王室男子而言，妻子的父亲也会是自己的母舅。《尔雅·释亲》说："妇称夫之父曰舅。"又说："妻之父为外舅。"或曰"舅"，或曰"外舅"，名称虽异，其实一也。《左传》昭公十二年楚右尹子革说："齐，王舅也。"成公二年周定王使单襄公辞晋献齐捷时也说："夫齐，舅甥之国也。"先秦时期姬姜互为婚姻的事实表明，这种姑舅表兄弟姐妹婚在当时是受到时俗的容许甚至鼓励的。

　　这种情况在母系家庭中就会发生戏剧性的变化。如前所述，母系制与父系制家庭的差别，不仅在于家庭血统、财产和权力的沿袭通过母系进行，而且在于母舅代替父亲成为权力的中心。由于人们生活中核心是母舅，是母舅（而不是父亲）把整个社会组织起来了，因此维护母舅一系的稳定和秩序便成为婚姻禁忌的主要任务。基于这一原因，母系制社会的乱伦禁忌中包括以下内容：同胞兄弟姐妹婚、姨表婚，以及同家族内部的异性婚姻关系。

　　正如父系家庭中的情况一样，同胞兄弟姐妹之间的婚姻关系，在母系家庭中也被严格地限制着。马林诺夫斯基发现，在特罗布来恩岛的母系家庭中，同一母亲的男女孩子，早年便在家庭里被人隔离，严格的禁忌迫使他（她）们之间不得有亲密的关系；最要紧的一点是，任何关于性的题目，永远不能当着他（她）们的面说起，以免引起他（她）们的兴趣。因为这个缘故，所以兄弟虽然实际对姐妹是有权威的人，但对于她的婚姻问题，则为习俗所禁，不能行使这种权威。[①] 通常情况下，当男孩和女孩进入青春期时，兄弟和姐妹必须分开居住。男孩子一般要搬到男性单身汉家，或者年老鳏居的男性亲戚和朋友家的房子里去借住，而女孩子则搬到年老寡居的女性亲属或其他亲戚家去居住。[②] 实际上，这种禁忌一直会持续到女子出嫁之后。人类学调查资料表明："母舅与母亲之间，有着严格的禁忌，防止兄弟姊妹之间一切亲善的关系；因为这个缘故，母舅永远不能与母亲接近，也就不与母亲底家室接近。母亲承认母舅的权威，敬礼他，

---

　　① ［英］B. K. 马林诺夫斯基：《两性社会学》，中国民间文艺出版社 1986 年版，第 13 页。

　　② ［英］B. K. 马林诺夫斯基：《原始的性爱》，中国社会出版社 2000 年版，第 68—70 页。

就像平民敬礼酋长一样，但彼此之间永远没有温婉的关系。"①不言而喻，这种同胞姊妹之间的婚姻禁忌有利于保持家庭自身的完整性和秩序化。

姨表婚在父系家庭社会中是合法的，但在母系家庭中却被严格禁止。马林诺夫斯基的观察为此提供了宝贵的证据，他肯定地说："当然啦，一对男女青年，如果他们的母亲是亲姐妹，那么他们就要遵守在兄弟姐妹之间严格的性禁忌。"② 在原文中，作者并未就这种禁忌的深层原因予以说明，然而在笔者看来其中的道理显而易见。具体而言，这是因为母舅成为母系家庭的权力核心，家庭血统、权力、财产的传递必须通过他才能顺利进行。正因为如此，保护以母舅为中心的亲属体系的稳定，就成为社会利益以及婚姻禁忌的主要目的所在。换句话说，由于同胞姐妹的孩子必然同时要从母舅那里继承相同的姓氏、财产以及权力，等等，因而他们的团结事关整个社会秩序的稳定。为了达到这一目的，姐妹的子女之间的性冲突必然要加以避免，他们也由此而成为乱伦禁忌的重点防范对象。

与此同时，母系社会对姨表婚的禁忌还与人们对姑舅表婚的放纵甚至鼓励形成鲜明对比。据人类学家介绍，如果男女双方是兄弟俩的孩子的话，只要他（她）们愿意就可以结婚，但是也没有任何理由说明他（她）们应该结婚；也没有任何特别的习俗和制度与这种关系相关，因为它在母系社会中是无足轻重的。另外一种情况，就是当男孩和女孩分别属于某兄弟和某姐妹的孩子时，他（她）们之间的婚姻（即姑舅表婚）便受到积极的鼓励。人们认为这种婚姻与那些"杂乱无章"的婚姻关系是根本不同

---

① ［英］B. K. 马林诺夫斯基：《两性社会学》，中国民间文艺出版社 1986 年版，第 10—12 页。

② ［英］B. K. 马林诺夫斯基：《原始的性爱》，中国社会出版社 2000 年版，第 108—109 页。

的。在这种关系中，婚姻的双方会互相称对方为"榻哺古"（tabugu），据说这个术语表示性关系的合法性。[①] 这种婚姻之所以受到热衷，马林诺夫斯基认为这是人们在父爱与母系之间进行权衡折中的结果。他说：

> 如果我们回过头去考虑一下父爱和母系之间达成的协调关系，就不难理解这种制度的重要性了。部落法律制度强调母系的继承权，父爱驱动力倾向于将父亲的全部特权传给自己的儿子，这两者之间在交错姑表婚姻制度的实践中找到了某种平等的调整和足够的满足。[②]

这种分析无疑有它的道理，不过在笔者看来，人们鼓励这种婚姻的理由其实与父系制社会下强调的"取（娶）于异姓，所以附远厚别"[③] 毫无二致。

其次，家庭的功能与社会地位决定了乱伦禁忌的强度。任何道德现象都具有一定的强制力，这种力量不仅约束着人们的不法行为，同时也保证了道德自身的存在。当人们遵守一种道德规范时，这种强制力通常不会被感受到，但这并不意味着它形同虚设。不过，当人们试图打破道德禁律时，道德强制力便会作出程度不同的反应来维护自身的地位。如果想了解一种道德的强制力究竟有多大，可靠的办法之一，就是观察和比较人们在违背道德时所遭遇反抗程度的大小。大致而言，当人们遭遇的反抗十分剧烈时，说明道德强制力很大，道德的地位稳固而且深入人心；当人们遭遇的反抗较为缓和时，说明道德强制力较小，道德的社会

---

① ［英］B. K. 马林诺夫斯基：《原始的性爱》，中国社会出版社 2000 年版，第109 页。

② 同上书，第 103 页。

③ 《礼记·坊记》。

地位不高或濒临崩溃。毋庸置疑，由于道德是特定社会组织的产物，因此道德强制力的大小通常与组织自身的功能和地位之间存在一种正比关系。具体地讲，当家庭的功能强大、社会地位较高时，乱伦禁忌的强度也较大；相反当家庭功能弱小、社会地位较低时，乱伦禁忌的强度则较小。

　　笔者曾经指出，先秦时期的家庭组织在大多数情况下承担着双重功能：它既是一个社会单位，又是一个政治单位。家庭是一个社会单位，意味着它必须负责教育子女、养老送终、经济生产、精神信仰等各方面的事务，离开家庭这些职责将无所依托。家庭是一个政治单位，则意味着它是统治者争取政治权力、分享政治权益的依靠和资本，离开家庭的话统治者就没有政坛搏斗的基础。正因为这样，古人通常认为"国之本在家"，[①] 家庭与社会，乃至整个国家的安危息息相关。从这个意义上说，任何对家庭的损害或危及，都可能对整个社会或政治产生"牵一发而动全身"的特殊效应。在这种社会条件下，以维护家庭团结，整合其他社会力量为目的的乱伦禁忌自然会得到高度重视。《礼记·大传》说：

> 　　四世而缌，服之穷也；五世袒免，杀同姓也；六世亲属竭矣。其庶姓别于上而戚单于下，昏姻可以通乎？系之以姓而弗别，缀之以食而弗殊，虽百世而昏姻不通者，周道然也。

这是说亲属之间的血缘关系虽然越来越疏远，即使不再有服丧的礼节，但是仍不能相互通婚。这种"虽百世而昏（婚）姻不通"的观念，实际上投射出古人对于同姓通婚所可能导致的恶性社会

---

① 《孟子·离娄上》。

后果的深刻忧虑。这种忧虑甚至反映在人们对姓氏不明者之间婚姻关系的慎重上，故《礼记·曲礼上》说："取妻不取同姓，故买妾不知其姓则卜之。"对于两可之间的婚姻，采取占卜的方式决定何去何从，这是一种宁可失之于严，不可失之于宽的处理方式。实际上，先秦乱伦禁忌的强度，还表现在人们通过种种礼制来限制人们的行为，如规定男女授受不亲，叔嫂之间无服，等等，关于这点留待下文加以论述。[①]

在家庭功能单一化，家庭的社会地位降低时，乱伦禁忌的范围和严格程度便会大大缩小。众所周知，现代社会的家庭虽然仍具备不少社会功能，但它已不再是一个政治单位。由于家庭已经从现代社会的政治生活中逐渐引退，它的稳定与否也就不再成为影响政坛安危的重大事件。正因为这样，现代法律或习俗往往侧重于从优生学角度考虑血亲之间婚姻关系的可行性，认为三至四代直系亲属之间不得发生婚姻关系，超过上述关系者则不在禁止之列。这种规范显然夹杂了文化学与优生学的双重标准，实际上正好说明家庭组织在现代社会中功能的衰减和地位的降低。可以想象，如果有人在现代还机械地企图遵循同姓之间"虽百世而婚姻不通"这一古老教条的话，就容易会被视为贻笑大方的泥古之举。

家庭组织的功能与地位对于乱伦禁忌的影响，还可以从不同条件下人们对于乱伦行为的惩处方式、力度中看出。一般而言，当一个社会中家庭功能较为复杂，地位较高时，乱伦行为就可能引起人们极度的反感，对当事人的惩罚也倾向于严厉。因此，当齐襄公与文姜的暧昧关系发生时，史书、诗歌对之加以辛辣的讽刺。当鲁昭公娶吴国女子时，《春秋》三传以及《论语》等书也进行了不厌其烦的批评。在讲求礼制，注重人伦道德的先秦时

---

① 参见本书"礼乐与道德"部分。

期，这种讽刺或抨击对于重权在握的贵族阶层而言实际上已是相当严厉的惩处。据此不难想象，如果一桩发生于平民家庭的乱伦行为被公之于众时，人们对于它的反应一定会更具暴力色彩。古代史料虽然没有留下这方面的材料，但人类学调查资料无疑在一定程度上可以弥补这种不足。前文所引特罗布里恩岛男性青年因触犯乱伦禁忌而被迫跳树自杀即是一例，此外怀特还曾分析指出了原始社会与现代社会条件下人们对乱伦行为惩处方式的显著差别。他说：

　　乱伦犯罪在原始社会中要比在我们的社会中受到更加严厉的惩处，一如弗洛伊德、福顿和其他人所说的那样。在原始社会里，处死是常见的惩罚，在我们的社会里，惩罚却很少超过10年监禁，而通常要比这少得多。不难找到这一差别的原因。在原始社会中，个人与家庭建立的私人和亲属关系较之在高度发达的文化中重要得多。在争取安全的斗争中，小型互助群体是极其重要的社会单元，这个群体的生存在很大程度上取决于族外婚所形成的联盟。在发达文化中，情况则有所不同。社会不复以亲属关系为基础，而建立于财产关系和地域划分之上。政治国家取代了部落和氏族。职业群体和经济组织也成为社会生活的重要基础。因此，族外婚的重要性大为缩小，而对乱伦的惩罚也日渐轻微了。然而不能指望对近亲联姻的限制将被全部取缔。亲属关系虽然相对而言不那么重要了，但仍然是我们的社会组织的一个重要特征，而且也许将无限地保持下去。①

---

　　① ［美］L. A. 怀特：《文化的科学——人类与文明的研究》，山东人民出版社1988年版，第318页。

　　总的看来，如果排除了其他各种因素的影响，家庭功能、社会地位与乱伦禁忌的强度之间的确存在着一种正比关系。当家庭功能趋于复杂、社会地位较重要时，乱伦禁忌的范围就较为广泛，强制力度也较大；反之，当家庭功能简单化、社会重要性降低时，乱伦禁忌的范围也将缩小，强度也会降低。

第 二 章

国家与政治道德

　　道德是社会的产物，一个离群索居的孤独者不需要道德，也无所谓道德。道德不是哪个圣人制定的，而是由社会环境培育出来的。这种社会环境奖赏为善的人，惩罚作恶的人，每个人不得不根据这种社会意向抑制自己的冲动，检点自己的行为。例如，暴力杀人者要时时提防受害者家属的复仇，这种紧张常常使凶犯本人走到精神崩溃的境地，因而宽容他人便是解脱自己，中国古代把它叫做"恕"；用善意待人，解人于困厄之中，可以得到对方同样善意的回报，古代把它叫做"仁"，所以笔者曾反复强调这一观点，即人类道德的产生不是圣人教诲的结果，而是人们在社会环境下的权衡。道德的历史与社会的历史同样古老，1929 年，英国人类学家埃利奥特·史密斯用简短的笔墨介绍了从格陵兰的爱斯基摩人到加利福尼亚印第安人，从西伯利亚到印度安达曼群岛那些狩猎采集社会的道德状况。在这些没有政府、没有法庭，甚至没有多少文化创造的社会中，报道人说他们普遍很守规矩、热爱和平、崇尚道德，在家庭中夫妇相敬如宾，尊老爱幼，儿童的天性得到充分发展，没有体罚；在社区中人们彼此文雅谦恭，和蔼宽容；他们没有贪婪和私欲，财物乐以分人；他们诚实守信，热情好客。

史密斯把他们誉为："正直高尚的野蛮人"。① 这让人很难想象在无比恶劣的自然环境中，在贫困饥馑的威胁下，是什么力量造就了这番君子国的景象，但是这番景象却告诉人们在人类进入文明期之前，道德曾经是数万年社会生存的基石。

国家的产生在人类历史上是一件石破天惊的事情，它不仅是一种规模最大的社会组织，同时也是一种异常复杂的体制，它使人对世界和人在世界上的活动产生了全新的看法。国家对于道德的巨大影响同样毋庸置疑，从某种意义上说，自从国家产生的那一刻起，这个国家中的大多数社会成员便具有了政治的身份和属性，他们的许多行为也因此被打上政治道德的烙印。这种情况在国家产生以来的历史上无所不然，故而王国维尝有言曰："古之所谓国家者，非徒政治之枢机，亦道德之枢机也。"② 尽管如此，由于前国家时代文化积淀以及国家产生方式的不同，世界各民族历史上的国家往往呈现各不相同的结构和文化特征，政治道德也因此而千差万别。在这里，笔者试图以中国与西方早期国家产生方式的比较为切入点，分析这种社会组织与政治道德之间存在怎样的内在联系。

一　中国古代的国家

（一）"摩尔根模式"与"酋邦理论"之争

关于古代国家产生方式的研究，是中西方学术史上一个源远流长而且历久弥新的话题。③ 如果从 19 世纪古典进化论人类学

---

① ［英］G. 埃利奥特·史密斯：《人类史》，社会科学文献出版社 2002 年版，第六章。

② 王国维：《殷周制度论》，《观堂集林》，中华书局 1959 年版，第 475 页。

③ 关于早期国家的研究概况，参见谢维扬：《中国早期国家》，浙江人民出版社 1995 年版，第 18—25 页。

国家理论的提出算起的话，人们对于这一问题的研究大致经历了两个阶段，并取得了两项主要成果，即所谓"摩尔根模式"与"酋邦理论"。20世纪以来，这两种理论在"西学东渐"的时代潮流中逐渐被中国学者了解和接受，并对中国古代国家形成问题的研究产生了深刻影响。在分析国家产生方式如何影响一个国家的道德这个问题之前，请先就"摩尔根模式"和"酋邦理论"的基本内容及其得失略加述评。

古代国家产生方式的第一种观点，是由美国人类学家路易斯·亨利·摩尔根提出，并被马克思主义经典作家认可的。在出版于1877年的《古代社会》一书中，摩尔根依据自己搜集的人类学调查资料，结合有关古代希腊、罗马国家产生方式的零星文献记载，提出"氏族—胞族—部落—部落联盟—民族—国家"的线性国家产生模式，他认为："由于人类有组织社会的需要，才产生了氏族；由于有了氏族，才产生酋长、部落及其酋长会议；由于有了部落，才通过分裂作用而产生部落群，然后再联合为部落联盟，最后合并而形成一个民族。"[①] 在摩尔根看来，人类社会的发展会经历一个"民族"阶段，不过社会组织发展的最终成果却不是民族，而是国家。他在另一处接着指出：

> 联盟是趋向于民族形成的过程中的一个阶段，因为就在这种氏族组织下产生了民族性。这个过程的最后一个阶段是合并阶段……所有的情况都相同，氏族、胞族和部落是前三个组织阶段。继之以联盟，作为第四个阶段……关于希腊人和拉丁人的部落联盟组织的性质和详情，我们的知识很有限，很不全面，因为事实真相都湮没在神话传说时代的迷雾

① ［美］路易斯·亨利·摩尔根：《古代社会》，商务印书馆1977年版，第318页。

中了。在氏族社会中，合并过程的产生晚于部落联盟；但这是一个必须经历的、极关紧要的进步阶段，通过这个阶段才能最后形成民族、国家和政治社会。在易洛魁部落中没有出现合并过程。①

关于摩尔根的上述国家产生理论，需要注意两个问题。首先，这一理论的得出是否符合西方社会历史发展的基本事实。另外，这一理论能否适合于中国的国情。关于第一个问题，我们的看法是：该理论不是摩尔根从某个具体人类社会的发展过程中总结出来的，而是作者在单线进化论的指导下综合多种人类学材料和历史记载、传说，并辅之以自己的推测而形成的一个假设。"部落联盟"与"民族"是摩尔根国家理论的两个关键，但这里也恰好是这一理论中最为脆弱，最缺乏实证性的地方。先看部落联盟。我们知道，摩尔根虽然在印第安人的易洛魁部落中发现了部落联盟的典型形式，但他不得不承认自己难以确知希腊人和拉丁人中部落联盟的有无及其具体情况；正因为这样，摩尔根只能根据易洛魁联盟的情形推测希腊、罗马前国家时期的状况，并为它的国家进化理论填入关键的第一环节。再看民族，摩尔根认为民族由部落"合并"而来，希腊、罗马国家就建立在民族的基础之上。然而遗憾的是，摩尔根在他的人类学调查中没有发现任何一个部落向民族演变的实例，比如他就明确指出："在易洛魁部落中没有出现合并过程。"② 至于究竟是这个过程尚未到来，还是永远不会出现，摩尔根并没有给出直接而确切的答案。不过，摩尔根在这里似乎倾向于将希腊、罗马的"民族—国家"演变路

---

① ［美］路易斯·亨利·摩尔根：《古代社会》，商务印书馆 1977 年版，第131—132 页。

② 同上书，第 132 页。

径视为易洛魁部落联盟未来发展的继续。这是摩尔根为他的国家产生理论填入的第二个环节。

由上分析可见，尽管我们没有理由站在今天的立场上对一百多年前学者的研究成果求全责备，但是从学科发展的角度来看，摩尔根关于国家产生过程的推理却是缺乏科学性的。比如说，"部落—部落联盟—民族—国家"的社会发展理论存在以下几点含糊之处：

1. 部落联盟在初民社会（包括希腊、罗马的前国家时代）是否普遍存在？

2. 部落联盟（如易洛魁部落联盟）是否会必然发展为民族？

3. 部落联盟能否，又是怎样将自己的特征（如民主、平等）带入文明时代，使之成为国家的重要品质？

4. 部落联盟的平等如何转变为国家社会的阶层分化？

5. 这种国家产生方式是否具有一般性？

由于时代的原因，摩尔根未能给上述问题提供完整准确的答案，这正是他的国家产生理论自提出之日起即遭到不少学者批评和质疑的根本原因。

不仅如此，摩尔根虽然强调"部落联盟—民族—国家"的国家发展路径，但可能与他所依据材料的局限性有关，他集中讨论的只是部落联盟（以易洛魁为代表）与西方民主制国家（以希腊、罗马为代表）之间的关系，而对于"民族"的特殊性没有予以足够的重视。这种处理方式，极易给人们造成一种错误的印象，似乎国家必然直接地脱胎于部落联盟。后人关于国家产生问题的种种争议，在很大程度上是起因于对摩尔根"民族"一词的不同理解。

　　根据易洛魁部落的材料，摩尔根如是界定部落联盟："凡属有亲属关系和领土毗邻的部落，极其自然地会有一种结成联盟以便于相互保卫的倾向。这种组织起初只是一种同盟，经过实际经验认识到联合起来的优越性以后，就会逐渐凝结为一个联合的整体。"这种"联合的整体"，就是部落联盟，摩尔根在另一处接着指出："一个部落一旦分化为几个部落之后，这几个部落各自独占一块领土而其领土互相邻接，于是它们便以同宗氏族为基础，以方言接近为基础，重新结合成更高一级的组织，这就是联盟。"① 也就是说，部落联盟是各个部落之间出于共同的利益关系，以血缘、地域等因素为基础而结成的一种范围较广的社会组织。根据自己的人类学调查，摩尔根概括出部落联盟的大约十项基本特征。② 这些特征大致可以归纳为两点：部落间的平等性及个人性质权力的微弱。③ 摩尔根曾经满怀信心地指出："文明民

---

　　① ［美］路易斯·亨利·摩尔根：《古代社会》，商务印书馆1977年版，第120、123页。

　　② 这十项特征分别是：（1）联盟是五个部落的联合组织，由同宗氏族组成，在一个建立于平等基础上的政府的领导下；凡属地方自治有关事宜，各部落均保留独立处理之权。（2）联盟设立一个首领全权大会，参加此会的首领名额有固定的限制，其级别与权威一律平等，此会议掌握有关联盟一切事宜的最高权力。（3）设置五十名首领，各授予终身的名号，这五十名首领分配在各个部落的某些氏族中；这些氏族有补缺之权，即每逢出缺时，由本氏族在自己的成员中选人补任之，本氏族如有正当理由亦有权罢免本族之首领；但对这些首领的正式授职权则属于首领全权大会。（4）联盟的首领也就是他们各自所属部落的首领，他们同各部落的酋帅一道分别组成各部落会议，凡属于某部落之一切事项则由该部落会议全权处理之。（5）每一项公共法令必须得到联盟会议的一致通过始为有效。（6）首领全权大会是按部落为单位投票的，因而每一部落都可以对其他部落投反对的一票。（7）每一部落都有权召集全权大会；但全权大会无自行召集之权。（8）任何人都可以在全权大会上发表演说来讨论公共问题；但决定权属于大会。（9）联盟无最高行政长官或正式首脑。（10）他们体验到有必要设置最高军事统帅，为此设立双职，使两个统帅可以互相节制。这两名最高军事酋长的权力是平等的。参见《古代社会》，第125—126页。

　　③ 谢维扬：《中国早期国家》，浙江人民出版社1995年版，第134页。

族的主要制度完全是萌芽于蒙昧阶段、扩大于野蛮阶段的那些制度的积蓄，那些制度到了文明社会仍在继续发展中。"① 基于同样的观点，摩尔根认为易洛魁部落联盟中反映出来的这些特征有理由在国家组织中得到某种程度的继承和保留。在他看来，部落联盟的特征隐藏了古代国家产生的秘密，如果能正确地解读它们的话，就掌握了打开国家产生之谜的钥匙。正因为这样，摩尔根在部落联盟与他最为熟悉的古代国家发展实例——希腊、罗马的民主制国家——之间建立了联系。他由此得出一个惊人的发现：希腊、罗马国家在很多方面呈现出与部落联盟极为相近的特点！

就摩尔根的知识结构以及他所处的时代背景而言，他对问题的这种处理方式非常容易理解，因为作者熟悉的毕竟只有易洛魁部落以及希腊、罗马等文明中的材料。然而值得注意的是，摩尔根虽然特别突出了部落联盟对国家的影响，但并不认为国家直接建立在部落联盟的基础上。相反，摩尔根依旧强调国家产生的前提是"民族"（而不是部落联盟）。在这个问题上，摩尔根的不足之处（也许正是他的谨慎和高明之处），就在于没有对"民族"在国家发展进程中的特征、地位及其重要性作更多的讨论。

在以上认识的基础之上，我们就可以试着回答第二个问题了，即这种理论究竟能否被用于解释中国历史。我们注意到，不少中国学者在吸收摩尔根理论的过程中，都倾向于将该理论简单化、绝对化，并力图使之成为一种放之四海而皆准的"摩尔根模式"（或称"部落联盟模式"）。恰如有学者曾批评的那样：

> 在摩尔根的著作中，部落联盟是在典型氏族——部落制度下出现的一种较高级的人类早期政治组织形式。也就

---

① ［美］路易斯·亨利·摩尔根：《古代社会》，商务印书馆1977年版，第318页。

是说，部落联盟理论从根本上说是关于典型氏族社会的理论。在摩尔根的学说中，对于部落联盟与国家之间的关系并没有明确地提到过。但是他在解释古希腊和罗马国家的产生时，运用了部落联盟理论。在他的著作中，通过部落联盟而形成国家，是他唯一谈到过的人类早期国家形成的方式。他没有提到任何其他形式的国家形成问题。正是在他的这一论述方式影响下，我国学者形成了把由部落联盟到国家这种演变方式看做是人类早期国家形成的唯一途径的观念。这实际上使早期国家进程的部落联盟模式变成了人类早期国家进程的普遍模式。在这一点上，很显然，我国学者的观点同摩尔根本人的观点并不完全吻合。而在我国学者关于中国早期国家形成问题的研究中，最大的问题就是把部落联盟模式普遍化。①

从这些批评中不难看出，中国学者大多忽视了摩尔根关于国家起源过程中其他因素的讨论，而都将注意力集中在部落联盟上。包括批评者在内的诸多研究者都将摩尔根模式简化为"部落联盟理论"，同大多数抽象化的哲学概念一样，这一名词虽然简明扼要，但却有背于理论创立者的初旨。按照批评者的理解，"通过部落联盟而形成国家，是他（按：指摩尔根）唯一谈到过的人类早期国家形成的方式"。论者显然忽略了一个基本事实，那就是摩尔根其实未曾否认世界上还有其他国家产生方式的可能性。更何况摩尔根并不认为国家建立在部落联盟之上，准确地讲，他主张古代国家的前期形态不是"部落联盟"而是"民族"。如果说摩尔根的不足之处只是没有对民族详加讨论的话，那么继承者们则在国家产生序列中取消了"民族"这一因素。在这个意

---

① 谢维扬：《中国早期国家》，浙江人民出版社 1995 年版，第 122 页。

义上讲，摩尔根理论本身虽有问题但不乏合理之处，然而继承者的误解却使单线进化论的片面之处走向极端。

继承者的错误之二在于把"摩尔根模式"绝对化，当作通行天下的国家产生范例。如上所言，摩尔根并没有断言人类文明中的所有国家必然遵循相同的产生路径，也没有排除世界上存在其他国家产生方式的可能性。相对于追随者们的教条化倾向来说，这无疑是非常慎重的做法。但是在古典进化理论的影响下，20世纪以来的不少学者都忽视了摩尔根理论的上述特点，企图将所有古代国家的起源都纳入这种被放大了的模式之中。据此不难看出，正是后继者抹杀了摩尔根理论中的一些科学成分，使之蜕变为一种僵化的模式和教条。思想懒惰的人们索性从模式和教条出发，利用它们去测量和评价世界各处的历史，然后截长续短，以期使实际与理论相合。在这一过程中，研究者不是通过实际检验和修正理论，而是用理论去规范实际，采用这种削足适履的方法又岂能取得科学的研究结论？

20世纪六七十年代以来，在继承和批评摩尔根国家理论的基础之上，美国新进化论派人类学家瑟维斯（Elman R. Service）和弗里德（Morton H. Fried）等人发表了以"酋邦理论"为主要内容的一系列关于国家产生问题的研究成果。瑟维斯等人通过考察发现，摩尔根虽然将原始社会分为相继发展的六个"民族学时期"，然而，从平等氏族社会向更集中、不平等（世袭等级）以及新的财产形式的发展中，却没有相应的阶段划分。换言之，摩尔根的阶段划分缺少了关键的一环，让人们觉得从原始（平等）社会向政治（等级）社会的变迁似乎是突然性的，这显然有背于进化论的一般原则。有鉴于此，瑟维斯指出：

　　如果我们现在认为等级氏族不同于平等氏族，且晚于平等氏族而处在氏族社会和政治文明的中间阶段，那么，许多悬而未决的问题将得以解决，这些问题自摩尔根时代起，一致困扰着如采尔德、斯图尔德和怀特这样一些现代进化论者，以及可能所有的马克思主义者。①

为了解决这个问题，新进化论派学者根据摩尔根以来人类学调查的最新材料，在前国家时代的社会演进历程中加入了一种新的社会组织形式，瑟维斯称之为"酋邦"，弗里德则称之为"阶等社会"（以及"分层社会"）。按照瑟维斯等人的看法，酋邦处于史前时期平等部落社会转向国家社会的过渡阶段，因而兼有两种社会的共同特征：相对于部落它出现了社会分层现象，相对于国家它又缺乏强制性而具有原始性的特点。大致而言，由于得到诸多人类学调查材料的有力支持，这种在平等的原始社会和不平等的国家社会之间加进一个特殊等级制社会过渡阶段的理论，被视为摩尔根以后的人类学家在国家起源研究方面取得的一个重大成就。关于这一理论的价值及其与"摩尔根模式"之间的重要区别，有必要作以下几点说明。

首先，酋邦理论排除了国家建立在部落（包括部落联盟）之上的可能性，如上所述，这曾是人们对摩尔根理论的重要误解之一。在瑟维斯看来，以平等为基本特征的部落社会不可能径直发展为国家，而是要经过一个等级化的过程。因此，摩尔根所说的"部落联盟"，大致被包括在塞维斯的"部落"以及弗里德的所谓"平等社会"之中。瑟维斯认为，部落或平等社会的特点之一是人们"忽聚忽散"，每个团体的成员多少常因情境而变化，大家有事则聚集在一块，无事则各奔东西，因此

---

① ［美］埃尔曼·R. 瑟维斯：《人类学百年争论：1860—1960》，云南大学出版社 1997 年版，第 169 页。

这种社会也被称作分散社会。[①] 这方面的典型例子就是摩尔根曾予以特别关注的"部落联盟"。与摩尔根的看法相同，人们发现一些部落有时组成相当规模的联盟，以对付外敌入侵之类的紧急情况，可是一旦这种办法无效时，部落联盟就会分散瓦解。瑟维斯指出的相关例子包括北美洲东部的阿巴纳基联盟、莫希干联盟、克里克联盟、大平原诸联盟，以及摩尔根曾深入调查过的易洛魁联盟。[②]

根据这种理论，不管部落联盟是否具有普遍性，它都不可能直接转化为国家，部落联盟距离国家产生之间还有相当长的一段路要走。这等于对摩尔根留下的历史难题给出了确定的答案，瑟维斯认为，比如希腊、罗马社会就不是建立在部落联盟之上，把希腊、罗马前国家时期的社会组织当作与易洛魁人一样的平等社会，是摩尔根犯的一个严重错误。[③] 同理，包括摩尔根曾经调查过的易洛魁在内的部落联盟基础之上也不会建立国家，因为国家只能建立在非平等社会上。总之，在当代文化人类学界，人们已经抛弃了摩尔根那种从平等的氏族制度或者部落制度直接向国家过渡的学说。

其次，国家必然建立在等级社会之上，后者就是瑟维斯所说的酋邦。瑟维斯认为，游团与部落社会是充满平等色彩的社会，那里缺乏正式的权威职位与正式的权威等级，也缺乏正式的法律和超出于单个家庭之上的权力；在那里只有拥有影响的个人与一

---

① Elman R. Service, *Origins of the State and Civilization: The Process of Cultural Ebulution*, p. 56. 转引自易建平：《部落联盟与酋邦：民主·专制·国家：起源问题比较研究》，社会科学文献出版社 2004 年版，第 169 页。

② Ibid., p. 67.

③ Elman R. Service, *A Century of Controversy: Ethnological Issues from 1860—1960*, pp. 9—10, 37, 129—130. 转引自易建平：《部落联盟与酋邦：民主·专制·国家：起源问题比较研究》，社会科学文献出版社 2004 年版，第 346 页。

般的公共习惯约束力。① 然而随着社会的不断演进，那些仅仅拥有有限影响力的暂时性领导地位，逐渐演化为世袭的等级制职位。永久性的社会阶级由此宣告产生，历史发展到一个更高阶段，这就是酋邦时期。②

从学者的介绍中可以看出，酋邦有两项基本特征。首先，酋邦中广泛地存在不平等，等级制是它最显著的特点。瑟维斯说："在某种意义上，酋邦结构是金字塔形的或者说是圆锥形的。"③不平等现象存在于社会的各种部分、各个角落，整个酋邦的社会结构就是一座大金字塔，小的地方性的组织、小的亲族集团的结构，也是一座座微型金字塔。集团与集团之间，家庭与家庭之间，个人与个人之间都不平等。在最开始，酋长作为再分配者获得了高等级的地位，后来这一地位通过长子继承制一类制度而规范化，随后人们根据与领导者关系的远近亲疏而分为不同的阶等。④

虽然很多社会的酋长是通过世袭方式产生的，但这并不是一条绝对不变的原则。瑟维斯曾指出，父系制酋邦中的酋长职位通常由长子继承，在母系酋邦中这一位置则由女性的兄弟之长子（长甥）继承。⑤ 但是他又指出，真正稳定的完全构造的酋邦概

---

① Elman R. Service, *Origins of the State and Civilization: The Process of Culrural Evolution*, p. 54. 转引自易建平：《部落联盟与酋邦：民主·专制·国家：起源问题比较研究》，社会科学文献出版社 2004 年版，第 168 页。

② 易建平：《部落联盟与酋邦：民主·专制·国家：起源问题比较研究》，社会科学文献出版社 2004 年版，第 169 页。

③ Elman R. Serbice, *Primitive Social Organization: An Evolutionary Perspetive*, pp. 142, 145. 转引自易建平：《部落联盟与酋邦：民主·专制·国家：起源问题比较研究》，社会科学文献出版社 2004 年版，第 185 页。

④ Ibid., p. 145.

⑤ Elman R. Serbice, *Primitive Social Organization: An Evolutionary Perspetive*, p. 147. 转引自易建平：《部落联盟与酋邦：民主·专制·国家：起源问题比较研究》，社会科学文献出版社 2004 年版，第 187 页。

念，只是一种理想化的东西，事实上并非所有酋邦都拥有完全世袭的权威职位。比如居住于新西兰的波利尼西亚人找到了一个开阔的环境，有广阔的地域去进行扩张，各地等级的世袭领袖仍然可以通过自己的魅力获得支持者，开拓领地，从而提高自己的地位。"因此，较之大多数其他的波利尼西亚酋邦，新西兰的毛利人（the Maori）社会被描绘成更为'民主的'酋邦。萨摩亚（Samoa）社会也被说成是允许以成就作为阶等标准的酋邦。"[①]另外，在波利尼西亚其他地区和北美西北沿海地区的一些酋邦那里，由于人口减少和欧洲人商业活动的影响，许多高贵的地位也是开放性的，即地位的取得以成就作为标准，这也使得人们相互之间进行地位竞争的活动盛行起来了。[②]种种迹象表明，酋邦社会中首领的产生可能受特定条件的影响而有多种形式，世袭制并非酋邦绝对的普遍特征。这就是说，即使在作为等级社会的酋邦当中，民主性的因素也往往因地而异，而不是整齐划一。我们将看到，了解这点对于解释中国古代国家起源具有十分重要的意义。

酋邦社会的特征之二是它拥有常设领导，人类学家称之为"集中的领导"。人类学调查资料表明，部落社会中的首领通常只是一种个人性质的魅力型领导，他们往往因某种特长或品质而在团体需要解决某事时得到拥戴、成为领导，然而他们的地位和职权也随着事件的结束而烟消云散。用瑟维斯的话来说，部落社会没有真正的政治职位，也没有拥有真正权力的领导，那里的"'酋长'仅仅是一个具有影响的人物，一位

---

① Elman R. Serbice, *Primitive Social Organization: An Evolutionary Perspetive*, p. 152. 转引自易建平：《部落联盟与酋邦：民主·专制·国家：起源问题比较研究》，社会科学文献出版社 2004 年版，第 188 页。

② Ibid., pp. 152—153.

顾问而已"。① 与此形成鲜明对比，酋邦社会中的领导则具备固定性、常设性的特点，它由先前的"有事则进，功成身退"，变为社会生活中贯穿始终不可或缺的角色。并且随着社会的发展，"一人得道，鸡犬升天"的现象也产生了：酋长的家庭成员与属员的职位和职能与日俱增，直至通过有利的婚姻关系与内部成长过程，整个统治集团成为按等级排列的特权贵族，高居于普通民众之上。② 尽管如此，酋邦社会中领导地位和权力的维系还是主要建立在宗教权威等因素的基础之上，而不像国家组织那样采用暴力手段。瑟维斯曾指出酋邦在这一个层面上与国家的重要区别，他说：

> 酋邦拥有集中的管理（centralized direction），具有贵族特质的世袭的等级地位安排，但是没有正式的、合法的暴力镇压工具。组织似乎普遍是神权性质的，对权威的服从，似乎是一种宗教会众对祭司——首领的服从。如果承认这样一种非暴力的组织占据进化的一个阶段，那么国家的起源问题……就大大简化了：国家制度化的约束手段就是使用暴力。③

这表明当人类社会经历了漫长的史前时期，最终发展到酋邦阶段的时候，它已经走近文明的大门口了。形象地说，如果把国家比作人类社会的一架庞大机器的话，那么酋邦社会距离这架机器的

---

① Elman R. Serbice, *Primitive Social Organization：An Evolutionary Perspetive*，p. 103. 转引自易建平：《部落联盟与酋邦：民主·专制·国家：起源问题比较研究》，社会科学文献出版社 2004 年版，第 164 页。

② 易建平：《部落联盟与酋邦：民主·专制·国家：起源问题比较研究》，社会科学文献出版社 2004 年版，第 193 页。

③ Elman R. Serbice, *Primitive Social Organization：An Evolutionary Perspetive*，p. 16. 转引自易建平：《部落联盟与酋邦：民主·专制·国家：起源问题比较研究》，社会科学文献出版社 2004 年版，第 197 页。

加工完成只有一步之遥。酋邦社会已经将国家机器所需的各种设备配置齐全了，这时候只要人们给它加上"暴力"这个引擎，这架机器就能飞转起来展开工作了！

根据以上分析，大致可以看出近百年来西方文化人类学在古代国家起源的理论建设方面所取得的重要成就。毫无疑问，从摩尔根到瑟维斯、弗里德，人类学家逐步剔除了早期国家观念中的某些形而上学因素，也渐渐克服了其中的诸多含糊不清、自相矛盾之处，终于形成了一套系统的国家产生理论。大致而言，20世纪80年代以前基本上属于摩尔根理论在中国古史学界一统天下的时期，而此后则经由童恩正、谢维扬等人的介绍，酋邦理论开始被运用于中国古代国家问题的研究。然而有意思的是，酋邦理论的引入非但没有使人们的认识统一起来，反而引发了学术界一场新的争论。[①] 在笔者看来，这种争论至少说明了两个问题：第一，根据西方国家发展情况概括出来的理论无论如何精美卓绝，都有其一定的适用范围，因而不可能完全适合于中国早期国家的实际情况。第二，人们对待理论的态度是导致分歧的重要原因。可以想象，如果研究者首先抱定成见，再去考察材料的话，他们就难免会用古史材料佐证西方理论，由此陷于方枘圆凿甚至得出牵强附会的结论自然不足为怪。实际上，无论"部落联盟理论"还是"酋邦理论"，两者都有不足之处，同时也都存在一个如何正确理解的问题。可以肯定，作为部落联盟理论的替代物，酋邦理论固然克服了单线进化论的某些弊端，但它既没有给国家产生问题画上圆满的记号，也不宜被视为一套供人们生搬硬套的万能模式。正因为这样，不能期望酋邦理论能够完全科学合理地解决所有早

①　这场争论的具体内容参见谢维扬：《中国早期国家》，浙江人民出版社1995年版；易建平：《部落联盟与酋邦：民主·专治·国家》，社会科学文献出版社2004年版；易建平：《再论"部落联盟"还是"民族"》，《史学理论研究》2006年第3期。

期国家的产生问题。在笔者看来，越是科学的理论就越需要在实践中接受检验，并加以修正和完善。当笔者把古典进化论与新进化论关于国家起源的分歧揭示出来之后，就要看看这些理论对于揭示中国古代国家的产生方式及其与古代道德的关系是否具有科学价值。

（二）"以德聚民"

史前时期部落首领的"以德聚民"传统是影响中国古代政治道德的第一项重要文化因素。

为了探索中国传统道德与国家的关系，笔者不得不大量阅读有关国家起源的理论著作，但是笔者发现"部落联盟理论"与"酋邦理论"之争的初衷无非是想为民主政治与专制主义寻找理论根据，如谢维扬说："酋邦是具有明确的个人性质的政治权力色彩的社会，当它们向国家转化后，在政治上便继承了个人统治这份遗产，并从中发展出人类最早的专制主义政治形式。这是我们在研究不同类型的早期国家在政治上的发展的特征时应当特别注意到的一个问题。"[1] 然而酋邦是否必然只具有"专制主义"的内容，而毫无"民主"色彩？酋邦是否必然要发展为专制主义国家呢？历史的事实没有这么简单。人类学调查材料表明，作为前国家时代的一种组织形态，酋邦往往包含多种文化因素在内；它既可能发展为民主制国家（如希腊、罗马），也可能发展为如埃及、中国那样专制色彩较浓的国家。[2] 国家或侧重专制，或侧重民主，这往往与前国家时代各种文化要素的组合方式及国家产生的特殊途径有密不可分的关系，而不是简单地取决于某种"模式"。实际上，中国古代国家虽然带有专制的特点，但决非"专

---

① 谢维扬：《中国早期国家》，浙江人民出版社1995年版，第213页。

② 具体内容参见易建平：《部落联盟与酋邦：民主·专治·国家》，社会科学文献出版社2004年版，第324—361页。

制主义"一语可以涵盖。仅就君主的政治言行而论,除了王权、专断之外,至少还有诸如勇于自责、施舍赠财、兴善利民、泽被后世、举贤任能等佳德懿行为人称颂。"专制主义"与"非专制主义"的定性概括既然有失笼统,对于不同国家体制下道德观念的来源和本质当然也要作具体的分析。

基于以上理由,笔者认为与其像前人那样追求一种封闭的、缺乏科学价值的"模式",倒不如寻找一种开放的、普遍适用的"方法"更为可取。也就是说,国家很可能并不是人类文明遵循一、二"模式"渐次演进的结果,而毋宁是各种文化因素共同作用的产物。较之于其他文化现象而言,国家虽然在结构和内容上更为庞大复杂,但各种前赋文化在国家诞生进程中必然留下程度不同的烙印,它们对于解释政治道德的意义不可小觑。

国家产生方式的种种"模式论"具有较多的形而上学色彩,它们并不符合实证科学的精神,文化要素分析法是帮助我们将这一思维方式排除于科学研究领域的有效策略。19 世纪以来,人类学家在国家起源方面曾提出过一些类似于文化要素分析的可贵见解,其中最具代表性的如瑟维斯的"冲突论"与"整合论"。[①]为了避免人们机械、教条地理解他的观点,瑟维斯曾对这两种理论作过一番简要的说明,他指出:

---

① 瑟维斯认为,基本上有两种冲突被论定为国家起源的原因。一种是社会之间的冲突,正规地说就是战争,此说以赫伯特·斯宾塞为代表。另一种是社会内部冲突,其动力和场所是在内部,采取阶级斗争的形式。弗里德里希·恩格斯是这种观点的代表人物。至于整合论,则强调几个因素中的一个或是另一个,通常具有抗御不断威胁一个社会的离心力或分裂势力的功效。这些因素可能是直接和有意制定以促进群体整合的法律手段,有可能是组织上的善举,如成功的军事力量、经济专业化、再分配与长途贸易以及像修建水利灌溉系统和寺院等这类公共工程。学术界持整合论者人数众多,其中以亨利·梅因爵士、罗伯特·H. 罗伊、霍卡特和埃文斯—普里查德等人为代表。参见埃尔曼·R. 瑟维斯:《人类学百年争论:1860—1960》,第 13、14 章相关内容。

　　　　首先，以冲突一词与整合相对，似乎会使一些人想到，
国家不是在战争中产生就是在和平环境中产生……说冲突大
概在国家起源之时就出现了，甚至像斯宾塞那样强调它是一
种选择因素的重要性，也并不必然就是说冲突是国家产生的
原因……而强调整合理论也不是硬说向国家转变是和平
的——它可能曾是，也大概就是暴风骤雨式的。此外，可以
制定刑法以便促进政治整合，例如在以受到管束的暴力制止
不受管束的暴力的时候，但这可以是一种整合论的要点，尽
管使用了武力。①

这是说冲突与整合在国家产生过程中往往同时出现，两者一般
只有程度的不同，而无绝对意义上的排斥和对立。正因为这
样，片面地夸大或强调其中任何一方的做法都不足为训；可靠
的方法是对它们的地位与影响进行具体的、条分缕析式的实证
考察，看看这些要素分别以怎样的方式给国家组织打上烙印。
国家是古代政治道德产生、发展的枢机，因此唯有从国家产生
方式入手，才有希望找到破解古代政治道德之谜的密码。在笔
者看来，中国古代国家产生过程中至少夹杂了施舍聚民、禅让
礼贤、以家代国等文化因素，关于古代政治道德的解释最终必
然要落实到这些要素之上才算稳妥。先从前国家时期部落首领
的产生方式谈起。

　　如前文所述，世界上各个文明在前国家时代都要经历一个由
平等社会过渡为等级社会，个人权力从无到有、从分散到集中的
发展过程。尽管如此，在不同的社会条件下，等级制与个人权力

---

　　① ［美］埃尔曼·R.瑟维斯：《人类学百年争论：1860—1960》，云南大学出版
社1997年版，第225页。

的形成方式却各有不同；不同形成方式则为国家组织留下了独具特色的文化遗产。19 世纪以来，不少学者都对前国家时期个人权力的形成进行了研究，瑟维斯强调指出："要讨论的是这个问题：领导职位是怎样从有感人魅力的、偶尔发生的感人的形式转变为集中的、有制度化的和长期稳定的呢？"常金仓先生在研究大量历史学与人类学材料之后，曾归纳出个人权利产生的五种方式。它们分别是：

1. 以军事实力获取和集中权力。[1]

2. 通过宗教、巫术、神迹等超自然力量的方式博得众人拥戴，走上统治地位。[2]

---

[1]　北美平原克洛族印第安人是这方面的典型，他们狂热追求军事声誉，为了成为社会公认的战斗英雄，不惜以重金向已经成名的英雄人物购买克敌制胜的秘诀，并心甘情愿忍饥挨饿按照这些秘诀磨练自己。如果一个人成功地获得这种声誉，他便有权在部落集会上逐项陈述他的英雄事迹，类似我们的"英模报告会"；在公共活动中包括宗教仪式上，他常被指定为主持人；为人父母者纷纷恳请他为子女命名，以为这样一来孩子长大后就会秉承他的英雄素质。《隋书·东夷传》说"流求国"有四五统帅，"以善战者为之"；清人余文仪《续修台湾府志》说凤山县有"山猪毛"、"傀儡"诸社，每年举行一次"托高会"，酒酣，"各夸勇，以杀人众，得人头多者为酋长"；林惠祥《台湾番族之原始文化》说"泰雅人"盛行"杀人馘首之风，以得人头多寡定勇武等级……猎首多者，被称为勇敢之壮士，极为光耀。"这些勇敢之士也就是恩格斯所说的"巴赛勒斯"（希腊）和"勒克斯"（罗马）式的军事统帅及其候选人，也就是中国史书上常说的"无君臣上下，健者为豪"。

[2]　北美的美杜人中虽然也有世俗的酋长，但"法师的势力却盖过酋长之上，尤其是当法师为秘密社会的领袖时为然。因为唯有法师才能显示神灵的意志，酋长之推选或贬黜都为法师之左右。法师的职位是不能世袭的，而成为一种专业，须获得神灵降在他身上的神秘经验并经老资格法师的考验及格。换言之，富有宗教经验的素质是显身社会的敲门砖。从各个方面看来，秘密社会中的法师领袖，是社会上最高贵的人，规定人民教义生活的是他，排难解纷的是他，祈禳丰稔的是他，防御疾病也是他，用了他的神秘权威可以加害于敌人，而且的确法师也常常统帅军队出战。除了上述种种以外，尤其重要的是对于一个民族的故事神话以及种种知识，也

3. 通过修明法制，整治社会秩序而确立个人威望，得到认可。①

4. 以年长识高者为首领的当然人选。②

无不推他为泰斗，而以这种高尚的传说教导人民也就成为法师的责任。"（罗维）美杜人的法师是教主、法官、统帅、教育部长集于一身的人物，他垄断了社会生活中生死攸关的那些部分控制权。关于这种社会的例子在弗雷泽《金枝》一书中数不胜数，由于这本书的主题就是讨论巫师怎样一步步成为国王的，以至于给人造成极大误解，以为早期国家的所有国王都是由巫师转变而来的。另外，中国古代的契丹人颇有这种倾向。欧阳修《新五代史》卷73说契丹大人"至其岁久，或其国有灾疾而畜牧衰，则八部聚议，立其次而代之"。赵志忠《虏庭杂记》也说"凡立王，则众酋长皆集会议。其有德行功业者立之，或灾害不生，群牧孳盛，人民安堵，则王更不替代；苟不然，其酋长会众酋，别选一人为王"。

① 希罗多德《历史》记载了 2500 年前美地亚人国家的产生过程，作者说美地亚这个地方当时的社会治安状况很差，寇攘奸宄，狱讼不断。那里有个义务调解人叫戴奥凯斯，当戴奥凯斯意识到美地亚对他的依赖后就宣布不再受理狱讼了，于是社会秩序更乱，人们感到已经难以继续生活下去，大家便决定给自己选一位国王，戴奥凯斯自然是最好的人选。人们给他修筑一座宫殿，建立一支卫队，美地亚国家便产生了。类似的情况在中国古代民族中也可发现，《后汉书·乌桓传》说乌桓人就选择"勇健能决斗讼者，推为大人"。鲜卑人也是如此，《三国志·魏志》说檀石槐因为"施法禁，平曲直，无敢犯者，遂推以为大人"。檀石槐死后，他的儿子和连继位，因"才力不及父，亦数为寇抄，性贪淫，断法不平，众判（叛）者半"，被国人射杀，另立新王。鲜卑人各部似乎都有法治的传统，《晋书·慕容廆载记》说他"刑政修明"，故"流亡士庶多襁负归之"。他论治狱道："狱者，人命之所悬也，不可以不慎。"当慕容氏建立南燕后，由于北都陷落，典章沦亡，律令废弛，慕容超甚至打算起用中原早已废止的肉刑来整顿社会秩序。

② 这一现象可能包括两种情况：一种如南达《文化人类学》一书所说，在"过着食物搜索生活方式的队群首领多是老年人，他们有丰富的生活经验，传统知识和高超的狩猎本领，受到别人的尊敬"，《海防考》说："隋开皇中，尝遣虎贲陈棱略澎湖……居民以苫茅为庐舍，推年大者为长，畋渔为业"，就是中国在这方面的实例；另一种与部落社会普遍发现的年龄级制度及其组织男性会社相关联，在这种社会中居于领导地位的都是德高望重的老年人，美国人类学家罗维从他发表于 1920 年的《初民社会》到 1927 年的《国家的起源》一直强调史前社会里多种非血缘社会组织在国家产生过程中的重要作用。年龄组织在澳大利亚、大洋洲的美拉尼西亚、东西非洲、北美印第安人、日本、台湾土著这样广大的地区都有报道。中国上古时代在政治上也很重视年龄这个因素，《礼记·祭义》说："昔者有虞氏贵德而尚齿，夏后氏贵爵而尚齿，殷人贵富而尚齿，周人贵亲而尚齿。虞夏商周，天下之盛王也，未有遗年者，年之贵乎天下久矣。"

5. 通过施舍赠财的财富再分配方式赢得民心，从而逐渐确立长久而稳定的个人权力。①

这样看来，史前社会以何种方式造就自己的部族领袖，并没有一个固定不变的模式；相反，如何选择往往与当时社会亟待解决的问题有关，比如抵御外敌入侵、应对自然灾害、整顿社会秩序、发展生产，等等。社会行为造就了早期首领的特点和气质，他们的行为一旦获得成功，自然容易得到社会成员的认可，而那种临时性的地位和权利也会趋于巩固。最早的个人权力以某种特定的方式确立下来之后，它便可能以前赋文化的优势给早期国家造成深刻影响。

中国史前社会的个人权力是以何种方式集中起来的？由先秦史籍的有关记载不难发现，在中国前国家时代部落首领的产生过程中发挥核心作用的不是军事实力、宗教神权、年龄、法制（当然也不完全排斥这些，详后）等因素；据我们的理解，它主要是通过"施舍赠财"——即产品的再分配形式——得以实现的。试举数例，以概其余。《大戴礼记·五帝德》云："（帝喾）博施利物，不于其身……取地之财而节用之，抚教万民而利诲之。"这是说帝喾能够广泛地施与他人，给民众带来好处，而不是仅仅考

① 所罗门群岛西瓦伊人的头人叫"穆米"，想当穆米的人必须终生勤劳，节衣缩食，积累食物，举行赠财宴会，博取慷慨之名，获得追随者；新几内亚东部的特罗布里恩人也是如此，只不过头人竞争者举办赠财宴会的食物不是靠自己的开源节流，而是靠妻子兄弟的资助提供的，因为他们的社会是母系制，男子有供养姊妹的义务，所以娶妻越多，每个妻子的兄弟越多，这个人就越有头人竞争的资本；美国田纳西州切诺基人的再分配形式类似中国古代的"义仓"，他们的头人叫"米科"，每到收获季节，每块地里都竖起称为"米科的谷仓"的大围栏，各家按照自愿原则像募捐一样把一定数量的收获物投入"米科的谷仓"，等到灾荒时节，米科就以施舍者的身份分散这些财物，赈贫济困（以上各组材料承蒙常金仓先生慷慨提供，谨致谢忱）。

虑一己的利益得失。《尚书·尧典》云："（帝尧）克明俊德，以亲九族。九族既睦，平章百姓。百姓昭明，协和万邦。"帝尧以家族为本，亲和族众；不独如此，他还极力发扬这一德行，将利益推己及人，此即儒家所谓"达则兼济天下"的道义之举。《文选·劝进表》注引《尹文子》云："尧德化布于四海，仁惠被于苍生。"可见在后人的心目中，尧也是一位给人们带来普遍利益的君主。同样的观念也反映在人们对舜的看法上，《尸子·君治》云："舜兼爱百姓，务利天下。其田历山也，荷彼未耜，耕彼南亩，与四海俱有其利；其渔雷泽也，旱则耕者凿窦，俭（险）则为猎者表虎，故有光若日月，天下归之若父母。"这是说舜为了给百姓谋取利益，甚至愿意与他们同甘共苦；他的善行如同日月之光一样无处不在，发挥了很好的模范导向作用。

战国时期的道家思想家常常通过讽刺尧、舜，表述他们对儒家所谓仁义之道的不满，但值得注意的是其中也时时透露出与儒家言论中相类似的历史信息。如《庄子·徐无鬼》说："夫民，不难聚也。爱之则亲，利之则至，誉之则劝，致其所恶则散。爱利出乎仁义，捐仁义者寡，利仁义者众……夫尧知贤人之利天下也，而不知其贼天下也。"这是说谁能给百姓带来好处，百姓就会拥戴谁；然而当百姓被加以他们不喜欢的东西时，他们就会作鸟兽散。作者还以羊肉和蚂蚁举例说道："卷娄者，舜也。羊肉不慕蚁，蚁慕羊肉，羊肉膻也。舜有膻行，百姓悦之，故三徙成都，至邓之墟而十有万家。尧闻舜之贤，举之童土之地，曰冀得其来之泽。"这是说帝舜弯腰驼背、勤苦不堪，通过自己德行赢得百姓，就像羊肉通过腥膻吸引了蚂蚁一样。尧了解到舜的贤能，从荒芜的土地上举荐了他，希望他能把恩泽布施给百姓。

《逸周书·大子晋》又以"天"、"圣"、"仁"、"惠"、"义"等词描写称职的统治者所应具备的德行：

> 如舜者天，舜居其所，以利天下，奉翼远人，皆得己
> 仁，此谓之天；如禹者圣，劳而不居，以利天下，好与不好
> 取，必度其正，是之谓圣；如文王者，其大道仁，其小道
> 惠，三分天下而有其二，敬人无方，服事于商，既有其众，
> 而返失其身，此之谓仁；如武王者义，杀一人以利天下，异
> 姓同姓各得其所，是之谓义。

这是说舜、禹、文、武（其中文、武二人显然已经进入国家时代）或重利人施与，或重文治武功，要之都是为百姓谋取利益、带来好处，因而得到人们的支持。无独有偶，孟子在有关论述中也提到施与恩泽对于天下得失的重要价值。《孟子·万章上》：

> 昔者舜荐禹于天，十有七年，舜崩。三年之丧毕，禹避
> 舜之子于阳城，天下之民从之，若尧崩之后不从尧之子而从
> 舜也。禹荐益于天，七年，禹崩，三年之丧毕，益避禹之子
> 于箕山之阴，朝觐狱讼者不之益而之启……舜之相尧，禹之
> 相舜也历年多，施泽于民久……益之相禹也历年少，施泽于
> 民未久。

有意思的是，孟子在解释禹、益均为禅让制的合法继承者，结局却截然不同的原因时，既未像有些儒家学者那样笼统地强调德行的作用，也没有像法家学者那样将其完全归结为野心家玩弄阴谋的结果，而是用"施泽于民久"与"施泽于民未久"作解。应该说，这种解释要比儒家的"德行说"和法家的"暴力说"都更加符合情理。周王朝建立之前，诸多先公先王通过施舍利民的方式团结民众，这些史实在《诗经》、《尚书》、《孟子》等书中也有所反映。《诗·大雅·公刘》："食之饮之，君之宗之。"这是说公刘

率领民众迁徙到豳之时，便大设酒宴款待众人，大家因此把他视为头人或宗主。《小雅·甫田》："我取其陈，食我农人。"是诗人用陈年旧谷散利于民。《尚书·泰誓》："古人有言曰：抚我则后，虐我则仇。"是说如果首领对百姓施与恩惠，百姓就会把他当主人对待；相反，如果领导对百姓暴虐刻薄的话，百姓就会视之如仇雠。《孟子·梁惠王下》也记载道："昔者大王居邠，狄人侵之，事之以皮币，不得免焉；事之以犬马，不得免焉；事之以珠玉，不得免焉……去邠，踰梁山，邑于岐山之下居焉。邠人曰：'仁人也，不可失也。'从之者如归市。"这些大致都反映了前国家时期的部落首领们通过"爱民"、"保民"等方式凝聚人心的基本史实。

按照学术界的一般看法，夏代是中国历史上建立的第一个国家。如果此说可从的话，那么上文所举尧、舜、禹（包括周代的先公先王）活动的时期就恰好处于古代国家诞生的前夜。传统研究国家起源问题的学者们有一个重要失误，就是介绍中国前国家时期的社会情况时，他们往往只关注于当时的暴力事件和专制倾向，而对众多部落首领博施济众、以德聚民的基本事实几乎熟视无睹。然而通过中国古史与人类学相关材料的比较可知，相对于宗教神权、法制、暴力等因素而言，施舍赠财在史前部落首领产生过程中发挥的作用似乎更重要一些。下面以君民以及君臣关系为例，看看史前君主施舍赠财、以德聚民的传统对古代的道德发生了哪些一般性的影响。

就君民关系而言，由于史前部落首领（如上文提到的尧、舜、禹等人）往往通过赐予人们好处的办法团结民众、赢得民心，所以后来的开明君主大多将民心得失视为治理天下的关键所在，并以"保民"、"重民"作为政治活动的要务。《左传》僖公二十四年："太上以德抚民。"什么叫"以德抚民"？襄公七年说："恤民为德。"《管子·正》："爱之生之，养之成之，利民不德，天下亲之曰德。"这是说合格的君主应该爱护民众、满足他们的需要，即使给民众带来切实利益，也不会以此居功自傲。这种无所为而为的道德才是自然而然的，正如《淮南子·本经训》所谓："施者不德，受者不让。"综合这些材料可知，古人所谓"德"其实就是统治者慷慨无私地为民众谋取利益、不求回报的行为和修养。"以德抚民"、"施者不德"对国家时代的大多数君主来说既是一笔巨大的财富，也是一种无形的压力。史前以德聚民的久远传统，迫使统治者绞尽脑汁，企图用实际利益吸引和团结民众。

对于周初文献中屡次出现的"明德"、"保民"思想，前人多以为是周人因殷纣暴虐失国而引发反思的结果，然而在笔者看来，周人的尚德传统却可谓源远流长，甚至可以溯及史前。《周礼·大司徒》：

> 以荒政十有二聚万民：一曰散利，二曰薄征，三曰缓刑，四曰驰力，五曰舍禁，六曰去几，七曰眚礼，八曰杀哀，九曰蕃乐，十曰多昏，十有一曰索鬼神，十有二曰除盗贼。

同篇又说："以保息六养万民：一曰慈惠，二曰养老，三曰振穷，四曰恤贫，五曰宽疾，六曰安富。"所谓"荒政"、"保息"云云，关注角度虽有不同，但均以施惠于民为务，显然属于"以德抚民"的范围。在国家政治清明的时候，统治者通过施舍的办法聚民、养民、保民、重民，这些并不是一系列空洞的口号，而是贯穿于他们政治实践中的切实行为。《尚书·无逸》周公曰："文王卑服，即康功、田功。徽柔懿恭，怀保小民，惠鲜鳏寡。自朝至于日中昃，不遑暇食，用咸和万民。"文王时期周人虽然尚未建国，但距离国家的产生已不足一步之遥，因此他对于"小民"的体恤、对"鳏寡"的呵护，自然成为历任周王施治行政的典范。周公行政以文王为楷模，他本人也是施舍聚民的榜样，《逸周书·丰谋解》说周公实行"三让"，即"近市、贱粥（鬻）、施资"，这都是让利于民的表现。《说苑·君道》也说："周公践天子之位，布德施惠，远而逾明。"人们认为天下得失的根本就是民心的得失，故而只有保持民心不失才能使政权稳如磐石。

对于如何施惠于民，周代文献中既有具体案例，也有理论说明。《论语·雍也》子贡曰："如有博施于民而能济众，何如？可谓仁乎？"孔子回答说："何事于仁，必也圣乎！尧、舜其犹病诸。"如果能够给百姓带来普遍的利益，就连尧、舜也难以做到，更不用说享有仁者的美名了！《左传》庄公十一年臧孙达曰："是宜为君，有恤民之心。"忧百姓之所忧，体恤民众即为有德的表现。文公十三年邾文公卜迁于绎。史臣认为利于民而不利于君，因而不宜迁都。邾子则说："苟利于民，孤之利也。天生民而树之君，以利之也。民既利矣，孤必与焉。"又说："命在养民。死之短长，时也。民苟利矣，迁也，吉莫如之。"遂迁于绎。是年五月，邾文公果然死了。这些多是春秋及其前人们治国安邦的经验之谈和光辉范例。

关于保民而保天下的道理，战国时期的孟子讲得颇为透彻，他认为桀纣之所以失去天下，是因为失去了民心，因此要想得到或巩固天下就只有从笼络民心做起。[①] 此外如《孟子·梁惠王上》齐宣王曰："德何如，则可以王矣？"孟子对曰："保民而王，莫之能御也。"近人王国维认为，殷周之兴亡，其实是有德与无德之兴亡，他说："夫商之季世，纪纲之废道德之隳极矣……而

---

① 《孟子·离娄下》："桀纣之失天下也，失其民也。失其民者，失其心也。得天下有道，得其民，斯得天下矣。得其民有道，得其心，斯得民矣。得其心有道，所欲与之聚之，所恶勿施，尔也。"

周自大王以后，世载其德，自西土邦君、御事小子，皆克用文王教，至于庶民，亦聪听祖考之彝逊。是殷周之兴亡，乃有德与无德之兴亡。故克殷之后，尤兢兢以德治为务必。"[1] 说的无疑也是同样的道理。

"保民"、"重民"与"以德聚民"是先秦时期贯穿始终的政治道德理念，这些理念在战国许多政治家的言论中依然屡见不鲜。如《战国策·齐四》齐王使使者问赵威后，威后问曰："岁亦无恙耶？民亦无恙耶？王亦无恙耶？"使者不悦，认为威后不问王而先问岁与民，乃是先贱后贵。威后反驳说："苟无岁，何以有民？苟无民，何以有君？故有舍本而问末者耶？"是以王者虽贵实为末，民众虽贱却为本；使者的看法才是本末倒置。《韩非子·难二》说齐桓公饮酒醉而遗其冠，深以为耻，三日不朝。管仲劝他"以政雪耻"，即以善政消除百姓的不满。桓公深以为然，"因发仓赐贫穷，论囹圄出薄罪"。三日而民歌之曰："公胡不复遗冠乎！"通过散利已罪的方式笼络人心，这是古代政治家在长期的政治实践中总结出来的宝贵经验。战国学者也曾从自然界运行特点的角度对这些经验加以发挥，希望能为统治者的德政找到可靠的哲学依据。《吕氏春秋·季春纪》："是月也，生气方盛，阳气发泄，生者毕出，萌者尽达，不可以内。天子布德行惠，命有司，发仓窌，赐贫穷，振乏绝，开府库，出币帛，周天下，勉诸侯，聘名士，礼贤者。"只有在中国文化这类具有施舍赠财传统的文明中，才会出现像引文中那样对德政的强调。

以德聚民既然可以帮助统治者夺取、巩固权力，当然也可能为政敌所利用，因而常常成为不同利益集团之间勾心斗角、争权夺利的伎俩。《左传》文公十四年记载齐公子商人骤施于国，而

---

① 王国维：《殷周制度论》，《观堂集林》，中华书局 1959 年版，第 478—479 页。

多聚士。尽其家而不足，乃借贷于公有司以继之。商人显然是将施舍民众视为一种政治投资，即使为此荡尽家产也在所不惜。他的投资果然获得了相应的回报：昭公卒后，商人借机篡立为君。文公十六年，宋公子鲍礼于国人，宋饥，竭其粟而贷之。公子鲍不仅礼遇年老者和有才识者，而且对前代国君的子弟也无不抚恤，目的就在于通过获得他们的支持，进而夺取政权。

不受约束的施舍也会导致政权落入异姓家族之手，春秋后期以田氏代齐之事最具代表性。《左传》昭公三年晏婴论齐之季世，认为陈氏在借贷的过程中，长期以大斗出、小斗进的方式变相地施惠于民，从而使得齐国百姓"爱之如父母而归之如流水"。田氏政治集团经过数十年如一日的辛苦经营，终于赢得国人的支持而打垮姜氏政权。政权的掌握者面对危机当然也不会坐以待毙、束手就擒，除了采用军事手段之外，他们打倒竞争对手的有效方法之一仍然是施舍赠财。《韩非子·外储说右上》记载了齐景公与他的同宗兄弟公子尾、公子夏之间围绕施舍夺民而展开的一场激烈斗争。这则故事说齐景公出访晋国，与晋平公坐饮，乐师旷侍坐：

　　始坐，景公问政于师旷曰："太师将奚以教寡人？"师旷曰："君必惠民而已。"中坐，酒酣，将出，又复问政于师旷曰："太师奚以教寡人？"曰："君必惠民而已矣。"景公出之舍，师旷送之，又问政于师旷。师旷曰："君必惠民而已矣。"景公归，思，未醒，而得师旷之所谓："公子尾、公子夏者，景公之二弟也，甚得齐民，家富贵而民说之，拟于公室，此危吾位者也。今谓我惠民者，使我与二弟争民耶？"于是反国发廪粟以赋众贫，散府余财以赐孤寡，仓无陈粟，府无余财，宫妇不御者出嫁之，七十受禄米，鬻德惠施于民也，已与二弟争民。居二年，二弟出走，公子夏逃楚，公子尾走晋。

齐景公再三向师旷请教治国之道，对方均答之以"惠民"，这是说唯有给老百姓带来实际的利益，才能把行将失去的权力牢牢抓住。施惠的方式多种多样，除了常规的赐予衣食财货之外，还有体恤孤寡、让利于民等多种手段。法家利用这些例子试图证明，在中国古代通过施舍聚民倾覆他人社稷，阴谋夺权并非耸人听闻之事。正是基于这一原因，既得利益者为了防止政治权力被他人攘夺，遂规定一般家族不得将施惠的范围扩及普通民众，这就是古礼所谓"家施不及国"[①]的用意。

另外一种有趣的情形，就是当时曾有不少人因为无意中触犯这条政治禁律，而招致统治者的嫉恨或打击。《韩非子·外储说右上》说季孙氏相鲁，子路为郈令。鲁以五月起众为长沟。当此之时，子路以私粟为浆饭，邀作沟者于五父之衢而餐之。孔子闻之，使子贡止之曰："鲁君有民，子奚为乃餐之？"子路怫然怒，攘肱而入，请曰："夫子疾由之为仁义乎？所学于夫子者，仁义也。仁义者，与天下共其所有而同其利者也。今以由之秩粟而餐民，不可，何也？"孔子曰：

> 由之野也！吾以女（汝）知之，女（汝）徒未及也。女（汝）故如是之不知礼也！女（汝）之餐之，为爱之也。夫礼，天子爱天下，诸侯爱境内，大夫爱官职，士爱其家。过其所爱曰"侵"。今鲁君有民而子擅爱之，是子侵也，不亦诬乎！

言未卒，而季孙使者至，指责道："肥（季孙氏之名）也起

---

① 《左传》昭公二十六年晏婴语。

民而使之，先生使弟子令徒役而餐之，将夺肥之民耶？"孔子因此遭到季孙氏的排挤，"驾而去鲁"。这个故事可能是韩非虚构的，但观念却不可能凭空而生。儒家最重仁义道德，然而孔子却告诫弟子：行仁义之道、施惠于人要分清场合，否则便会背于君君、臣臣、父父、子子的基本原则。子贡以夫子之道为自己的行为辩护，只能说明他长于仁义道德的空洞理论，而拙于道德之用（在这里其实不过是政治心术而已）。同样的情形还曾发生在齐国将领田单的身上。《战国策·齐六》说齐襄王初立，田单为相。有次在菑水旁边看到有老人涉菑而寒，出不能行，坐于沙中，田单的恻隐之心油然而生，便解下自己的裘衣给老人穿。他的这一看似平常的举动引起襄王的极度反感，他说："田单之厚施，欲以取我国乎？不早图，恐后之。"东周一般被人们认为是传统的德治文化急剧崩溃的典型时期，然而以德聚民的观念却依然被人们牢牢持守，由此足见它是何等的根深蒂固！

以德聚民使得早期国家的君主与民众之间形成较为宽松的人身关系。尤其是到了春秋战国时期，由于诸侯林立，统治者虽然拥有极大的权威，君民之间却仍存在"双向选择"的余地。《礼记·缁衣》引孔子的话说："民以君为心，君以民为体。心庄则体舒，心肃则容敬。心好之，身必安之；君好之，民必欲之。心以体全，亦以体伤；君以民存，亦以民亡。"是说君主只有善待民众，才能得到人们的普遍拥戴，否则就可能沦为孤家寡人。《孟子·离娄下》孟子告齐宣王曰："君之视臣如手足，则臣视君如腹心；君之视臣如犬马，则臣视君如国人；君之视臣如草芥，则臣视君如寇雠。"这些言论虽然产生于东周统治者权力下移的背景之下，但并非完全是当时的新事物，因为同样的观念在更早的文献中也可找到依据。《国语·周语上》内史过引《夏书》曰："众非元后，何戴？后非众，无与守邦。"也在一定程度上反映出人们对于当时君民之间互惠关系的一致认同。

再来看史前以德聚民对于文明时代君臣关系的影响。国家体制下的公职人员是处于最高统治者与一般民众之间的一个特殊阶层。最早的公职人员是从哪里来的呢？上文曾指出，在酋邦社会的漫长历史时期，最初的酋长竞争者总是想方设法地吸引和团结一批追随者（其中相当部分应当是与竞争者有血缘或姻亲关系的人）。在这种情况下，当竞争者变成真正意义上的酋长，社会统治机构亟须建立的时候，第一批职事人员就一定是从酋长左右的这批扈从人员中选拔出来的。当代不少人类学家都曾指出，在平等社会转变到等级社会的过程中，"大人"（即酋长竞争者）发挥着重要的作用，这种"大人"往往吸引了数量不等的追随者。塞维斯认为，"大人"与追随者的关系在某些方面类似于一种萌芽状态的酋邦制度：领导权是集中起来的，身份按照等级安排，并且在那里还一定程度上具有一种世系贵族的特征。[①] 在中国古代，这些具有管理才能的人通常被称为"贤者"或"能者"。《墨子·尚贤》："汤举伊尹于庖厨之中，授之政，其谋得；文王举闳夭、泰颠于罝罔之中，授之政，西土服。"所说的大概就是这种情况。

由于中国史前部落酋长主要通过施舍赠财的方式团结下属、赢得支持，因此这批从民众中分化出来的职事人员与酋长的关系就具有相对自由和独立的特征。也就是说，随着国家的产生，当早期的追随者以"贤者"或"能者"的角色转化为政治职事人员之后，他们与君主之间虽然存在隶属关系，但在很大程度上仍保持了"来去自由"的风格。《左传》襄公二十六年说："臣之禄，君实有之。义则进，否则奉身而退。专禄以周旋，戮也。"是说

---

① Elman R. Service, *Origins of the State and Cilivization*: *The Process of Cultural Evolution*, p. 71. 转引自易建平：《部落联盟与酋邦：民主·专制·国家：起源问题比较研究》，社会科学文献出版社 2004 年版，第 172 页。

君主掌握着大臣的俸禄，然而大臣行事应当遵循一定的原则。如果君主昏庸暴虐、不可救药，大臣便有理由急流勇退，而不可贪恋眼前的利禄。《左传》僖公五年记载晋人企图假虞灭虢，虞公见利忘义，不纳谏言，"宫之奇以其族行"。这是面对不可救药的君主，举族而迁的例子。又如文公十四年，宋子哀"不义宋公而出，遂来奔"。在天下丧失共主、诸侯纷争的战国时代，大臣动辄去君主如敝屣，独立性表现得尤为典型。人臣怎样入仕才符合道德，才不失尊严？战国时期的孟子有所谓"三就三去"之说。《孟子·告子下》陈子问古之君子何如则仕，孟子答曰：

> 所就三，所去三。迎之致敬以有礼，言将行其言也，则就之。礼貌未衰，言弗行也，则去之。其次，虽未行其言也，迎之致敬以有礼，则就之。礼貌衰，则去之。其下，朝不食，夕不食，饥饿不能出门户，君闻之曰："吾大者不能行其道，又不能行其言也，使饥饿于我土地，吾耻之。周之。"亦可受也，免死而已矣。

这是结合战国时期的形势，指出人臣在考虑进退时应遵循的三项原则；不过我们可以推知，如果不是史前中国有过某种较为疏散的君臣关系传统的话，这些现象就不大可能出现。由此便不难理解何以战国诸子的言论中会依稀透露出上古历史的影迹，如《滕文公下》孟子曰："古之人未尝不欲仕也，又恶不由其道；不由其道而往者，与钻穴隙之类也。"这是说违背仕进之道，就如同入室而不由门户，这种行为非君子所为，必会遭人耻笑。战国时期的人臣中还不乏杜门谢客、拒绝被诸侯招纳的遗风。《滕文公下》公孙丑问曰："不见诸侯何义？"孟子曰："古者不为臣，不见。段干木逾垣而辟之，泄柳闭门而不内（纳），是皆已甚，迫，斯可以见矣。"孟子认为除非迫不得已，否则非人臣者有拒绝君主的权利，不过像段干木越墙而逃魏文侯，泄柳闭门不纳鲁穆公那样的做法则未免过于极端。按照先秦社会的一般观念，君主如果拒绝纳谏的话，大臣便可以此为由辞职不干，《孟子·公孙丑下》："蚳鼃谏于王而不用，致为臣而去。"蚳鼃是孟子同时的一个齐国官吏，因纳谏未遂，便挂印而去。在礼制时代的中国社会，以道事君也被打上了礼的烙印。《礼记·曲礼下》也说："为人臣之礼，不显谏；三谏而不听，则逃之。"《公羊传》庄公二十四年云："三谏不从，遂去之，故君子以为得君臣之义也。"三谏即再三进谏。《吕氏春秋·权勋》记载说智伯试图灭亡中山国一个叫夙繇的地方，该地的君主昧于事理，拒绝大臣赤章蔓枝的进谏，赤章蔓枝说："为人臣不忠贞，罪也；忠贞不用，远身可也。"因此断然辞别君主，前往卫国。总的看来，在先秦社会的大部分时间内，"君臣之间以义合"作为一种传统的道德标准曾长期发挥显著作用。

（三）禅让制

中国史前社会晚期阶段为国家组织留下的第二笔遗产，是一种颇富民主色彩的部落首领传承制度，这就是所谓"禅让制"。先秦典籍中关于禅让制的记载或阐述俯拾皆是。《尚书·尧典》是古代记载禅让制度的最早文献，其中相关材料依照先后顺序分别如次：

> 1. 帝尧曰放勋。钦明文思安安，允恭克让。
> 　郑康成注："不懈于位曰恭，推贤让尚善曰让。"
> 2. 帝（尧）曰："畴咨若时登庸？"放齐曰："胤子朱启明。"帝曰："吁！嚚讼，可乎？"帝曰："畴咨若予采？"驩兜曰："都！共工方鸠僝功。"帝曰："吁！静言，庸违，象恭滔天。"

3. 帝（尧）曰："咨！四岳：朕在位七十载，汝能庸命，巽朕位。"岳曰："否德，忝帝位。"曰："明明扬侧陋。"师锡帝曰："有鳏在下，曰虞舜。"帝曰："俞！予闻，如何？"岳曰："瞽子。父顽，母嚚，象傲，克谐以孝烝烝，乂不格奸。"帝曰："我其试哉！"女于时，观厥刑于二女。厘降二女于妫汭，嫔于虞。

4. 帝（尧）曰："格汝舜，询事考言乃言底可绩，三载。汝陟帝位。"舜让于德弗嗣。

这几段材料中所说的禅让均指对"帝"位的推让，它应是史前部落民主继承制的体现，这与西方人类学材料中的记载若合符节。塞维斯等人曾经指出，酋邦社会广泛存在酋长职位的世袭制，比如在父系酋邦中职位由长子继承，在母系酋邦中由长甥继承，但这并不排除有的酋邦中还可能存在其他类型的首领产生方式。塞维斯说，真正稳定的完全构造的酋邦概念，只是一种理想化的东西，因为并非所有酋邦都拥有完全世袭的权威的职位；世袭制度与酋邦没有必然联系，因而它不能作为酋邦社会绝对的普遍特征。① 从上述文献的若干细节中可以推知，史前中国社会组织中除"帝"之外，还存在一批地位较低的部落首领。比如金景芳教授曾认为《尧典》中的"四岳"应理解为"四方诸侯"，而"咨四岳"就是召集部落联盟首长议事会。② 虽然由于史料所限，笔者不敢贸然推定"四岳"的产生方式，但他们构成了史前时期禅让之类民主活动的基础则毋庸置疑。

除《尚书》之外，关于禅让的记载还广泛存在于先秦诸子

----

① 易建平：《部落联盟与酋邦：民主·专制·国家：起源问题比较研究》，社会科学文献出版社 2004 年版，第 187—188 页。

② 金景芳：《中国奴隶社会史》，上海人民出版社 1983 年版，第 2 页。

著作之中。《墨子·尚贤上》："故古者尧举舜于服泽之阳，授之政，天下平；禹举益于阴方之中，授之政，九州成。"《尚贤下》："昔者舜耕于历山……尧得之于服泽之阳，立为天子，使接天下之政，而治天下之民。"这是墨家的禅让说。儒家对禅让的看法可以孟、荀子为代表，《孟子·万章上》万章对"尧以天下与舜"的说法进行核实，孟子的回答是"天子不能以天下与人"，舜的帝位是"天与之"的结果。同篇又以"禹传天下于启"为例解释说："天与贤则与贤，天与子则与子……舜、禹、益相去久远，其子之贤不肖，皆天也，非人治所能为也。"切不可望文生义，以为这是孟子对禅让史实的否定，因为论者的主旨是强调民心得失（即所谓"天"）对于统治的重要性，故而所谓"天与之"其实也就是禅让。同样的表述方式也见于荀子的有关论述，《荀子·正论》："世俗之为说者曰：'尧舜擅（禅）让'，是不然。天子者，势位至尊，无敌于天下，夫有谁与让矣。"与其把这段话理解为荀子对禅让史实的否认，不如理解为他对天下传承过程中客观因素作用的强调更为妥当。荀子的用意在于说明禅让之不可妄行，但他似乎并未否定禅让为历史事实，故《成相》又说："尧、舜尚贤身辞让。"这是用时人喜闻乐道的方式表达了对尧舜禅让史实的肯定。盖孟子重民心得失，荀子重礼乐之治，二人取舍虽然不同，但均未否认禅让的存在。

　　近年来，地下考古材料的发现也为我们进一步了解禅让说或禅让制度增添了新证据。如郭店楚简《唐虞之道》说："禅也者，上德授贤之谓也。上德则天下有君而世明，授贤则民举效而化乎道。不禅而能化民者，自生民未之有也。"又举例指出："尧舜之行，爱亲尊贤。爱亲故孝，尊贤故禅……孝，仁之冕也；禅，义之至也。"另外如上博简《子羔》也说："孔子曰：昔者而弗世也，善与善相授也，故能治天下，平万邦。"

与传世文献不大相同，这些语句中透露出论者对禅让制度的一种推崇和迷恋情绪。

法家对禅让的表述散见于《韩非子》各篇，《外储说上》说尧欲传天下于舜，鲧、共工均以舜为匹夫而表示反对，尧遂杀鲧于羽山之郊、诛共工于幽州之都。这则故事虽然综合了许多古史传说，但其中仍透露出上古存在禅让的基本事实。《五蠹》说尧、禹之时，王天下者生活之清贫不亚于监门之服养，事业之艰苦远胜于臣虏之辛劳，"以是言之，夫古之让天子者，是去监门之养而离臣虏之劳也，故传天下而不足多也"。《八说》也讲了同样的道理：

> 古者人寡而相亲，物多而轻利易让，故有揖让而传天下者。然则行揖让，高慈惠，而道仁厚，皆推政也。处多事之时，用寡事之器，非智者之备也。当大争之世而循揖让之轨，非圣人之治也。故智者不乘推车，圣人不行推政也。

这是从社会条件（而非个人道德修养）出发揭示禅让制产生的基础，其说似尤为可信。在战国诸子笔下，历史传说在具体情节方面的踵事增言不足为怪，但要凭空附会出一种文化观念又谈何容易？法家常说"世异则事异，事异则备变"，其目的在于通过事实反对儒家、反对禅让，这就意味着他们也认为"揖让"、"推政"必有若干史实依据，否则这种批评岂不等于无的放矢？

与法家不同，道家并没有明确地反对禅让，而只是用它作为表达自己清静无为思想的素材。《庄子》中有一篇篇名就叫《让王》，其中说尧以天下让与许由、子州支父、子州支伯、善卷、石户之农等人，然而他们都不愿意为王位而舍弃自由和逍遥；又说北人无择因羞于舜以天下让他而自投清冷之渊。[1] 庄子善于用形象生动的寓言表达深刻的哲学思想，我们自然不必相信许由、子州支父、子州支伯、善卷、石户之农、北人无择等真有其人，但由此反映出的文化观念却不能不引起足够的重视。

战国末期的杂家著作也不止一次地提到禅让，《吕氏春秋·去私》说尧有十子，但是却将天下传与舜；舜有九子，却将天下传与禹。由此可见二人之大公无私。[2] 《贵生》说尧以天下让与子州支父，子州支父辞之以"幽忧之病"。《行论》说尧以天下让舜，鲧为诸侯，怒于尧。总的看来，先秦文献、地下出土材料关于禅让的记载不仅在时间上跨度大，而且广泛涉及当时包括儒、墨、道、法、杂等家在内的众多学术流派，其代表性不容忽视。

20 世纪 20 年代以来，即有不少学者对传世文献所反映的禅让制、禅让说提出质疑，他们认为这些说法不过是战国初期墨家思想家因"尚贤"观念引发的一种附会。[3] 在笔者看来，这种观点至少难以合理解释以下几个问题：首先，人类学调查材料证明，酋邦社会首领职位的传承并不全是世袭方式，则中国史前的

---

① 《庄子·让王》：尧以天下让许由，许由不受。又让与子州支父，子州支父曰："以我为天子，犹之可也。虽然，我适有幽忧之病，方且治之，未暇治天下也。"……舜让天下与子州支伯，子州支伯曰："予适有幽忧之病，方且治之，未暇治天下也。"……舜以天下让善卷，善卷曰："余立于宇宙之中，冬日衣皮毛，夏日衣葛絺；春耕种，形足以劳动；秋收敛，身足以休食；日出而作，日入而息，逍遥于天地之间而心意自得。吾何以天下为哉！悲夫，子之不知余也。"遂不受。于是去而入深山，莫知其处。舜以天下让其友石户之农，石户之农曰："卷卷乎后之为人，葆力之士也！"以舜之德为未至也，于是夫负妻戴携子以入于海，终身不反也。北人无择曰："异哉后之为人也，居于畎亩之中而游尧之门，不若是而已，又欲以其辱行漫我。吾羞见之。"因自投清冷之渊。

② 《吕氏春秋·去私》："尧有子十人，不与其子而授舜；舜有子九人，不与其子而授禹；至公也。"

③ 顾颉刚：《禅让说起于墨家考》，《古史辨》第 7 册（下），上海古籍出版社1982 年版。

禅让在世界民族史中并非孤证。其次，墨家虽然在战国初年一度号称"显学"，但这种情况并未维持多久。如果没有一种传统因素发挥作用的话，"时运不佳"的墨家提出的一项政治主张竟然在它销声匿迹之后引发如此重大而深远的影响，这显然是很蹊跷的事情。墨子的"尚贤"思想究竟由何而来？除了社会的客观需要之外，它有没有历史根据呢？如果我们只是习惯于采用多年来流行的"疑古"式思维，动辄便用晚出的观念否定早期的历史的话，不仅这些思想家的主张会沦为不可理解的奇谈怪论，而且先秦时期众多的文化事实也将成为无本之木。由此可见，事实只能是禅让激发了墨家的"尚贤"学说，而不是墨家捏造了禅让。

禅让作为一种习俗或制度在古代国家产生之后就已退出政治舞台，然而它的影响却没有完全消失。正如《尚书》中的"咨四岳"成为史前禅让制的重要程序一样，三代历史上也有向"耆老"征求"遗训"或"故实"的传统。前引《国语·周语上》宣王欲得国子之能导训诸侯者，樊穆侯说："（鲁侯）肃恭明神而敬事耆老；赋事行刑，必问于遗训而咨于故实；不干所问，不犯所咨。"《晋语八》叔向曰："吾闻国家有大事，必顺于典刑，而访咨于耆老，而后行之。"所谓"耆老"，当指那些德高望重、政治经验丰富的年长者，笔者不敢断定他们是否曾担任国家职事，但是这种咨询很可能与史前的民主制传统之间存在某种联系。《周礼·小司寇》："一曰询国危，二曰询国迁，三曰询立君。"是说"国人"，在周代国家政治生活的三个方面拥有表决权。前人多以为《周礼》晚出，然而笔者惊奇地发现其中的记载竟多与先秦时期的史实相吻合。《左传》僖公十八年冬邢人、狄人伐卫，围菟圃，"卫侯以国让父兄子弟及朝众，曰：'苟能治之，毁请从焉。'"在国家发生危机时，卫侯打算让位，被纳入考虑对象的既包括与国君有血缘关系的"父兄子弟"，同时也包括一般职事人员（"朝众"）。哀公元年，吴国侵入楚国，使人召陈怀公，怀公征求国人的意见，曰："欲与楚者右，欲与吴者左，陈人从田，无田从党。"这无疑是一种原始的民主决议方式。又，僖公二十八年，晋侯与齐侯盟于敛盂。卫侯请盟，晋人不许。卫侯打算投向楚国一边，但国人不欲，故出其君以取悦于晋，卫侯被迫出居。闵公二年冬十二月，狄人伐卫。卫懿公好鹤，鹤有乘轩者。将战之时，士兵讽刺道："使鹤，鹤实有禄位，余焉能战？"卫师因此败绩，卫国为狄人所灭。以上例证中，大夫、国人、士兵有时参与政治事务的表决，有时为君主出谋划策，甚至作为君主的对立面出现，这些行为中反映出一种与专制君权相对立的因素。考虑到史前社会曾存在过以禅让制为代表的民主推举制度，我们把这些因素的根源追溯到史前时期应该有一定合理性。

综上可知，史前时期的以德聚民与禅让制度，都对中国古代国家产生了不同程度的影响。它们一方面使得统治者形成一种以"重民"、"保民"、"恤民"为内容的民本思想，另一方面也为国家时代的君臣关系与政治机制输入了自由和民主的因素。这样看来，前人多将中国古代国家的特征概括为"专制主义"或"王权主义"，虽然不乏卓见，但似乎仍嫌不够确当。如前所述，国家是多种文化因素共同作用的结果，各因素之间虽有轻重主次之分，却不存在绝对意义上的排斥关系。因此，把古代国家的特征笼统地概括为某种"主义"的做法，尽管在某种程度上可能有助于深化对其中个别因素的认识，却未必能反映古代国家组织蕴涵的丰富内容。

（四）"以家代国"

在某种意义上而言，国家是人类智慧的产物，也是多种文化成果汇集的结果，这就意味着，离开各种前赋文化，它必将成为无所依托的空中楼阁。作为人类文明发展到一定阶段的产物，国家需要从史前的社会组织中汲取营养，继承遗产。上文是关于中国前国家时期部落首领产生和承袭方式的分析，然而这些特征以什么方式被带入国家时代仍值得关注。

常金仓先生在谈到古代国家的产生方式时曾经指出：

> 在世界各民族中，国家产生所走过的道路是多种多样的……但是无论它有多少式样，从氏族直到国家的出现都需要经过两个步骤：首先必须在普通氏族成员中产生一个或几个首领、首长、长老来，他们是血缘组织以外公设的权力机关的代表，在不少民族中就是按年龄阶梯组成的社会的首领，然后才能由这些首领渐次攘夺公共权力，使这种非血缘成员显得越来越重要最终取代氏族组织。[①]

我们已经看到人类各种文明中部落首领的不同产生方式，实际上，为了"渐次攘夺公共权力"，这些首领们采取的手段往往迥然有别。在以往的研究中，由于观察角度和研究目的的不同，人们习惯于采用多重标准对国家的诞生路径作出说明。马克思主义经典学家曾以罗马、希腊、德意志为例，区分出三种不同的国家产生道路。恩格斯在《家庭、私有制和国家的起源》中指出：

> 雅典是最纯粹、最典型的形式，在这里，国家是直接地和主要地从氏族社会本身内部发展起来的阶级对立中产生的。在罗马，氏族社会变成了闭关自守的贵族，贵族的四周则是人数众多的、站在这一社会之外的、没有权力只有义务的平民，平民的胜利炸毁了旧的氏族制度，并在它的废墟上面建立了国家，而氏族贵族和平民不久便完全融化在国家中

---

① 常金仓：《穷变通久：文化史学的理论与实践》，辽宁人民出版社1998年版，第149—150页。

了。最后，在战胜了罗马帝国的德意志人中间，国家是作为征服外国广大领土的直接结果而产生的。[1]

很显然，恩格斯重点强调的是阶级对立如何在史前社会产生，并以不同的方式摧毁氏族组织，建立起国家统治机关。实际上，就19世纪人们所了解和掌握的情况来看，马克思主义经典学家的这种概括无疑是富有科学价值的。

那么国家机关是否必然出现于氏族组织被摧毁、地域性因素占据主导地位的前提下呢？中国历史的实际，为人们正确解答这个问题提供了重要依据。笔者在讨论家庭与道德关系时已经指出，氏族、家庭等血缘组织在中国国家产生前夜并没有出现衰落的趋势，相反它们还成为国家机器建立的坚实基础。这一事实不仅给国家时期的家庭组织带来重要影响，而且在很大程度上影响了国家的结构和特质。早在20世纪50年代，著名历史学家侯外庐教授就曾从中西比较的角度，对家庭组织在中国国家产生过程中的独特地位及其重要作用进行了精辟论述。侯先生指出，"古典的古代"是从家族到私产再到国家，国家代替了家族；而在"亚细亚的古代"则是由家族到国家，国家混合在家族里面，叫做"社稷"。因此，前者是新陈代谢，新的冲破了旧的，这是"革命的路线"；后者却是新陈纠葛，旧的拖住了新的，这是"维新的路线"。论者形象地说，前者是人唯求新，器亦求新；后者却是人唯求旧，器唯求新。[2]侯先生所说的"古典的古代"国家，是指以希腊、罗马和德意志为代表的西方国家；而所谓"亚细亚的古代"国家，则以中国古代国家为代表。按照上述看法，正是家庭组织在国家产生过程中扮演的不同角色导致了"古典的

---

① 《马克思恩格斯选集》（第4卷），人民出版社1972年版，第65—166页。

② 侯外庐：《中国思想通史》（第1卷），人民出版社1957年版。

古代"与"亚细亚的古代"两类国家的产生。具言之,在希腊、罗马以及德意志早期国家的产生过程中,家庭组织被国家取代,亦即恩格斯所说的国家"靠部分地改造氏族制度的机关,部分地用设置新机关来排挤掉它们,并且最后全部以真正的国家权力机关取代它们而发展起来"。^① 对于社会组织的进步而言,这种取代具有破旧立新的意义,故而称之为"新陈代谢"的"革命的路线"。相反,在中国古代国家的创建过程中,大禹的儿子启践踏了禅让的传统,以子承父业的方式夺取了最高统治权。这种攘夺行为建立在庞大家族势力的基础之上,因此说它是"国家混合在家族里面",新陈纠葛,故而属于"维新的路线"。这种以家代国的"维新路线"对于中国古代国家的影响主要表现在国家结构、国家观念两方面。

首先,"以家代国"使家庭组织中的大家长摇身一变而成为国家组织中的政治领袖,国家由此被塑造为一种"一人在上,万人在下"、"隆一而治"的特殊结构。现代人类学的大量调查材料表明,人类社会最早的不平等现象以及等级制度并非最先兴起于社会,相反,它们通常是家庭组织的产物。关于这一问题,可以从前人关于史前社会组织如游团、部落与酋邦的对比分析中得到明确答案,易建平综合塞维斯等人的观点之后指出:

　　游团社会和部落社会有一个重要的共同之处,那就是平等。当然,在这两种社会中间也还是可以发现有一些不平等的现象的,但是这种不平等是家庭式的,基于长幼、性别之上的。在此之外,人与人之间的关系基本上是平等的,因此几乎所有的当代文化人类学家都把这两种社会称作平等的社会。这也就是所谓处于自然状态中的社会,它是一种家庭式

---

① 《马克思恩格斯选集》(第 4 卷),人民出版社 1972 年版,第 65--166 页。

的社会，等级身份仅仅表现在夫妻关系与父母子女关系之中，表现在性别和年龄关系之中。当然，这也是一种不平等的关系，因为它也基本上是一种拥有权威关系的制度。但是，这又不是一种权威与等级的政治制度，而是一种家庭制度。问题的关键在于，在这种社会中，在这种家庭式的基于性别年龄之上的不平等关系之外，人们之间的相互关系大致是平等的。这就是游团和部落社会同酋邦与国家在社会关系方面的根本区别，后两者在家庭之外的人与人之间的关系是等级制的。平等的游团社会和部落社会缺乏非家庭的权威位置，真正的等级社会则拥有这种位置。[①]

家庭是人类早期等级制度的渊薮，而性别、年龄则是划分等级的两项最基本依据。作为人类自然不平等的两项主要因素，性别和年龄对个体而言是与生俱来、不可改变的，而且两种优势往往被家庭中年长的男性成员集于一身。也就是说，父系家庭社会中居于家庭等级顶端的必然是父亲（对于妻子而言则是丈夫），而在母系家庭社会中则转而由母舅（对于母亲而言则是兄弟）承担这一角色。笔者曾经指出，中国史前自传说中的五帝以来即属于父系家庭，国家产生前夕尧、舜、禹时期的家庭组织自然也概莫能外。正因为这样，一旦国家组织建立在家庭的基础之上，男性家长便会演变为最高君主，而整个政治体系依照原有的家庭模式制造出来，便是水到渠成的事情。在这个过程中，出于维护政治集团利益的目的，等级制度将趋于完善化、严格化、典型化，而领袖的权力也将更具专断色彩。正因为如此，虽然不能排除早期政治体制中的专制因素还有其他来源的可能性，但是由家庭父

---

① 易建平：《部落联盟与酋邦：民主·专制·国家：起源问题比较研究》，社会科学文献出版社 2004 年版，第 167 页。

权产生君权专制似乎是一条不可否认的重要途径。谢维扬等人将古代专制主义的成因完全归诸"酋邦"的专制性特征，而唯独对家庭的作用未加重视，这似乎是一个重要的疏漏。

在等级结构方面，通过"以家代国"方式而来的国家类似于家庭组织的放大，先秦文献中的不少记载都印证了这点：

> 《荀子·致士》说："君者，国之隆也；父者，家之隆也。隆一而治，二而乱，自古及今，未有二隆争重而能长久者。"
>
> 《孟子·离娄上》引孔子语曰："天无二日，民无二王。"
>
> 《礼记·礼运》："故圣人耐以天下为一家，以中国为一人者，非意之也，必知其情，辟于其义，明于其利，达于其患，然后能为之。"
>
> 《坊记》说："天无二日，土无二王，家无二主，尊无二上。"
>
> 《丧服四制》也说："天无二日，土无二王，国无二君，家无二尊。"
>
> 《曾子问》则说："天无二日，土无二王；尝禘郊社，尊无二上。"
>
> 《大戴礼记·本命》也说："天无二日，国无二君，家无二尊，以治之也。"

古人每每将国家君权与家庭父权相提并论，其实这并非出于一种简单修辞的需要，而是古代国家产生方式在人们心理上的折射。

以家代国对国家的影响之二，是它使得与统治者具有血缘、姻亲关系者和有才能见识者同时融入政治集团中，前者在先秦政治组织中占据相当比例。关于这点，谢维扬曾经正确地解释道：

启时所实现的世袭制的实质是中原酋邦的最高权力获得了一种正式的合法性标志。这个标志就是，当最高权力是掌握在一个特定的王室成员手中的时候，人们可以、也会认为这个最高权力是合法的；反之，人们便可以指责它为非法。这种关于最高权力合法性的观念是过去酋邦权力结构中所缺乏的，是全新的东西。它使社会政治权力秩序更正规化和法统化，因而在理论上也更固定化。①

在这种国家体制下，不仅政权的代代相传被认为是天经地义的，而且按照姻亲关系的远近分享政治权益也是约定俗成的规矩。《吕氏春秋·先识》商汤告诸侯曰："夏王无道，暴虐百姓，穷其父兄，耻其功臣，轻其贤良，弃义听谗，众庶咸怨，守法之臣，自归于周。"父兄、功臣、贤良分别列出，可见来源、性质确不相同。如果说这条材料出现较晚，难以确凿地反映夏代的情况的话，那么，殷商政权在很大程度上建立在亲属关系的基础上则是无可置疑的事实。《尚书·牧誓》："今商王受惟妇言是用，昏弃厥肆祀弗答，昏弃厥遗，王父母弟不迪，乃惟四方之多罪逋逃，是崇是长，是信是使，是以为大夫卿士，俾暴虐于百姓，以奸宄于商邑。"遗弃亲戚被视为君主的丧德之举，可见"王父母弟"本当为政权的磐石，家庭血缘关系当是维系政治稳定的重要基础。

武王克商之后，除象征性地分封若干上古帝王之后外，大部分关键的政治权力均由姬姓家族及其姻亲包揽瓜分，故而《荀子·儒效》说："（周公）兼制天下，立七十一国，姬姓独居五十三人焉，周之子孙苟不狂惑者，莫不为天下之显诸侯。"这种权

---

① 谢维扬：《中国早期国家》，浙江人民出版社1995年版，第321页。

力分配方式不仅没有遭到质疑，相反还得到普天之下的一致认可。同篇又说："（周公）兼制天下，立七十一国，姬姓独居五十三人，而天下不称偏焉。"同样的，《左传》僖公二十四年富辰谏周王以狄人伐郑时也说：

> 大（太）上以德抚民，其次亲亲以相及也。昔周公吊二叔之不咸，故封建亲戚以藩屏周。管、蔡、郕、霍、鲁、卫、毛、聃、郜、雍、曹、滕、毕、原、酆、郇，文之昭也；邘、晋、应、韩，武之穆也；凡、蒋、邢、茅、胙、祭，周公之胤也。

周人在分封诸侯过程中大力起用亲戚，这一史实不仅为时人所熟谙，而且影响了后代君主的政治决策。昭公二十八年魏子谓成鱄："吾与戊也县，人其谓我党乎？"对曰："何也？……昔武王克商，光有天下，其兄弟之国者十有五人，姬姓之国者四十人，皆举亲也。"这是周人"任人唯亲"的传统对先秦用人政策的影响。《仪礼·觐礼》："同姓大国，则曰伯父；其异姓，则曰伯舅；同姓小邦，则曰叔父；其异姓小邦，则曰叔舅。"同书又载诸侯朝觐天子，天子为诸侯赐舍，辞曰："伯父，女（汝）顺命于王所，赐伯父舍。"又曰："伯父实来，予一人嘉之，伯父其入，予一人将受之"；又如："伯父无事，归宁乃邦。"古人所谓伯父、叔父，伯舅、叔舅之称不仅是行礼过程中的客气称呼，它们表达的往往是一种真实的亲属关系。《国语·周语中》周襄王以阳樊赐晋文公。阳人不服，晋侯围之。仓葛呼曰："且夫阳，岂有裔民哉？夫亦皆天子之父兄甥舅也，若之何其虐之也？"对于同一事件，《左传》僖公二十五年记作：阳樊不服，晋侯围之。苍葛呼曰："德以柔中国，刑以威四夷，宜吾不敢服也。此谁非王之亲姻，其俘之也？"《周语》中的"父兄"指同姓，"甥舅"指异姓，两者实即《左传》所谓"亲姻"，要之都与周王有亲属关系。

由家庭组织衍生而来的血亲与姻亲因素，不仅渗透于以最高统治者为核心的政治生活中，而且在周代诸侯的权力分割中也莫不如此。《吕氏春秋·长见》说太公望封于齐，周公旦封于鲁，二君尝讨论治国之道。太公望主张"尊贤上功"，周公旦则主张"亲亲上恩"。所谓"尊贤"指以才能高下为用人标准，而"亲亲"则是以亲属（血缘与姻亲）关系为重。事实上，纯粹的"尊贤上功"与纯粹的"亲亲上恩"在先秦社会都不可能实现，情况往往是不同诸侯国对"尊贤"与"亲亲"各有侧重，鲁、齐二国不过是其中的显例而已。"亲亲上恩"的原则，当与"以家代国"的悠久传统存在渊源关系。由《左传》相关记载可知，晋国执政者多出于"六家"（韩、赵、魏、中行、智、范），他们或为姬姓本族，或为姬姓姻亲；齐国的高氏、国氏历代执掌权柄，都出于姜氏；鲁国"三桓"长期执政，更是为人所共知的事实。战国时期政治领域中的血缘关系日渐淡化，但并未消失殆尽，故《孟子·滕文公上》说滕定公薨，"然友反命，定为三年之丧。父兄百官皆不欲"。"父兄百官"在滕国朝政的具有决定大政的权力，说明滕国的家族势力占据主导地位。同书《万章下》记载齐宣王问卿，孟子答之以贵戚之卿与异姓之卿。何为"贵戚之卿"？孟子说："君有大过则谏，反覆之而不听则易位。"何为"异姓之卿"？孟子说："君有过则谏，反覆之而不听则去。"这是根据朝中大夫与国君亲属关系的有无，将朝臣分为两类，两者承担不同的政治义务。战国诸侯中，多有称为"父兄"者，当为与国君有亲属关系的重臣或大将。如《战国策·秦四》说三国攻秦，入函谷。秦王谓楼缓曰："三国之兵深矣，寡人欲割河东而讲。"对曰："割河东，大费也；免于国患，大利也；此父兄之任也。王何不召公子池而问焉！"鲍彪注："父兄谓公族。"又如同书《齐一》，张仪为秦连横而说齐王曰："天下强国，无过齐者，大臣父兄，殷众富乐，无过齐者。"《楚三》苏子谓楚王曰："今王之大臣父兄，好伤贤以为资，厚赋敛诸臣百姓，使王见疾于民，非忠臣也。"总的看来，例文中所谓"父兄"几乎成为贵戚之臣的通称。血缘关系在七国兼并时期的诸侯朝政中仍发挥重要作用，这一现象值得深思。

第三，"以家代国"奠定了人们对国家权力的本质及其来源的基本看法。政权是怎样得来的，国家的本质是什么？在不同的文明中，人们对这些问题的回答并不相同。夏启是借助家族的优势，以暴力手段攫取权力，并进而建立国家的第一人，他的行为使后人在很大程度上把国家视为一笔庞大的家庭财富。在古人看来，国家是祖先们筚路蓝缕、辛苦经营而得来的宝贵家业，因而国家的传承在某种意义上也与家庭遗产的继承毫无二致。对于祖先留下的这份特殊遗产，后世子孙有权予以继承，并有义务使之长葆不失、兴旺发达。国家的"遗产观"，意味着除非得到统治者的许可，否则政权就是他族不得染指的禁脔；相反，如果有人对政权的合法性提出质疑的话，他只有用同样的暴力手段改变现状，建立新的家族统治。这种国家观念一直保留到战国乃至秦汉以后，所以当秦王对安陵君的土地存有觊觎之心时，安陵君便以"祖宗遗业，不敢改易"的名义予以拒绝。《战国策·魏四》说秦王使人谓安陵君，曰："寡人欲以五百里之地易安陵，安陵君其许寡人！"安陵君曰："大王加惠，以大易小，甚善！虽然，受地于先王，愿终身守之，弗敢易！"同样的，汉高祖刘邦在发迹之前恣意酒色，不置产业，而当他得到天下之后便得意地向乃父炫耀产业的富足。《史记·高祖本纪》：

> 未央宫成。高祖大朝诸侯群臣，置酒未央前殿。高祖奉玉卮，起为太上皇寿，曰："始大人常以臣无赖，不能治产业，不如仲力。今某之业所就孰与仲多？"殿上群臣皆呼万

岁，大笑为乐。①

　　由于国家是由祖辈们通过暴力方式建立或攘夺而来的，后来又作为遗产传承给子孙，所以统治者打心底里并不认为自己的权力来自百姓的授予或认可。这种观念的根源，就在于古代国家的统治权并非产生于底层，而是自上而下，因此统治者真正需要负责的对象是祖先，而非普天之下的民众。这种国家和权力观念深刻地影响了先秦时期的君主、大臣与人民的道德。

二　国家影响三种政治道德

（一）君德

　　关于古代国家产生方式及其结构对君德的影响，常金仓先生曾经从施舍赠财的角度进行过深入细致的研究，并将它们概括为四个方面。第一方面为俭朴。史前君主为了团结和吸引民众往往不得不节衣缩食，厉行艰苦朴素的作风。在国家产生之后，统治者便陷入进退两难的境地当中。这是因为他们虽然因占据大量财富而有了恣意享受的基础，但政权的维系毕竟还需要民众的继续支持，为此他们又得克制私欲，防止因过分奢侈而腐化堕落。《左传》昭公二十四年说："俭，德之恭也；侈，恶之大也。"其用意在于提醒统治者不要乐以忘忧。春秋时期的著名政治家，如鲁国的季文子、晋国的晋悼公、吴王的阖闾，他们或为贵族，或为诸侯，但都是以俭朴闻名的典范政治家。第二方面为勤劳。史前部落首领终身勤劳，目的在于开源节流，积累更多的物质财富，国家时代的统治者则需要夙兴夜寐，勤于朝政。君主的第三种美德是养民，这是从史前部落首领养活追随者的传统演变而来

---

① 《史记》卷8《高祖本纪》，中华书局1959年版，第387页。

的道德规范。《左传》桓公六年"上思利民，忠也"，讲的就是对待民众的虔敬态度。最后，君主还需做到含垢忍辱，这意味着在危难的时候统治者要挺身而出，勇于承担责任，归功于人，归过于己。① 本节将结合前国家阶段的"禅让制"与"以家代国"两项文化因素，对先秦时期的君主道德进行一些补充性考察。

先秦君德方面的第一种现象，就是君主的谦让。史前部落首领曾通过禅让的方式即位，在经历夏启"以家代国"的暴风骤雨之后，这种传统虽然已被"父死子继，兄终弟及"取代，但禅让仍成为人们心目中挥之不去的政治情结。家天下的基本前提已不可动摇，君主们也绝不可能将辛苦得来的天下拱手让人，但人们却期望在君主身上看到尧、舜的影子，统治者也需要借助尧、舜的光辉形象维系人心。在这种情况下，谦卑礼让便成为君主的道德准则。《老子》六十六章：

> 江海所以能为百谷王者，以善下之，故能为百谷王。是以圣人欲上民，必以言下之，欲先民，必以身后之。是以圣人处上而民不重，处前而民不害，是以天下乐推而不厌。以其不争，故天下莫能与之争。

同书六十七章："夫我有三宝，持而宝之……三曰不敢为天下先。"道家"不敢为天下先"的思想通常被视为无为哲学的最佳注解，但君主"不争"的目的却在于"天下莫能与之争"。这种以退为进的策略，会不会与上古的禅让传统有关呢？三代以来，虽然"天下为公，选贤与能"的"大道"作为历史已一去不返，但一些充满理想主义色彩的学者和政治家仍然试图借助于历史经

---

① 常金仓：《穷变通久：文化史学的理论与实践》，辽宁人民出版社 1998 年版，第 190—201 页。

验拯救时弊。《墨子·尚同中》云：

> 明乎民之无正长，以一同天下之义，而天下乱也，是故选择天下贤良圣知辩慧之人，立以为天子，使从事乎一同天下之义。天子既已立矣，以为唯其耳目之请，不能独一同天下之义，是故选择天下赞阅贤良、圣知辩慧之人，置以为三公，与从事乎一同天下之义。天子三公既已立矣，以为天下博大，山林远土之民不可得而一也，是故靡分天下，设以为万诸侯国君，使从事乎一同其国之义。国君既已立矣，又以为左右将军大夫，以远至乎乡里之长，与从事乎一同其国之义。

按照墨子的设想，上至天子、诸侯，下到乡里之长，均应根据德行、才智选举产生，这与战国时期攘夺奸宄的社会事实恰好形成鲜明对比。也许正因为理论与现实之间存在如此大的差距，前人便以为这是墨家凭空想象出的一套政治蓝图，然而在笔者看来，如果不曾有一种理想的君德存在的话，这套蓝图将失去存在的基础。战国时期还有人试图亲身实践尧舜禅让之政，这个人就是燕王哙。关于燕哙将社稷慷慨托付给大臣子之的事件，《战国策·燕一》、《韩非子·外储说右下》、《史记》等书均有记载，其说大同小异。《史记·燕召公世家》：

> 苏代为齐使于燕，燕王问曰："齐王奚如？"对曰："必不霸。"燕王曰："何也？"对曰："不信其臣。"苏代欲以激燕王以尊子之也，于是燕王大信子之……鹿毛寿谓燕王："不如以国让相子之。人之谓尧贤者，以其让天下于许由，许由不受，有让天下之名而实不失天下。今王以国让于子之，之必不敢受，是王与尧同行也。"燕王因属国于子之，

子之大重。或曰："禹荐益，己而以启人为吏。及老而以启为不足任乎天下，传之于益。己而启与交党攻益，夺之天下。谓禹名传天下于益，己而实令启自取之。今王言属国于子之，而吏无非太子人者，是名属子之而实太子用事也。"王因收印自三百石吏已上，而效之子之。子之南面行王事，而哙老不听政，顾为臣，国事皆决于子之。

这次禅让闹剧虽然最终以失败而草草收场，但从事件的整个过程中不难发现以下几条信息。首先，燕哙禅位于子之，是以尧、许由之事为典范，而以禹、启之事为教训，可见恭让谦下在时人心目中确是一种渊源久远的道德传统。其次，从表面上看，这起禅让活动似乎是一些野心家策划的一起阴谋，但如果离开当时人们对君主谦让德行的认可的话，这种事件便绝不可能发生。第三，禅让的失败表明，文明时代已经形成根深蒂固的政权观念，在这种背景下历史上的"美德"一旦被发挥过头，便有可能成为食古不化的迂腐之举。先秦时期之所以出现禅让的理想或实践其实不难理解，这说明在禅让制成为明日黄花的家天下时代，人们对于古之明君曾拥有的那种道德品行更加怀念。春秋时期的宋襄公一意孤行，恪守古代"君子不擒二毛，不鼓不成列"的军事道德，最终却落得兵败身死的下场，不也是同燕王让国一样的例子吗？

君主的第二种重要道德，是所谓"爱民如子"。《大戴礼记·哀公问于孔子》引孔子言曰："古之为政，爱人为大。"此处的"人"当即"民"，主要指普通民众。《战国策·楚三》苏子谓楚王曰："仁人之于民也，爱之以心，事之以善言。"古代君主的爱民往往类似于亲子关系，这与西方文化显然不同。"爱民如子"意味着统治者当视百姓如子女，对他们严加教导、勤加呵护。君民关系与亲子关系的相提并论，当与古代"以家代国"之后家庭观念的政治化有关。

古人谈到政治问题时或云"父母"，或云"赤子"，这类例子在早期文献中屡屡出现。《尚书·康诰》周王曰："惟民其毕弃咎，若保赤子。"赤子即婴儿，这里用于比喻孤弱无助的普通民众。《诗·大雅·泂酌》："岂弟君子，民之父母……岂弟君子，民之攸归……岂弟君子，民之攸墍。"这是说民众仰仗君主，就像子女凡事依赖父母一样。《左传》襄公十四年师旷曰："良君将赏善而刑淫，养民如子，盖之如天，容之如地。"是说君主要对民众宽严相济，犹如父母教育子女。襄公二十五年然明曰："视民如子，见不仁者，诛之，如鹰鹯之逐鸟雀也。"说的也是同样的道理。另外，战国时期的思想家也持有类似观点，《荀子·王制》："君子者，天地之参也，万物之总也，民之父母也。"此处的君子当指统治者，因为一般知识分子缺乏政治地位，没有资格"爱民如子"。《礼记·缁衣》孔子曰："故君民者子以爱之，则民亲之。"《韩非子·五蠹》也说："今儒、墨皆称先王兼爱天下，则视民如父母（之爱子）。"法家对儒家、墨家的批评一语中的，点出了传统君主道德的核心内容。君主应当如父母一样对百姓加以爱护体恤，这意味着无视百姓生死、甚至暴虐残酷者，乃是严重的失德行为，应当受到舆论的严厉谴责。《孟子·滕文公上》说："为民父母，使民盼盼然将终岁勤动不得以养其父母，又称贷而益之，使老稚转乎沟壑，恶在其为民父母也？"（又见《梁惠王上》）可见，君主如不能做到爱民如子，便不是合格的统治者。《荀子·正论》："汤武者，民之父母也；桀纣者，民之怨贼也。"商汤、周武因爱民如子而流芳百世，夏桀、商纣因暴虐百姓而遗臭万年，这是历史留给古人的经验教训。

（二）臣德

所谓臣德，是国家职事人员在政治活动中所应遵循的道德准则与规范。与史前文化传统以及国家结构有关，先秦时期的臣德主要包括忠君、知恩图报、隐逸不仕等方面。

忠君是先秦臣德的首要内容。古代国家是君主的"私家财富"，大臣的权力、俸禄均来自于君主的授予，故而《左传》襄公二十六年有"臣之禄，君实有之"的说法，《礼记·燕义》亦云："臣下竭力尽能以立功于国，君必报之以爵禄。"君臣之间的这层关系，决定着大臣首要考虑的是为了"公室"的利益，而遵从君主的意志。《逸周书·谥法解》："危身奉上曰忠。"为了君主的利益甚至于不惜置生死于度外，这是专对人臣而言的。春秋时期，政权观念、公私观念以及血缘关系均处于变动不居之际，这使得人们对忠君的道德义务也给予了极大的关注。《国语·晋语二》荀息曰："昔君问臣事君于我，我对以忠贞。君曰：'何谓也？'我对曰：'可以利公室，力有所能，无不为，忠也。葬死者，养生者，死人复生不悔，生人不愧，贞也。'"可见"忠"就是在服务君主方面尽力而为，以期无愧于心。相反，如果人臣为了自身而不顾君主的利益，则是不忠的行为，这就难免遭到人们的严厉指责，《左传》文公六年"以私害公，非忠也"讲的就是这个道理。

对古代的诸侯而言，家庭与政权合二为一，因而"利公室"与忠君并无本质区别。"忠"或者被称为"不二（贰）"，是指大臣对君主服务的义务具有排他性，要始终如一、负责到底。《晋语四》寺人勃鞮曰："事君不贰是谓臣。"同篇晋文公欲诛郑人詹伯，詹伯就烹时据鼎耳而疾号曰："自今以往，知忠以事君者，与詹同。"似乎正是顾忌到某种舆论压力，文公"乃命弗杀，厚为之礼而归之"。《左传》僖公十四年晋人原繁曰："社稷有主，而外其心，其何贰如之？……臣无贰心，天之制也。"所谓"贰"即不忠，看来春秋时期的确将是否怀有二心作为判断大臣道德的标准。《左传》僖公五年士蒍曰："守官废命，不敬；固雠之保，不忠。失忠与敬，何以事君？"僖公二十三年狐突曰："子之能仕，父教之忠，古之制也……父教之贰，何以事君？"

忠君是时人普遍认可的道德标准，大臣一旦背负上"不忠"的罪状，便可能身败名裂甚至无处立足。先秦时期这样的例子不胜枚举，《左传》宣公十二年："林父之事君也，进思进忠，退思补过，社稷之卫也。"在家国体制下，只有一心忠君者才称得上是社稷之臣，故而成公二年楚王论申公巫臣曰："其为吾先君谋也则忠。忠，社稷之固也，所盖多矣。"成公九年也说："无私，忠也。"成公十年君子曰："忠为令德。"（按：令德即美德）成公十七年："鲍国相施氏忠，故齐人取以为鲍氏后。"襄公五年季文子卒，据说他室无衣帛之妾，厩无食粟之马，用无金玉宝器。君子由此判定他忠于公室："相三君矣，而无私积，可不谓忠乎？"在人臣渐怀二心的春秋时期，季文子的确是一个忠君的典范。襄公十四年君子曰："子囊忠。君薨，不忘增其名；将死，不忘卫社稷，可不谓忠乎？忠，民之望也。"昭公元年赵孟曰："临患不忘国，忠也。"《论语·为政》季康子问："使民敬、忠以劝，如之何？"《八佾》孔子曰："君使臣以礼，臣事君以忠。"

先秦早期，人们在强调忠君时还往往提到君主要体恤大臣。然而随着君主专制的加强，君臣之间互惠式的施报便被单纯的忠君取代。尤其是在"主卖官爵，臣卖智力"、[1]"君臣非有骨肉之亲"[2]的战国之际，人们更看重的是大臣能否对君主忠心耿耿，而不是君主应如何礼遇大臣。在这种情况下，"不忠"成为大臣常要警惕的一条道德戒律。《韩非子·有度》说："贤者之为人臣，北面委质，无有二心……诈说逆法，倍主强谏，臣不谓忠。"

---

① 《韩非子·外储说右下》。

② 《韩非子·奸劫弑臣》。

《战国策·齐二》张仪事秦惠王，惠王死，武王立，左右恶张仪，曰："张仪事先王不忠。"《楚三》楚王逐张仪于魏，理由就是"为臣不忠不信"。《秦五》姚贾曰："子胥忠于君，天下愿以为臣。"战国之际，人们对忠君的强调，其实恰好说明血缘关系在政治生活中的渐次消退。这表明忠君道德的根源虽可追及史前，但它也随着现实社会结构的变化而变化。

知恩图报，是先秦人臣的第二项道德义务。从史前部落首领以德聚民的事例中，可以看到施舍者如何通过施利于人的办法换取支持，登上统治宝座。实际上，在施予与接受的过程中，首领与随从者之间自然而然地建立起一种互惠式的义务关系。首领的赐予是为了赢得人们的追随和服务，追随者也试图通过自己的服务换取自上而来的利益。当国家组织成立，施舍者与被施舍者变为君主与大臣之后，两者关系的不对等性就会加强。在这种情况下，社会看重的是大臣如何回报君主的恩惠，而知恩不报则是为人所不齿的失德行为。

先秦文献中有很多关于施报关系的记载，其中有些并不拘于严格的君臣之间。《诗·卫风·木瓜》：

> 投我以木瓜，报之以琼琚。匪报也，永以为好也。投我
> 以木桃，报之以琼瑶，匪报也，永以为好也。投我以木李，
> 报之以琼玖。匪报也，永以为好也。

朱熹集传："言有人赠我以微物，我当报之以重宝，而犹未足以为报也，但欲其长以为好而不忘耳。"所谓"匪报"，是说不刻意追求回报，因为回报只是手段，建立良好的人际关系才是目的。施报的道德原则同样适用于处理国与国之间的关系。《左传》僖公十四年冬，晋因饥荒而遣使乞籴于秦。秦伯问大臣子桑如何处理此事。对方回答道："重施而报，君将何求？重施而不报，其

民必携，携而讨焉，无众，必败。"遂积极给予救助。同年冬，秦使乞籴于晋，晋人却拒绝借给粮食。晋臣庆郑说："背施、幸灾，民所弃也。"国家之间一旦建立了施舍与受施关系，受施的一方便有回报的义务，否则会遭到民众的谴责或遗弃。僖公二十三年晋公子重耳流落至楚国，楚子飨之而问曰："公子若反晋国，则何以报不谷？"重耳回答说："子女玉帛，则君有之；羽毛齿革，则君地生焉。其波及晋国者，君之余也。其何以报君？"楚王仍然坚持道："虽然，何以报我？"在此情况下，重耳最终承诺将以战场之上的"退避三舍"作为报答。僖公二十八年，晋文公攻入曹国，"令无入僖负羁之宫，而免其族，报施也"。前已指出，文公的举措是为了报答僖负羁当初的馈飧之恩。成公三年，晋国将领知䓨被楚人俘虏，后来楚王将他释放。楚王问道："子归，何以报我？"对曰："臣不任受怨，君亦不任受德，无怨无德，不知所报。"王曰："虽然，必告不穀。"对曰："若不获命，而使嗣宗职，次及于事，而帅偏师，以修封疆。虽遇执事，其弗敢违，其竭力致死，无有二心，以尽臣礼，所以报也。"这则故事的情节与楚王责报于重耳极其类似，可见"有恩必报"通常被政治家视为理之必然。"重义轻财"的古人为何会对施报问题如此看重，甚至争执再三呢？对此只能有一种解释，那就是施报行为不仅在历史上具有深远的传统，而且在先秦社会中也发挥着重要的现实功能。

知恩图报的道德压力，迫使接纳者一旦受人恩惠，便不得不肩负起为施恩者排忧解难，甚至赴汤蹈火的义务。《礼记·檀弓上》："谋人之军师，败则死之；谋人之邦邑，危则亡之。"是说人臣平日受君主之惠，在国家面临危险时便有责任与之共存亡。《吕氏春秋·观世》："受人之养，而不死其难则不义。"也是讲这个道理。《左传》哀公二年记载说晋国赵、荀两家积怨颇深，赵孟的手下有一次抓到一个名叫公孙尨的人，此人是范氏的收税人。然而部下要求杀掉公孙尨的建议遭到赵孟的拒绝，他的理由是"为其主也，何罪"？赵孟不但放还公孙尨，而且将所获田税悉数退还。在后来晋、郑间的铁之战中，公孙尨亲率五百人夺得敌方蜂旗献给赵孟，并自承此举是为了"请报主德"。又如宣公二年，赵宣子为猎于首山，赐予一个名叫灵辄的饿人以食物。若干年后，灵辄充当了晋国宫廷的卫士。在宣子遭到晋君迫害而性命攸关的紧急时刻，灵辄"倒戟以御公徒而免之"。事后，宣子"问其名居，不告而退"。

为人臣者应该如何报答君主的恩德？对于不同的恩德，报答的程度是否有异呢？古人认为这需根据恩惠的轻重，以及施报双方关系的紧密程度加以权衡。《战国策·赵一》所载晋人豫让的故事很典型地说明了这个原则：

> 晋毕阳之孙豫让，始事范、中行氏，不说（悦），去而就知伯，知伯宠之。及三晋分知氏，赵襄子最怨知伯，而漆其头以为饮器。豫让遁逃山中，曰："嗟乎！士为知己者死，女为悦己者容！吾其报知氏矣！"乃变姓名，为刑人，入宫涂厕，欲以刺襄子……于是襄子面数豫让曰："子不尝事范中行氏乎？知伯灭范中行氏，而子不为报仇，反委质事知伯。知伯亦已死，子独何为报仇之深也？"豫让曰："臣事范中行氏，范中行氏以众人遇臣，臣故众人报之；知伯以国士遇臣，臣故国士报之。"

知氏被二家视为屡行不义之事的仇敌，但豫让仍对之忠心不已，"士为知己者死"一语便是最生动的表述。忠君不仅是春秋时期臣下的道德责任，就连战国之际的刺客，也往往为报答君主的知遇之恩而付出生命的代价。《战国策》就记载了齐国刺客聂政受韩人严遂恩惠，在完成孝敬老母的任务之后便慷慨赴难的动人故事。[①] 先秦时期大臣的报恩思想有多种表现，它与忠君观念既有联系又有区别。当然正如上文曾指出的那样，道德只是为人们设置的一道禁律，它并不能杜绝某些忘恩负义的行为。《吕氏春秋·离谓》记载说：

> 齐有事人者，所事有难而弗死也，遇故人于涂（途）。故人曰："固不死乎？"对曰："然。凡事人以为利也。死不利，故不死。"故人曰："子尚可以见人乎？"对曰："子以死为可以见人乎？"

按照一般人的看法，唯利是图、不替君长赴难乃是大不义之事，但有些人却凭借伶牙俐齿为自己开脱，这说明古老的道德传统已经被现实利益因素冲淡了。

人臣的第三项道德规范是轻去爵禄、淡泊名利。史前部落酋长往往要设法吸引和团结民众，博取他们的支持，追随者与酋长之间形成一种相对松散的合作关系，义合则留，不合则去。国家产生之后，君主的权威虽然得到极大提升，却无法完全改变这种关系。因此，义苟不合，轻去爵禄、淡泊名利便是大臣的一项基本"职业道德"；有的人甚至辞官不做，成了处士或隐士，这些人之所以为世所重，是因为他们有激浊扬清的作用。《论语·阳货》列举的"逸民"有：伯夷、叔齐、虞仲、夷逸、朱张、柳下惠、少连。周有八士叫伯达、伯适、仲突、仲忽、叔夜、叔夏、季随、季䯄，都是这流人物。《战国策·齐四》赵威后问齐使曰：

> 齐有处士曰钟离子，无恙乎耶？是其为人也，有粮者亦食，无粮者亦食，有衣者亦衣，无衣者亦衣，是助王养其民

---

① 《战国策·韩二》。

者也！何以至今不业耶？叶阳子无恙乎？是其为人，哀鳏寡，恤孤独，振困穷，补不足，是助王息其民者也！何以至今不业耶？……此二士弗业……何以王齐国、子万民乎？

威后提到的钟离子、叶阳子，显然是没有职守在身的民间隐居者，这批人通常因德才兼备而被当作统治阶层的人才库。当然，他们的另一个重要功能还在于"助王养民"、"助王息民"。可以想象，由于这些隐居民间的贤者能够帮助君主们维系人心，宣扬王化，这对于统治秩序的稳定无疑具有极大的价值。

　　社会对某种道德的肯定，有时候会以极端的形式表现出来。战国君主为了在斗争中赢得生存，竞相争取贤士的支持，这是当时贤士们得以与诸侯国君分庭抗礼的大环境。《战国策·齐四》齐宣王见严颜，曰："颜前！"颜亦曰："王前！"宣王不悦。左右曰："王，人君也；颜，人臣也；王曰'颜前'，颜亦曰'王前'，可乎？"颜对曰："夫颜前为慕势，王前为趋士，与使颜为慕势，不如使王为趋士。"同篇，有王斗者欲见齐宣王，宣王使谒者延入，王斗曰："斗趋见王为好势，王趋见为好士，于王何如？"使者复还报，齐王不得已而说："先生徐之，寡人请从。"与此同时，战国社会也不乏一些鱼目混珠者，他们试图利用人们对道德的盲目崇拜，以山中宰相自居，借以达到名利双收的目的。《战国策·齐四》的一则故事表达了人们对这种社会现实的辛辣讽刺。其文略云：齐人见田骈，曰："闻先生高议，设为不宦，而愿为役。"田骈曰："子何闻之？"对曰："臣闻之邻人之女。"田骈曰："何谓也？"对曰："臣邻人之女，设为不嫁，行年三十，而有七子。不嫁则不嫁，然嫁过毕矣。今先生设为不宦，訾养千钟，徒百人。不宦则然矣，而富过毕也！"按照批评者的看法，田骈无疑就是这样一个言行相违的道德伪君子。这个例子说明社会对一种道德价值观的过分鼓励，很可能为投机钻营者窃取荣华富贵提供可乘之机。

战国后期，随着君主权力的不断增强，大臣对爵禄的轻视和怠慢不再受到一些思想家（主要是法家）的认可，因为它是君主进一步加强专制的绊脚石。《韩非子·说疑》说：

> 若夫许由、续牙、晋伯阳、秦颠颉、卫侨如、狐不稽、重明、董不识、卞随、务光、伯夷、叔齐，此十二人者，皆上见利不喜，下临难不恐，或与之天下而不取，有卑辱之名，则不乐食谷之利。夫见利不喜，上虽厚赏无以劝之；临难不恐，上虽严刑无以威之。此之谓不令之民也。此十二人者，或伏死于窟穴，或槁死于草木，或饥饿于山谷，或沉溺于水泉。有民如此，先古圣王皆不能臣，当今之世，将安用之？

这段话的意指同前引赵威后问齐使的话显然不同。它虽然只是法家政治主张的反映，但也说明臣德的内容往往随着现实政治关系的改变而改变，在君主集权日隆的情况下顺从与忠君较之于淡泊名利更符合统治者的需要。

（三）民德

民德是在特定的政治条件下，作为政治角色之一的民众所持有的道德义务。比如说，既然统治者为民众带来了普遍利益，民众就应该作出相应的回报。前面已经说过，"以家代国"使家庭观念、家庭伦理政治化，先秦文献在讲到民众时也习惯于将他们比作子女、赤子，并认为顺从、忠实是他们的基本品质。《逸周书·王佩解》："民在顺上。"《仪礼·士相见礼》："与众言，言忠信慈祥。"《左传》宣公十二年："民皆尽忠，以死君命。"襄公十四年师旷曰："民奉其君，爱之如父母。"昭公三年也说陈氏以施舍收揽民心，结果齐国百姓"爱之如父母而归之如流水"。《大戴礼记·小辨》："夫政善则民说（悦），民说（悦）则归之如流水，亲之如父母。"《吕氏春秋·慎大》："汤立为天子，夏民大说（悦），如得慈亲。"这些材料表明在时人的理想当中，民众应效法子女对待父母的方式处理与君主的关系。只不过对父母谓之孝道，对君主谓之忠顺，称法不同而已。《论语·为政》季康子问："使民敬忠以劝，如之何？"子曰："临之以庄，则敬；孝慈，则忠；举善而教不能，则劝。"这也是把恭敬、忠顺作为训练良好公民的基本标准。《大戴礼记·主言》："上之亲下也如腹心，则下之亲上也如保赤子之见慈母也。"《礼记·坊记》孔子云："善则称君，过则称己，则民作忠。"这些论述看似在强调统治者为人楷模、以身作则的重要性，但从另一个意义上也是在要求民众顺从君主。

　　上述先秦时期的君德、臣德、民德，只是从中国古代前国家阶段若干文化因素的影响这一角度而言。实际上，当时政治领域的道德规范并不止于此，而且它们的影响因素也十分复杂，本书不可能对它们一一进行讨论。通过分析大致可以看出，中国古代前国家阶段的文化传统密切地影响了国家观念和国家结构，它们又进一步制约着先秦时期的各项政治道德。至此，我们似乎可以对涂尔干的下面这段话有一个更深入的理解："除了反常的情况外，每个社会大体上都有与之相适应的道德，其他道德不仅不可能存在，而且对于试图遵从它的社会来说也是致命的……每个社会要求其成员实现的这种理想类型是整个社会体系的基石，这可以为社会赋予同一性。"① 先秦时期的各项政治道德，正是当时政治组织形态和文化环境的必然产物。

---

　　① ［法］爱弥尔·涂尔干：《社会学与哲学》，上海世纪出版集团 2002 年版，第60—61 页。

第 三 章

礼乐文明与道德

在《社会学方法的规则》一书中，涂尔干曾将社会现象分为两类，即"活动状态现象"和"存在状态现象"。关于这两种不同的现象，作者这样解释道："由生理现象表现出来的，即关于思想、行为和感觉的现象，我们称之为'活动状态'现象。它们是社会现象的基本部分。另外，社会上还存在一些外貌的、形态的现象，我们称之为'存在状态'现象，它们同样与社会生活的基本条件有关，因此也属于社会学感兴趣的社会现象。如组成社会的各个基本分子，这些分子的形式和集合的程度、各地区人口的分布、交通道路的状况、人们的居住环境，等等。"[①] 所谓"活动"与"存在"显然是根据现象的稳定状况区分的，因为前者往往随着环境更替而变动不居，后者一旦形成则具有相对的稳定性。根据这种划分方法，本书前两章所讨论的家庭、国家无疑属于存在状态的社会现象，而礼俗、宗教、法律等则当归之于活动状态的社会现象。社会文化现象的以上两部分虽然状态有所不同，但在根本上都是制约道德产生和发展的关键因素，因此对于认识先秦道德问题具有同等重要的意义。

---

① ［法］爱弥尔·涂尔干：《社会学方法的规则》，华夏出版社 1998 年版，第 11 页。

先秦时期所谓"礼乐"亦可简单地称之为"礼"，它通常有广义和狭义之分。广义的礼乐，是当时社会包括礼仪制度、风俗习惯等在内的各种文化现象的总和；狭义的礼乐，则主要是指社会成员在人际交往中形成的各种模式化的行为仪式。礼乐在中国古代社会所占据的重要地位是无需论证的。按照春秋时期人们的一般看法，礼乐在夏商周三代的崇高地位几乎从未动摇过，三代礼乐在内容方面虽然存在"损益"关系，但它们的本质却完全相同，故《论语·为政》子张问："十世可知也？"孔子曰："殷因于夏礼，所损益，可知也；周因于殷礼，所损益，可知也。其或继周者，虽百世可知也。"《礼记·礼器》也说："三代之礼，一也。民共由之，或素或青，夏造殷因。"正是基于礼乐在先秦时期曾发挥过主导作用，近代以来的不少学者都将当时社会的基本特征概括为"礼乐文化"或者"礼乐文明"。① 本书之所以将夏商周时期的主流文化定义为一种礼乐文化或文明，也是出于上述考虑。本章试图集中讨论以下三个问题：即礼乐的形成、礼乐的结构以及礼乐与道德的关系。

一　先秦礼乐与礼乐文明

（一）礼乐起源于手势语言

古代的礼乐是怎样起源的？这是认识礼乐文化及其与道德关系的前提。关于这一问题，20 世纪以来许多学者试图通过文字训诂、考古材料、古人礼论的只言片语、甚至套用西方形而上学的进化论公式寻求答案，结果不仅未能揭示古代礼乐的真正起

---

① 相关著作包括杨向奎：《宗周社会与礼乐文明》，人民出版社 1992 年版；谢谦：《中国古代宗教与礼乐文化》，四川人民出版社 1996 年版；杨华：《先秦礼乐文化》，湖北教育出版社 1996 年版；张岩：《从部落文明到礼乐制度》，上海三联书店 2004 年版。

源，还将它与一些并不相干的问题联系起来，因而治丝益棼，人为地将问题复杂化了。常金仓先生从反思传统研究方法的角度入手，对礼乐的起源进行了文化学的实证分析。他采用文化要素分析的方法，将古代礼书所载的各种礼节仪式进行剖析，得出"礼乐起于史前时期手势语言"的科学结论。① 在本节内容中，笔者将根据自己的一些理解综合师说，对传统礼乐起源研究中的失误略加辨析，并就礼乐源于手势语言的观点试作进一步申论。

关于礼乐起源研究，首先需要澄清的一点就是人们往往错误地将礼乐的起源与功能混为一谈，从而干扰了对这一问题的正确理解。《荀子·礼论》说："礼起于何也？曰：人生而有欲，欲而不得，则不能无求，求而无度量分界，则不能无争，争则乱，乱则穷。先王恶其乱也，故制礼仪以分之，以养人之欲，给人之求，使欲必不穷乎物，物必不屈于欲，两者相持而长，是礼之所起也。"荀子是战国思想界积极主张"隆礼重法"，推动传统儒家思想向法家思想过渡的一个关键性人物，因而他的"礼论"无疑具有十分重要的价值。然而值得注意的是，荀子在这里提出的问题虽然是"礼起于何也"，但他却是从礼的功能来回答这个问题的。换言之，作者的用意不在于揭示礼是由哪种前赋文化发展而来的，相反他只是笼统地阐述了礼以什么方式满足社会需求，发挥社会作用。起源与功能虽然密切相关但本质不同，这是显而易见的道理。

关于事物起源与功能的区别，涂尔干在谈到社会学方法的规则时曾详加辨析，他说："大多数的社会学者对于社会现象，总以为只有考察它有什么用处，或者它在社会中扮演了什么角色，才能称得上是对这一现象的研究。他们以为事物存在的原因是由于它们对社会的效用，除了这种效用以外，其他原因都不是重要

---

① 常金仓：《原始礼仪与手势语言》，《陕西师范大学学报》1996 年第 1 期。

的、决定性的；正是为了了解这种效用，促使人们去研究事物。因此，他们认为只要能够揭示事物的实际效用或者说明事物的存在对于社会有什么需要，就可以称得上完全了解那件事物。"①在他看来，片面地强调功能或起源都不利于了解研究对象的本质，而混淆功能与起源的做法尤不足取。涂尔干直接明了地指出："他们这种解释社会现象的方法，混淆了事物的存在和事物的效用这两个极不相同的方面。证明一件事物为什么有效用，与解释它为什么产生或者它存在的状况如何，这是两个不同的问题。事物的所谓效用，是假设它具有这些方面的特别属性，这些属性说明了事物的特征，而不是事物产生的原因。我们对一种事物的需要不能说明事物本身的情况，因此，事物的存在不是用这种需要能够解释清楚的，事物的存在有它自己的原因。我们对事物表现出来的效用所发生的感情，可以使我们注意事物的原因及其结果，但是这种感情却不能解释事物的原因和结果。"②这就是说，研究事物的产生原因和功能同样重要，否则社会现象就难以得到全面合理的解释。

　　涂尔干的辨析表明，当有人提问"礼乐的起源是什么"的时候，他并不希望听到人们絮絮叨叨地说明礼乐如何在特定的社会环境中发挥作用。恰恰相反，他的本意是想了解礼乐究竟由哪些前赋文化、通过什么样的方式发展而来。由此可见，学者们在解释礼乐起源时如果不从它所赖以产生的文化要素入手，而是不假思索地引用《荀子·礼论》的相关论述作为依据，岂不是答非所问吗？如果想一想战国时期的社会状况以及荀子的立场，他关于礼乐的那套论述倒是很容易理解的。众所周知，战国后期是一个

---

　　① ［法］爱弥尔·涂尔干：《社会学方法的规则》，华夏出版社 1998 年版，第72—73 页。

　　② 同上书，第 73—74 页。

诸侯兼并日益加剧，社会矛盾趋于尖锐化的危急关头。在当时的一些政治家和思想家看来，如何加强礼乐的约束力量，并通过这种力量遏制人们的欲望、监督他们的行为乃是统治者的当务之急。荀子的"礼论"正是为了解决上述问题而提出来的，因此它的宗旨在于针对时弊，指出"隆礼"的重要性，而不是从学术角度揭示礼的起源。实际上，早在礼乐发生功能之前，它就已经处于悄无声息的酝酿过程当中，因此人们只有将眼光投向更早的历史阶段，才有希望发现礼乐起源的秘密。社会学家曾警告人们："要想了解一件事物，必须根据事物的因果线索探寻下去，直到人们能够直接观察实际事物为止。"① 这是说考察事物起源时不能仅仅着眼于问题表面，而应带有分析的眼光。那种将礼乐的功能当作起源的想法显然不仅误解了问题的本质，而且把礼乐的发生时间大大推后了。

传统礼乐起源研究中的第二种错误，在于人们试图将礼乐的起源和演变安插在某种形而上学的发展图式当中，或者视之为人类思想进化历程的一个阶段。有学者在谈到先秦儒家思想的根源时这样说道："儒家注重文化教养，以求在道德上超离野蛮状态，强调控制情感、保持仪节风度、注重举止合宜，而排斥巫术，这样一种理性化的思想体系是中国文化史的漫长演化的结果。"作者认为"夏以前是巫觋时代，商殷已是典型的祭祀时代，周代是礼乐时代……周代的礼乐体系就是在相当程度上已'脱巫'了的文化体系"。② 换言之，礼乐文化由古代社会的非理性文化进化而来，它是人类理性发展的成就。细心的读者不难发现，这种"礼乐时代"的观点实际上是根据19世纪英国古典进化论派人类

---

①　［法］爱弥尔·涂尔干：《社会学方法的规则》，华夏出版社1998年版，第74页。

②　陈来：《古代宗教与伦理——儒家思想的根源》，生活·读书·新知三联书店1996年版，第10—11页。

学家弗雷泽的"巫术时代理论"演绎而来的。众所周知，弗雷泽曾经在《金枝》中提出了一个关于人类思想或精神领域的进化论假设，即世界各民族文化中人们的思想和信仰都要经历"巫术—宗教—科学"的三阶段发展模式。[①] 巫术时代论在提出以后曾名噪一时，对古代宗教研究产生了广泛影响。尽管如此，随着 20世纪以来人类学研究的不断深入，古典进化论人类学理论逐渐丧失了解释力，弗雷泽的理论也因缺乏科学价值而被西方学界普遍放弃。因为文化的多样性，使它不适宜采用一种普遍模式进行解释。人类理性的进步或精神的进化原理即使能够成立，它也只能解释人类文明的共同特征，所以说把礼乐的产生归因于人类思想的进化是毫无意义的，因为它不能说明理性为什么会在各个文明中有不同的表现。用"理性"解释人类文化的做法最多只能满足哲学家的趣味，而对于科学地揭示文化规律缺乏价值。如果说理性化是人类精神发展的共同趋势，那么为什么只有像中国这样为数不多的国家或文明中才发展出丰富发达、特色鲜明的礼乐文化，而其他许多文明中却没有出现这种情况呢？对于这个问题，"时代论"者显然无法提供合理的答案，因此只有放弃形而上学的进化论假设，从要素分析入手，才有可能科学地揭示礼乐文化的起源。

根据古人论礼的零碎文字而断定礼乐起源于人类早期生活中的某一侧面，这是 20 世纪礼乐研究中的又一种错误倾向。例如有些学者坚持礼源于饮食的理论，他们说："大概古人首先在分配生活资料特别是饮食中讲究敬献的仪式。敬献用的高贵礼品是'醴'，因而这种敬献仪式称为'礼'。后来就把所有尊敬神和人的仪式一概称为礼了。后来推而广之，把生产和生活中所有的传

---

① 参见〔英〕詹姆斯·乔治·弗雷泽《金枝》相关部分，中国民间文艺出版社1987 年版。

统习惯和需要遵守的规范一概称为礼。等到贵族利用其中某些仪式和习惯，加以改变和发展，作为维护贵族统治用的制度和手段，仍然叫做'礼'。"① 然而不幸的是，除了主张礼起源于饮食之外，更多的学者则主张礼是由祭祀活动中发展而来的。王国维说："《说文》示部云：'礼，履也，所以事神致福也，从示从丰。'又丰部：'丰，行礼之器也，从豆，象形。'……盛玉以奉神人之器谓之豊若丰，推之而奉神人之酒醴亦谓之醴，又推之而奉神人之事通谓之礼，其初当皆用豊若丰二字，其分化为醴礼二字，盖稍益后矣。"② 刘师培对这一问题也持有相同的看法，他说："礼字从示，足证古代礼制悉该于祭祀之中，舍祭祀而外，固无所谓礼制。"③ 王国维、刘师培的看法近来则被何炳棣全面继承。④ 这些学者的具体结论虽然不尽相同，然而他们在研究思路上却无一例外地坚信：礼的起源可以从古人关于礼的议论乃至"礼"字的构造中得到现成答案。笔者在本书的"绪论"中已经指出，用文字训诂方法追溯一种文化现象的起源是非常不可靠的，这是因为文字的起源与文化的起源本来是两个极不相同的问题。对于王国维、刘师培等人的那种通过"礼"字追溯礼乐起源的做法，已有学者提出批评，论者认为："关于礼的起源，正如其他一切事物或观念的起源一样，不可能仅仅依靠汉字的字源学考释来解决。如由甲骨文的'礼'字来看，礼字取义主要是祭祀礼仪，这只能说明该字形产生时代所主要依据的情形，这既不能排除在更古远时代'礼俗'的情形，也不一定可以涵盖文字产生时'礼'的所有方面。就后来周代发展了的古礼体系，以及人类学所了解的初民文化中的仪式、习俗来看，礼仪的原始发生应可

① 杨宽：《古礼新探》，中华书局 1965 年版，第 308 页。
② 王国维：《释礼》，《观堂集林》(1)，中华书局 1959 年版，第 290—291 页。
③ 刘师培：《古证原论·礼俗原始论》。
④ 何炳棣：《原礼》，《二十一世纪》1992 年第 2 期。

上溯到更为古远，在那个时代，祭祀仪式可能尚未出现，或者祭祀仪式并不是整个仪式体系的主要内容，更没有产生文字。"①对于那种试图从文字训诂中发现礼乐起源的简单化做法而言，这种批评可谓鞭辟入里。

今人动辄将礼乐的起源归之于初民社会的某个领域，实际上是受了古人论礼潜移默化的影响，如：

> 《礼记·礼运》："夫礼之初，始诸饮食，其燔黍捭豚，汙尊而抔饮，蒉桴而土鼓，犹若可以致敬于鬼神。"
>
> 《内则》："礼始于谨夫妇、为宫室、辨内外。"
>
> 《昏义》："夫礼，始于冠，本于昏，重于丧、祭，尊于朝、聘，和于乡、射，此礼之大体也。"
>
> 《礼运》："夫礼，必本于太一，分而为天地，转而为阴阳，变而为四时，列而为鬼神。"
>
> 又："是故夫礼必本于天，殽于地，列于鬼神，达于丧、祭、射、御、冠、昏、朝、聘，故圣人以礼示之，故天下国家可得而正也。"
>
> 《冠义》："礼义之始，在于正容貌，齐颜色，顺辞令。"

如果愿意下一番工夫的话，就会发现古人论礼之"初"、礼之"始"、礼之"本"的文献其实远不止以上这些，这里只是摘引了其中一些较具代表性的说法而已。乍看起来，这些讨论似乎都涉及了礼的起源问题，但仔细斟酌便会发现情况并非如此。古人讨论某一问题往往只是临事取义，他们并没有今人那种为研究对象提供全面、缜密答案的习惯。正如《论语》中弟子或问

---

① 陈来：《古代宗教与伦理：儒家思想的根源》，生活·读书·新知三联书店1996年版，第239页。

"孝"或问"仁"，但孔子总是结合具体情况为之作答，因此弟子们每次得到的答案都不尽相同。古人论礼也是如此，《礼记》中大量关于礼之初始本源的讨论，往往是当时的礼学家们针对礼之一端发表的见解和评论，他们或是为了强调某种礼制的重要性，或是为了指出礼的哲学基础，总之没有发生次序的意思，因此与我们今天所讨论的礼的起源问题可谓风马牛不相及。

由上述分析可知，把礼乐的功能与起源混为一谈固然误解了问题的本质，然而那种试图从某些形而上学的进化公式出发，或者从文字训诂以及古人论礼的若干词句中直接寻求礼乐起源的做法也不足凭信。事实上，礼乐同其他任何文化现象一样，它的产生并非一蹴而就，而是漫长的历史过程中多种文化因素共同作用的结果。因此考察礼乐起源唯一可靠的办法，就是放弃种种先入为主的成见和假设，而着眼于人类早期社会的各种主要文化要素，要素的聚散离合中蕴含着礼乐起源的秘密。

大致说来，文明时代礼乐文化的形成经历了两个过程：第一个过程是由手势语言发展为具有相对固定性的礼节仪式，第二个过程则是将这些仪式等级化成为礼乐制度。关于手势语言怎样演化为原始的礼仪，常金仓先生曾进行过细致的分析。他指出，任何民族的礼仪都是一种文化的层积物。最初，当外物刺激人类的心灵，而人类尚不能连续发出清晰可辨的音节来表达他们的感受时，他们不得不借助手势和动作弥补有声语言的不足，或者有声语言虽已产生，但手势动作可以更加生动地表达他们的思想时，他们宁肯使用手势语言和动作，那时手势动作语言在整个语言系统中占据了很大的比重，没有这种特殊的语言，人们几乎说不出一个完整的句子，严格地说，这种单个的手势和动作还不能称为礼仪，而只能是一种"语言"。由于有限的手势动作难以充分表达人类的思想，于是人们就假借一些器物，特别是一些具有象征意义的器物来传达自己的思想情感，这就是后来礼仪中使用的礼器。当这种手势动作经过一个约定俗成的过程，其意义已经成为某个人类共同体尽人皆知的信息符号时，人们就反复使用它去应付日常生活的需要。于是这些被人类创造出来的单个的信息符号，就像单个的语词被连缀起来去描述一个事件的情节一样，转化为一种礼节仪式。礼乐形成过程中的第一个阶段至此结束。人类的等级制度确立之后，原始礼仪按照亲疏远近、高低贵贱出现等级度数的区别，人与人之间不再是平等的、毫无差别的对待，而礼仪也成为识别一个人社会地位的标志。① 中国古代的礼乐制度正是这样形成的。

(二) 礼乐文明的形成

人类学的大量调查材料表明，手势语言是世界许多民族早期发展阶段中曾广泛使用过的思想表达形式。那么为什么手势语言在有的文明中得到了充分发展，不仅形成了自成系统的礼仪制度，而且影响了整个文明的主流特征（比如中国古代）；相反，为什么有些文明中的手势语言并没有发展为礼仪制度呢？简而言之，这是因为手势语言虽然是礼仪的前身，然而它将在何种程度上发展为礼仪文化还要受到人类早期社会其他文化因素的影响和制约。

文化学家和历史学家经过长期考察发现，即使在最不成熟的社会中也普遍存在着四种社会组织力或控制力，那就是血缘关系、礼仪风俗、原始宗教和习惯法。② 在人类历史发展的早期阶段，这四种力量的发展和制衡对于文明类型的奠定往往具有至关重要的意义。一般而言，血缘关系是初民社会条件下人们构建各

---

① 常金仓：《手势语言与原始礼仪》，《陕西师范大学学报》1996 年第 1 期。

② 美国法律学家罗斯科·庞德认为，社会控制的主要手段是道德、宗教和法律。他似乎没有注意到血缘关系在社会组织形成过程中的重要性。

种社会组织——氏族、家庭、部落——的最主要依据，国家是这些早期社会组织发展的最终结果。以这些组织为基础，其他三种社会组织力的不平衡发展将导致三种风格迥异的文明类型：第一，在那些原始宗教特别发达的地区会出现类似政教合一的神权制国家，在这种国家当中，祭司集团操纵国家权力，公元前3100 年左右在非洲尼罗河流域建立的埃及王国可以看作这类文明的典型；第二，在那些原始习惯法得到优先发展的地区，可能出现早期的法治国家，公元前 18 世纪两河流域出现的古巴比伦以及公元前 6 世纪的罗马是这类文明的代表；第三，在那些原始风俗礼仪特别盛行的地方，则可能出现礼制国家，吠陀时代的印度、先秦时代的中国属于这种文明类型。① 这只是就文明形成的一般原理做出的概括，文明的形成过程当然要更为复杂生动。尽管如此，这种社会组织力制衡发展的理论对于解释中国古代礼乐文明的形成仍然具有重要价值。

现在结合有关文献，对以上四种社会组织力在中国古代文明类型形成过程中各自的发展状况作一番简单考察。② 首先可以肯定地说，血缘关系不仅在史前时期得到了最为充分的发展，而且它还将这种巨大的影响力保持到中国古代国家建立之后。笔者在前文分析家庭、国家与道德关系的时候曾经指出，与希腊、罗马的情形有所不同，中国史前时期的血缘组织在国家产生前夜并没有因为遭到破坏而濒临瓦解，恰恰相反，它还成为整个国家机器赖以建立的重要基础。事实上，"以家代国"不仅为三代以来的中国社会打上了血缘色彩的深刻烙印，而且也使得血缘组织自身长期保持了强大的生命力。

---

①　常金仓：《穷变通久：文化史学的理论与实践》，辽宁人民出版社 1998 年版，第 85 页。

②　关于古代宗教与法律发展的情况，我们将在下文分析两者与道德关系时作进一步论述，这里只是尽可能简单地指出其中的一般情况。

　　就原始宗教的发展而言,尽管有关史料表明中国史前时期一度出现过宗教和巫术勃兴,甚至像《国语·楚语》中所说"民神杂糅","夫人作享,家为巫史"的局面,但是在颛顼氏和尧舜时期前后两次的严厉打击之后,这种强烈的宗教情绪很快便落入低潮。中国古代宗教本身的不发达或者还有宗教自身特点的原因,但是上述遏制无疑在很大程度上决定了它不可能再成为古代文明的主导性组织力量。

　　从史书记载的若干信息可以推知,中国史前习惯法在早期发展中遭遇了与原始宗教极为类似的命运,它在一次控制社会秩序的尝试以失败而告终后也引起了人们的高度警惕甚至排斥。《尚书·吕刑》说:"蚩尤惟始作乱,延及于平民,罔不寇贼,鸱义奸宄,夺攘矫虔。苗民弗用灵,制以刑,惟作五虐之刑,曰法。杀戮无辜,爰始为劓、刵、椓、黥,越兹丽刑并制,罔差有辞,民兴胥渐,泯泯棼棼,无中于信。"这是说蚩尤作乱导致了社会秩序的紊乱和犯罪行为的频繁发生,苗民为了解决这些问题便制定了法律措施加以惩处,结果却由于刑罚过于严酷而导致事与愿违乃至产生了更为严重的社会问题。《吕刑》的作者是站在总结历史经验教训的立场上来回顾苗民作刑罚之事的,由此也足以看出这次失败的法律实践在后人心目中留下了何等深刻的印象!

　　总的看来,由于在中国古代文明的抉择时期,宗教与法律的发展都遭到了不同程度的抑制,而只有作为礼制前身的风俗习惯得到了充分发展的机会,因此整个文明便定位为一种以礼乐制度为主导因素的文明类型。在这种礼乐文明当中,礼制成为整个社会的重要控制力量,而法律与宗教虽然没有销声匿迹,但总体而言却始终处于相对次要的辅助性位置。正是三者之间的这种不同地位及其配置方式,影响了古代社会道德事实的若干重要方面。

二　礼乐的结构特征

礼乐之所以能够在古代社会中发展成为一种制度乃至文明类型，并在较长历史时期有效地维系和协调着整个社会秩序的正常运行，这不仅是因为它承袭了史前原始风俗礼仪的权威，更与礼乐制度自身的结构特征紧密相关。从结构上而言，礼乐由内容和形式两部分组成，其中涉及了三项重要因素。

（一）礼乐的基础是权利

三代礼乐是由内容和形式构成的一个整体，其中内容包括了两项要素，亦即权利与道德。在理论上讲，礼乐制度中的权利涵盖了先秦时期行礼者所应享有的各种特权、利益、声望、财富等诸多方面的内容，它典型地反映了三代之际以血缘（"亲亲"）和等级（"尊尊"）为核心的政治与社会关系。金景芳教授曾经指出："亲亲，反映血缘关系。这时，夫对妻、父对子、嫡对庶、宗子对族人、有土之君对他的臣民等的特权，还没有产生，或已经产生却还未成熟。确切点说，是阶级统治的关系还未产生，或产生了还未成熟。前者（各种特权还未产生）是夏代以前的情况，后者（各种特权产生了还未成熟）是商代的情况。尊尊，反映政治关系，血缘关系已退居次要地位，但还与政治关系密切地纠缠着。这时夫对妻、父对子，宗子对族人、有土之君对他的臣民等等的特权，已经萌芽，或达到成熟。前者（各种特权已萌芽）是夏代的情况，后者（各种特权已达到成熟）是周代的情况。"[①]

结合前文有关家庭、国家与道德问题的分析可以看出，正如

---

① 金景芳：《学易四种》，吉林文史出版社 1987 年版，第 155 页。

金景芳教授所说的那样，"亲亲"与"尊尊"实足以概括三代政治以及权利关系的本质。实际上，这种以"亲亲"、"尊尊"为特征的社会权利关系既是整个先秦社会的主导因素，也是礼乐文化的核心，它也因此而决定了礼乐其他两项因素（道德和仪节）的基本特征。《左传》成公二年孔子评论卫人允许新筑人仲叔于奚"曲县、繁缨以朝"时惋惜地说："惜也，不如多与之邑。唯器与名，不可以假人，君之所司也。名以出信，信以守器，器以藏礼，礼以行义，义以生利，利以平民，政之大节也。若以假人，与人政也。政亡，则国家从之，弗可止也已。"详传之义不难看出，礼乐的"器与名"之所以受到统治者的重视，是因为它代表一定的政治身份（权利），随之而来的则是一系列的现实利益和待遇。是以放弃仪节就等于默认他人对权利的拥有，甚至意味着将自己手中的特权让渡给第三者。仲叔于奚的事例是春秋时期礼乐崩坏的一个缩影，但它恰好反映了权利在礼乐制度中所占据的核心地位。

（二）礼乐的核心：道德

道德是礼乐内容之中除权利以外的又一重要因素，也是礼乐制度的核心。《国语·周语上》内史兴告周王曰："礼所以观忠、信、仁、义也。忠所以分也，仁所以行也，信所以守也，义所以节也。忠分则均，仁行则报，义节则度。分均无怨，行报无匮，守固不偷，节度不携。若民不怨而财不匮，令不偷而动不携，其何事不济！中能应外，忠也；施三服义，仁也；守节不淫，信也；行礼不疚，义也。"这是说忠、信、仁、义等道德规范事关民生利害，四者均可由行礼过程中得到反映。《左传》僖公十一年："敬，礼之舆也；不敬，则礼不行。"《孟子·尽心下》："动容周旋中礼者，盛德之至也。"《诗·大雅·民劳》："敬慎威仪，以近有德。"《礼记·仲尼燕居》孔子曰：

"薄于德，于礼虚。"显而易见的是，以上言论中的"德"只有当作"道德"理解时才能符合文义。这些材料表明道德的确是先秦礼乐的一项重要内容，因而通过礼仪的形式可以看到行礼者的道德素养。

关于道德在礼乐中所占据的重要地位，常金仓先生曾经指出："礼的内容经过不断抽象概括大体可以分出三个层次。它的第一层次，也是最低的层次，就是每项仪式分别具有各自特定的涵义……尽管仪式节文很多，其内容的表达方式也变幻不定，但所有仪式表达的内容不外乎君臣、父子、兄弟、夫妇、朋友五种关系，古代叫做'五伦'或'五常'……处理'五伦'关系的准则就是仁、义、忠、孝、慈、悌、信这样一些伦理道德范畴……这是礼的内容的第二个层次。如果把这些伦理道德观念进一步概括，就剩下一个'德'字，它是礼'义'的最高境界，所以《礼器》说：'天道至教，圣人至德。'"①

道德在礼乐中所占据的独特地位乍看起来似乎是一种令人费解的现象，但是如果联系前文分析过的礼乐起源问题，这一疑问便会涣然冰释。实际上，相对于原始宗教和习惯法而言，史前社会的礼仪风俗本身就容纳了大量的道德规范在内，它的重要特征就在于通过舆论等非暴力、非强制手段化解社会矛盾，解决社会问题。正因为这样，当人类进入礼乐文明时代之后，大量道德规范便被顺理成章地容纳在礼乐制度当中。不仅如此，由于礼乐与道德之间往往存在着密不可分的关系，因此古人经常有意无意地将两者联系甚至等同起来。《论语·为政》孔子曰："道之以政，齐之以刑，民免而无耻；道之以德，齐之以礼，有耻且格。"《礼记·缁衣》："夫民教之以德，齐之以礼，则民有格心。教之以政，齐之以刑，则民有遁心。"是以

---

① 常金仓：《周代礼俗研究》，黑龙江人民出版社 2004 年版，第 4—5 页。

德礼并称，政刑并称，尤见其中异同。《大戴礼记·礼察》："故世主欲民之善同，而所以使民之善者异。或导之以德教，或驱之以法令。导之以德教者，德教行而民康乐；驱之以法令者，法令极而民哀戚。"德教之所以与法令不同，原因在于前者是通过礼乐教化民众，后者以刑律苛责于人。德教，古人亦谓之"德法"，以便与"刑法"相区别，故《盛德》云："礼度，德法也，所以御民之嗜欲好恶……刑法者，所以威不行德法者也。"总的看来，按照古人的观点所谓"礼教"在很大程度上就是"德教"，它是一种与"刑教"、"法教"相对而言的治国理念或原则。

（三）礼乐的形式：仪节

所谓仪节，古人又谓之"仪"，笼统地讲就是指礼乐的各种外在表现形式。《左传》昭公二十年子大叔见赵简子，简子问揖让、周旋之礼焉。对曰："是仪也，非礼也。"仪节又可分为动仪、礼容、礼器、礼辞等四个方面。

礼乐的动仪，是指人们在行礼过程中的左右周旋、进退揖让、坐立俯仰等一系列行为动作、肢体语言。《墨子·非儒》说："（孔子）繁登降之礼以示仪，务趋翔之节以观众。"《礼记·射义》："故射者进退周还必中礼。"《燕义》："君举旅于宾及君所赐爵，皆降，再拜稽首，升成拜。"《国语·周语下》说晋孙谈之子周适周，事单襄公，"立无跛"。凡此种种，都是就行礼者的动仪而言，动仪是仪节中最为生动显著的部分。

礼容是指包括行礼者神态在内的各种面部表情。《周语下》称晋周"视无还"，是说晋周礼容端庄，而柯陵之会上晋厉公"视远步高"，则是一种隐含傲慢之气的仪态。《左传》僖公十一年："天王使召武公、内史过赐晋侯命，受玉惰。""惰"指的是神情怠惰，说明内史过在行礼时内心缺乏足够的恭敬。

人们在长期的行礼过程中往往会形成一些公式化的套语，是谓礼辞。《周语·国语下》说晋悼公"言敬必及天，言忠必及意，言信必及身，言仁必及人，言义必及利，言智必及事，言勇必及制，言教必及辩，言孝必及神，言惠必及和，言让必及敌"。这是说他的言论符合礼的特定要求。《仪礼·士相见礼》："与君言，言使臣；与大夫言，言事君；与老者言，言使弟子；与幼者言，言孝弟于父兄；与众言，言忠信慈祥；与居官者言，言忠信。"这是从言论内容上对礼辞所作的规定。《论语·乡党》："孔子于乡党，恂恂如也，似不能言者；其在宗庙朝廷，便便言，唯谨尔；朝，与下大夫烟，侃侃如也；与上大夫言，訚訚如也。"礼辞不仅仅是指说话的原则，它还包括一些模式化的言论，如《士冠礼》："吉月令辰，乃申尔服。敬尔威仪，淑慎尔德。眉寿万年，永受胡服。"礼辞具有很强的生命力，它往往在礼乐既丧之后仍保持它的本来面目。

礼乐形式中的最后一项是礼器，它是人们在行礼过程中为表达特定涵义而使用的一些器物或媒介。礼器当中除了那些常规的祭祀、饮食器皿以及器中所盛食物之外，还包括各种衣服车马、宫室旗章，等等。《国语·周语上》周襄王使太宰文公及内史兴赐晋文公命，"馈九牢，设庭燎。及期，命于武宫，设桑主，布几筵，太宰莅之，晋侯断委以入。太宰以王命命冕服，内史赞之，三命而后即冕服"。《楚语》："王孙圉聘于晋，定公飨之，赵简子鸣玉以相。"这里所谓"九牢"、"庭燎"、"桑主"、"几筵"、"冕服"、"鸣玉"等均属于礼器。同样的，上引《左传》僖公三十年周公阅聘鲁之事，"飨有昌歜、白黑、形盐"；又成公二年："新筑人仲叔于奚救孙桓子，桓子是以免。既，卫人赏之以邑，辞，请曲县、繁缨以朝。"其中所用的昌歜、白黑、形盐、曲县、繁缨等都是古人行礼时不可或缺的礼器。此外礼器还包括音乐演奏中所使用的黄钟大吕等，故

《礼记·乐记》说："乐者，非谓黄钟、大吕、弦歌、干扬也，乐之末节也，故童子舞之。铺筵席，陈尊俎，列笾豆，以升降为礼者，礼之末节也，故有司掌之。"这是说相对于礼的内容而言，礼器处于次要地位，与其舍本逐末地追求形式倒不如重视礼的本质。

应该指出的是，以上所举礼乐仪节的四端——动仪、礼容、礼辞、礼器——在古代礼乐制度中占据重要位置，因此这方面的规定有时竟达到繁文缛节的程度，《礼记·中庸》所谓"礼仪三百，威仪三千"说的就是这种情况。先秦礼乐仪节的繁复程度与它所承担的社会功能之间成正比关系，这可以从下面几个方面看出：

首先，就仪节与权力、道德的关系而言，礼仪不仅反映着权力和道德，同时也是后两者得以统一的中介和依据。仪节代表并反映权力，这在先秦文献中不乏典型论述。《左传》僖公二十五年说晋文公朝见周天子，并向周王请求一种称为"隧"的礼仪，周王不许，曰："王章也。未有代德，而有二王，亦叔父之所恶也。"与之阳樊、温、原、攒茅之田。① 什么是"隧"？古今说法不同，前人多以为是指天子葬制，常金仓先生则认为这是一种象征权力和荣誉的旗帜，此说颇得情理。② 可见晋文公"请隧"正如卫人仲叔于奚"请曲县、繁缨以朝"一样，不过是请求得到一种天子礼器的使用权而已。盖东周以降，周天子在权力地位方面虽已今非昔比，但他仍深知紧握"王章"最后这根救命稻草的重要意义。《荀子·富国》云："礼者，贵贱有等，长幼有差，贫富轻重皆有称者也……德必称位，位必称禄，禄必称用。"这是说礼的规格应与一定的权力标准相一致。东周贵族阶层中下级觊觎

---

① 又见《国语·晋语四》。

② 常金仓：《晋侯请隧新解》，《山西师大学报》1988 年第 4 期。

上级仪节的事例之所以不绝于书，充分说明越是王权陵夷的时代，人们对权力的象征看得越重。由于仪节代表着权力，因此放弃礼仪就等于放弃了权柄，《国语·晋语四》说晋文公重耳流浪过卫，卫文公有邢、狄之虞而不能备礼。卫大夫宁庄子对卫文公说："夫礼，国之纪也……国无纪不可以终……今君弃之，无乃不可乎？"卫君"弃礼"不过是说他省略了贵族之间相待应备的仪节，但这竟成为日后晋卫之间萌生战事的借口。又，《左传》宣公三年楚子观兵于周疆，问及周鼎之大小轻重。定王使者王孙满有理有节地回答道："在德不在鼎……德之休明，虽小，重也。其建回昏乱，虽大，轻也……周德虽衰，天命未改，鼎之轻重，未可问也。"这是说天下得失关键在德，而不在礼器的大小。其实鼎既是大型礼器，又是"王章"（即权力和德性的象征），难怪它能引起人们浓厚而持久的兴趣。当然在礼乐文明衰落的情况下，周天子也只能强调"在德不在鼎"了。东周之后，周天子的权威陵夷，然而他还不甘放弃"礼乐"，这并非出于虚荣，而是现实利益攸关的表现。

其次，仪节通常反映了行礼者的道德素质，也是人们借以评价行礼者内在修养的依据。《礼记·礼器》说："忠信之人可以学礼。苟无忠信之人，则礼不虚道。是以得其人之为贵。"古人制礼的理想目标，在于使人们的道德与权力统一起来，或者说保证统治者按照道德水准的高低优劣分享相应的权力。《礼记·乐记》说古时候舜作五弦之琴以歌《南风》，夔始制乐以赏诸侯。因此后代天子创造音乐的目的在于赏赐有德行的诸侯，"德盛而教尊，五谷时孰（熟），然后赏之以乐。故其治民劳者，其舞行缀远；其治民逸者，其舞行缀短。故观其舞，知其德；闻其谥，知其行也"。此说虽不乏传闻色彩，但从礼乐的道德功能方面考察却不无道理。如果缺乏一种外在、直观的依据，人们要在权力与道德之间建立联系就非常困难。正是在这种要求下，仪节成为人们通过道德力量规划和维护权利的重要依据。由此可见，礼仪本身虽然只是一种外在表现形式，但它却将人们的权利与道德联系起来，使三者之间建立起一种制衡机制。所以人们通常不仅可以凭借礼仪判断一个人的道德状况，并且可以进而推断他所应享有的权利。

综上可知，礼乐的结构特点在于它由权力、道德以及仪节三种要素构成。三者当中，权利属于核心内容，它不仅决定了道德和礼仪，而且也是后两者维护的对象。道德派生于权利，它的功能是通过仪节维护权利。仪节虽然处于礼乐的最外层，但对于统一道德与权利，并将两者有效地联系起到了不可或缺的作用。因此可以说先秦礼乐的功能在于以仪节为标志，通过道德的力量维护建立在亲亲、尊尊基础之上的权利关系和社会秩序。《左传》僖公二十七年赵衰说："礼乐，德之则也；德义，利之本也。"此处所谓"礼乐"指仪节，"德义"指道德，是以仪节为道德的标志，又以道德为权利的根本，赵衰的这句话的确堪称古人关于礼乐三要素关系的精当总结。在礼乐三要素当中，道德所占据的独特地位最值得重视，它足以说明礼乐文化何以在很大程度上可以称为典型的"道德文化"。

三　礼乐对道德的影响

（一）礼乐制约道德的种种方式

先秦礼乐影响道德的第一种方式，是它制约着人们的行为，以期使之符合社会的要求。由于史料阙如，夏商时期礼乐对道德的影响今已无从确知，尽管如此，周代礼制为道德之钤键却是近代以来多数学者的共识。王国维《殷周制度论》对道德与周代礼乐的关系曾颇为措意，他指出："周之制度典礼，乃道德之器械，而尊尊、亲亲、贤贤、男女有别四者之结体也。"王国维将周代礼制之大异于商者归纳为三个方面，即"立子立嫡之制"、"庙数之制"以及"同姓不婚之制"。在他看来："此数者，皆周人所以纲纪天下，其旨则在纳上下于道德，而合天子诸侯卿大夫庶民以成一道德之团体。"①春秋时期素来被人们视为王纲解纽、礼坏乐崩的时代，然而礼乐的道德功能也同样值得重视。徐复观曾经指出："通过《左传》、《国语》来看春秋二百四十二年的历史，不难发现在此一时代中，有个共同的理念，不仅范围了人生，而且也范围了宇宙；这即是礼。"②以上所引是就西周以及春秋时期礼乐的道德影响而言，实则在三代礼乐文化的大背景之下，人们的道德规范无时无刻不处于礼乐的协调和制约之中。比如《礼记·曲礼上》说："道德仁义，非礼不成；教训正俗，非礼不备；分争辩讼，非礼不决；君臣上下，父子兄弟，非礼不定；宦学事师，非礼不亲；班朝、治军、莅官，非礼威严不行；祷词、祭祀，供给鬼神，非礼不诚不庄。"这是说礼乐贯穿于社会生活的方方面面，无论政治、军事、家庭、宗教还是一般人际交往中都离不开它的指导和匡正，否则人们的行为将因失去判断的依据而无所适从。同样的道理还见于人们对音乐道德功能的强调，《荀子·乐论》说："乐者，乐也。君子乐得其道，小人乐得其欲。以道制欲，则乐而不乱；以欲忘道，则惑而不乐。故乐者，所以道乐也。金石丝竹，所以道德也。乐行而民乡方矣。"礼节和音乐只是工具、形式，它们的价值在于引导人们形成良好的道德修养。同篇又说："故乐在宗庙之中，君臣上下同听之，则莫不和敬；闺门之内，父子兄弟同听之，则莫不和亲；乡里族长之中，长少同听之，则莫不和顺。"礼乐使人们内心产生微妙的变化，

---

① 王国维：《殷周制度论》，《观堂集林》，中华书局 1959 年版，第 477、453—454 页。

② 徐复观：《中国人性论史》，上海三联书店 2001 年版，第 40—41 页。

他们的言行举止自然也会随之合乎道德的要求，上述功能无论在家族内部还是朝廷之上都普遍存在。

那么礼乐究竟为什么能够具有如此重要的道德功能呢？《礼记·檀弓下》鲁人周丰说："墟墓之间，未施哀于民而民哀；社稷宗庙之中，未施敬于民而民敬。"是指行礼活动很容易酝酿出一种集体生活的氛围，在这里参与者的一举一动都暴露在大庭广众之下，因此他们的行为便不得不符合团体的要求。《大戴礼记·哀公问五义》孔子曰："民之所由生，礼为大，非礼无以节事天地之神明也，非礼无以辨别君臣上下长幼之位也，非礼无以别男女父子兄弟之亲、昏姻疏数之交也，君子以此之为尊敬然。"可见，无论人们是处理与天地鬼神的关系，还是处理与世俗的社会与家庭关系，礼乐都是必不可少的媒介。故而《礼察》说："夫礼之塞，乱之所从生也，犹防之塞，水之所从来也。故以旧防为无用而坏之者，必有水败；以旧礼为无所用而去之者，必有乱患。故婚姻之礼废，则夫妇之道苦而淫辟之罪多矣；乡饮酒之礼废，则长幼之序失而争斗之狱繁矣；聘射之礼废，则诸侯之行恶而盈溢之败起矣；丧祭之礼废，则臣子之恩薄而倍死忘生之徒众矣。"这是说礼乐虽然没有暴力性和强制性，但它通常能够借助于社会舆论来维持自身的存在，并进而维护道德的尊严。礼乐之于道德就好像堤防之于水患一样，只有不断地维护和巩固它，才不至于使社会的道德秩序陷入紊乱之中。

礼乐对道德行为的制约功能，还表现在人们往往通过礼节仪式判断一个人道德品质和精神境界的优劣高下，这对于行礼者而言是一种无形的监督力量。《诗·墉风·相鼠》云："相鼠有皮，人而无仪。人而无仪。不死何为。相鼠有齿，人而无止。人而无止，不死何俟。相鼠有体，人而无礼。人而无礼，胡不遄死。"《曹风·鸤鸠》云："淑人君子，其仪一兮。其仪一兮，心如结兮……淑人君子，其仪不忒。其仪不忒，正是四国。"《大雅·

抑》也说："抑抑威仪，维德之隅……有觉德行，四国顺之……敬慎威仪，维民之则……慎尔出话，敬尔威仪，无不柔嘉……淑慎尔止，不愆于仪……温温恭人，维德之基。"《大雅·民劳》："敬慎威仪，以近有德。"《瞻卬》："不吊不祥，威仪不类。"这些例证中都将仪节与道德素养直接挂钩，实际上是要求人们时时警惕注意自己的言行举止，避免草率大意。至于如何通过威仪判断一个人道德境界的状况，《左传》襄公三十一年有一段具体的说明，不妨摘录于下：

> 卫侯在楚，北宫文子见令尹围之威仪，言于卫侯曰："令尹似君矣，将有他志。虽获其志，不能终也……"公曰："子何以知之？"对曰："《诗》云：'敬慎威仪，惟民之则。'令尹无威仪，民无则焉。民所不则，以在民上，不可以终。"公曰："善哉！何谓威仪？"对曰："有威而可畏谓之威，有仪而可象谓之仪。君有君之威仪，其臣畏而爱之，则而象之，故能有其国家，令闻长世。臣有臣之威仪，其下畏而爱之，故能守其官职，保族宜家。顺是以下皆如是，是以上下能相固也……故君子在位可畏，施舍可爱，进退可度，周旋可则，容止可观，作事可法，德行可象，声气可乐；动作有文，言语有章，以临其下，谓之有威仪也。"

以上材料表明，在礼乐文明的氛围中，威仪（礼乐的仪节）的确是人们衡量个人内在道德修养的重要依据。古人往往重视威仪，甚至动辄"以貌取人"，这些做法绝非因为他们昧于事物形式与内容的差别，而是礼乐文化影响人们观念的自然结果。毋庸置疑的是，在古代宗教和法律本身欠发达的状况下，这种"敬慎威仪，惟民之则"的观念对于保障社会道德、维系社会秩序都具有十分重要的意义。当然不容否认的是，这种制约方式中其实已经潜藏着礼乐一旦解体，道德将要面临虚伪化的必然趋势。

礼尚往来是古代礼乐文化中的重要精神之一，它意味着人们在频繁的礼节应对以及礼品交换中必须按照约定俗成的方式彼此予以报答或偿付。《礼记》中多处发挥了礼乐崇尚回报的本义，《曲礼上》说："大上贵德，其次务施报。礼尚往来，往而不来，非礼也；来而不往，亦非礼也。"此处所谓"施报"，即指礼的往来（包括行为的往来，也包括礼物的交换）。施报的精神往往被古人看得很重，人们认为它是礼乐的主旨之一，故而《礼器》说："礼也者反本修古，不忘其初者也。"又说："礼也者反其所自生，乐也者乐其所自成。"施报往来的原则在音乐中也非常重要，它与礼尚往来的本义相同。故而《乐记》说："乐也者始也；礼也者其所自成。"又说："礼之报，乐之反，其义一也。"《祭义》："礼得其报则乐，乐得其反则安。礼之报，乐之反，其义一也。"凡此种种都说明古代礼乐制度不仅看重人际交往中的施与，而且也十分强调相应的回报。原因在于如果人们在行礼过程中只是有来无往、施而不报的话，礼制就不可能顺利持续地进行下去。

行礼过程中的"尚往来"、"务施报"并非中国古代礼乐文明的特产，而是世界上许多文化中普遍存在的现象。20世纪以来的人类学调查材料表明，在那些比较落后的部落社会中，人们往往举行一些类似于中国古代礼乐活动的仪式，其中贯穿的重要精神之一就是强调交换行为的对等性和交互性。1922年，马林诺夫斯基发表了《西太平洋的航海者》，其中详细介绍了一种流行于西太平洋特罗布里恩群岛居民中的所谓"库拉贸易"仪式，他的研究成果立即引起了学术界的强烈关注。据人类学家介绍，"库拉"一词的本义是指圈子或环。事实上，一切与库拉有关的部落、航行、宝物、日常用物、食物等，节日、各类仪式上和性爱上的服务、男女等无不包括在这一环中，围绕着这个环，生生不息地形成时间和空间上有规律的运动。① 本义上的库拉包括两种：一种是用红色贝壳加工而成的项圈，另一种则是用白色贝壳加工而成的臂镯。项圈和臂镯本身虽然制作精美，但并没有任何实用价值。它们的重要功能就是人们在定期举行的"库拉"交往中作为不同群体间沟通和交换的凭借。按照当地的风俗，项圈必须按照顺时针方向在这些岛屿中依次传递，而臂镯则总是以逆时针方向传递。从事库拉活动的双方中一旦有一方给另一方传递了这种特制的项圈或臂镯，便意味着两者之间建立起一种"库拉"交往关系。接受库拉的一方虽然未必被要求当场对给予进行还报，但这种义务的履行只是时间早晚的问题而已。这就是说，任何一方的库拉行为，就会将双方牵扯到一种无休无止、循环回报的施赠关系当中。伴随着这种仪式性的交往活动而来的，则是一系列与当地人们的生产生活有直接利益关系的商品交换、人际交往，等等。

事实上，这种"库拉"现象不仅与中国古人的行礼活动存在类似的仪式，而且在功能上也极为一致。西方学者曾经指出，库拉虽然带来某些经济方面的影响，但它的主要功能却不在经济方面而在道德方面。换言之，库拉交往最重要的社会意义，就是通过礼物交换建立人与人之间的信赖和情感，并促进人际交往的和谐。在传统社会当中，这是人际交往的润滑剂和重要桥梁。1906年，拉德克利夫—布朗在考察了孟加拉海湾的安达曼群岛的库拉现象之后得出了一些饶有趣味的结论，他发现当地各群体虽有能力自行解决工具，但这些交换对他们仍非常重要，而且其目的和

---

① 〔法〕马赛尔·莫斯：《论馈赠：传统社会的交换形式及其功能》，中央民族大学出版社 2002 年版，第 33 页。

商业贸易较为发达的社会不太一样。在这里，互相交换馈赠更多基于道德理由，目的在于让参与交换的人建立友善的感情，如果这一目的未能达到，交换便失去意义。谁也没有理由拒绝礼物。所有人，不分男女，都乐于竞相表现慷慨大方，互相比赛赠送更有价值的礼物。礼物巩固婚姻，缔结两家的亲戚关系；同时建立一种认同。这种认同感会以禁忌形式表现，双方即使互不往来、互不讲话，却有义务从订婚那一天直到生命终止，互送礼物，礼尚往来。这种禁忌实际上表现出互惠互欠的双方既怕又亲近的心理。这是当地人的社会原则之一，表示既亲密又疏远的禁忌也同样存在于共同参加共食海龟和猪肉仪式的男女青年之间，他们之间终生都有回赠礼物的义务。布朗还指出，长久分离之后相逢的礼仪，如拥抱、哭泣等具有与互相馈赠礼物同等的意义，人与人之间的情感如此紧密地混为一体。①

　　库拉贸易所牵扯到的这些道德情绪在工业化程度较高、经济完全主导人类生活的西方社会看来当然难以理解，他们无法想象传统社会的人们为什么要将大量的时间和精力耗费在这些"缺乏经济价值"的琐事上面。然而对于任何一个中国人而言，理解库拉交易的涵义就显得不那么困难了，这不仅是因为先秦社会曾通行特色鲜明的礼乐制度，更是因为即使在商品经济的影响力日盛一日的今天，我们也不敢小觑"礼尚往来"这一人际交往原则的重要意义。在一篇讨论古代礼品交换与商品交换关系的近作中，常金仓先生对库拉仪式与中国古代诸侯之间的朝聘礼仪进行了缜密细致的比较研究，文章最后得出结论说："根据以上的分析，我们发现中国古代国家之间相互访问的朝觐聘问与美拉尼西亚人的库拉贸易不仅在礼仪上而且在社会功能上具有惊人的相似性，

---

① ［法］马赛尔·莫斯：《论馈赠：传统社会的交换形式及其功能》，中央民族大学出版社 2002 年版，第 29—30 页。

我们甚至可以说朝觐聘问就是从一种类似库拉的部落交往发展而来的。上文说过海外库拉是内陆库拉的延伸，那么天子诸侯间的朝聘也应是民间礼物馈赠的扩大形式。由于礼品经济不仅同样可以实现商品经济的目的，而且具有强大的社会整合功能，它把社会成员全部纳入一个道德团体之中，使人成为道德人而不是经济动物，因而古人采用了它，于是商品经济便很难发展起来。"①这就是说，礼物交换在人们之间建立了休戚与共、永无止息的联系，使他们不再停留为某种单一的经济群体，而且也成为道德群体。在社会群体的交互联系和制约中，道德规范自然而然地得到了确立和维系，相反对于那些不守规范者而言，舆论压力或孤立是他们必然面临的惩罚。从这个意义上讲，道德既是礼物交换的保障又是它的产物。马林诺夫斯基曾描写了一个叫图瓦沙纳的酋长对开卢拉岛酋长久不回礼的愤怒，"（他）宣称不会再和这个 topiki（小人）交易了。他说这个酋长长期欠下他一对 mwali 回礼（yotile），迟迟不和他库拉；接着，图瓦沙纳大发雷霆，说他曾送给这酋长一些陶器，对方说会给回他几头猪，但到现在仍未兑现"。②

中国古人对施报的重视，前文讨论国家与道德关系时已进行过分析。如果说施报观念源于史前部落首领施舍聚民的话，那么这种传统的维系无疑是通过礼乐而实现的。《左传》僖公十四年冬，晋因饥荒而乞籴于秦，秦人给予帮助。而稍后秦人在要求援助时竟遭到晋人的拒绝。晋人因背施不报而给秦晋关系蒙上阴影，最后终于导致两国兵戎相见。礼乐活动是现实权利和义务关系的真实写照，文化之所以要求人们遵循"礼尚往来"的要求，

---

① 常金仓：《中国古代的礼品交换与商品交换》，《辽宁师范大学学报》2010 年第 1 期。

② ［英］马林诺夫斯基：《西太平洋的航海者》，华夏出版社 2002 年版，第 235 页。

原因在于社会的存在需要以持久有效的人际交往作为保障。所以说"礼尚往来"不是哲学家从礼乐活动中概括出来的空洞教条，而是人们总结现实生活经验教训，为实现礼乐的道德功能而创造的一项文化规则。在利益攸关的情况下，人们便会尽可能地遵守礼乐规范，按照社会的约定履行道德义务。这种遵守与其说是出于人们的自愿，倒不如说是社会环境强制的结果。因为一旦有人试图打破传统、摆脱义务，就等于抛弃了公认的价值系统而自绝于其他社会群体。在古代社会，如果一个人（或一个团体）因为违背公共传统而遭到其他社会成员的排斥，甚至于被放逐于人际交往的圈子之外，这对他（它）而言无疑是一种致命的惩罚。

礼乐制约道德的第二种方式，是通过长期反复的行礼活动培养人们的道德意识和道德观念。以音乐教化人们的最早记载见于《尚书·尧典》，帝曰："夔，命汝典乐，教胄子，直而温，宽而栗，刚而无虐，简而无傲；诗言志，歌永言，声依永，律和声，八音克谐，无相夺伦，神人以和。"夔曰："于予击石拊石，百兽率舞。"对于"击石拊石，百兽率舞"，今人或受弗雷泽《金枝》的影响而释之为模拟巫术，但在笔者看来则过于牵强。相对而言，古人的解释倒显得清楚自然，如郑康成注曰："石，磬也。百兽，服不氏所养者也。率舞，言音和也。谓声音之道，与政通焉。"足见《尧典》所载是将音乐用于人伦教化的最早典范，其中虽有文学夸饰成分，但与古代观念极为吻合。《周礼·司徒》大司徒职有施十二教于民众之说，其中多数属于的道德教化，"一曰以祀礼教敬，则民不苟；二曰以阳礼教让，则民不争；三曰以阴礼教亲，则民不怨；四曰以乐礼教和，则民不乖；五曰以仪辨等，则民不越"。同篇《保氏》职掌养国子之道："乃教之六艺：一曰五礼，二曰六乐……乃教之六仪：一曰祭祀之容，二曰宾客之容，三曰朝廷之容，四曰丧纪之容，五曰军旅之容，六曰车马之容。"六仪即六种礼容，当然属于礼乐制度。不仅如此，礼乐对道德的教化不是停留于理论层面的教条，而是被先秦政治家们认为行之有效的一条实践经验。《左传》昭公二十七年晏子曰："礼之可以为国也久矣，与天地并。君令、臣共，父慈、子孝，兄爱、弟敬，夫和、妻柔，姑慈、妇听，礼也。君令而不违，臣共而不贰；父慈而教，子孝而箴，兄爱而友，弟敬而顺；夫和而义，妻柔而正；姑慈而从，妇听而婉：礼之善物也。"当时田氏在齐国的势力已经炙手可热，姜氏政权则危在旦夕，晏子站在总结历史经验教训的角度评论礼乐对于道德驯化的作用，这一认识无疑颇为深刻。

在礼乐文化大势已去的战国时代，一些学者依然极力强调礼乐的道德训诫功能。在荀子看来，人性本恶，但礼乐教化可以使人们具有利他的道德倾向，《荀子·性恶》说："夫子之让乎父，弟之让乎兄，子之代乎父，弟之代乎兄，此二行者，皆反于性而悖于情也。然而孝子之道，礼义之文理也。"是说人们道德水平的高低并非源自天然，而是礼乐教化的结果，故而同篇又说："天非私曾、骞、孝己而外众人也，然而曾、骞、孝己独厚于孝之实而全于孝之名者，何也？以綦于礼义故也。天非私齐、鲁之民而外秦人也，然而于父子之义，夫妇之别，不如齐、鲁之孝具敬父者，何也？以秦人之从情性，安恣睢，慢于礼义故也。岂其性异矣哉？"正是礼乐教化的不同导致了人们截然相反的道德面貌。战国时期儒家还极力发挥了音乐之道通于伦理的思想，认为音乐是教化民众的最佳工具。《礼记·乐记》："乐行则民向方，可以观德矣。德者，性之端也。乐者，德之华也。金石丝竹，乐之器也。"总的看来，先秦礼书所著录的各种礼节仪式均具有化民成俗、铸造人们道德品格的重要价值，这是古人一致的看法。

礼乐不仅有助于移风易俗，而且可以引导人们遵守特定的政治道德规范。《大戴礼记·朝事》："诸侯相与习礼乐，则德行修而不流也。"这是讲研习礼乐对诸侯道德修养的意义。如何通过

"习礼乐"的方式养成德行？《礼记》对此有许多具体而详细的论述，如《射义》说："古者诸侯之射也，必先行燕礼；卿、大夫、士之射也，必先行乡饮酒之礼。故燕礼者，所以明君臣之义也；乡饮酒之礼者，所以明长幼之序也"，"故射者进退周还必中礼。内志正，外体直，然后持弓矢审固，持弓矢审固，然后可以言中。此可以观德行矣。"同书《燕义》也说："君举旅于宾及君所赐爵，皆降，再拜稽首，升成拜，明臣礼也。君答拜之，礼无不答，明君上之礼也。臣下竭力尽能以立功于国，君必报之以爵禄，故臣下皆务竭力尽能以立功，是以国安而君宁。礼无不答，言上之不虚取于下也。上必明正道以道民，民道之而有功，然后取其什一，故上用足而下不匮也，是以上下和亲而不相怨也。和宁，礼之用也。此君臣上下之大义也。故曰，燕礼者，所以明君臣之义也。"这里明确指出燕礼、射礼的目的不在于饮酒作乐，而在于培养人们的道德情趣。可以想象，通过日积月累、持之以恒的礼乐活动，社会必然会将种种道德理念有效地灌输到人们的内心深处，从而为他们塑造高尚的道德情操提供可能。

　　由于礼乐对于培养人们的道德具有重要价值，古人往往将各种社会道德问题的出现都归咎于礼乐教化的疏失或松懈。《大戴礼记·盛德》认为，社会上的不孝行为生于不仁爱，不仁爱生于丧祭之礼不明。丧祭之礼的作用就在于通过四季不断的祭祀活动教导人们具有仁爱之心。同样的，社会上的君臣无义、男女无别，都是因为礼乐的某个方面出了问题，因此一旦发生上述问题，统治者就应该反思如何对症下药，从政治道德环境入手。因此："有不孝之狱，则饰丧祭之礼"，"有弑狱，则饰朝聘之礼"，"有斗辨之狱，则饰乡饮酒之礼"，"有淫乱之狱，则饰昏礼享聘"。将礼乐与社会生活的特定领域一一对应，在今人看来就像庸医一样脚痛医脚、头痛医头，似乎是治标而不治本的迂腐之举，然而在古代的礼乐文明下却有其合理价值。这种通过礼仪的修饰进而整饬社会秩序、维系世道人心的做法，古人谓之"以礼坊民"。《礼记·坊记》以孔子的口吻讨论了统治者借助于礼乐"坊民"的种种策略及其局限，兹引数例加以说明：

> 父母在，不称老，言孝不言慈。闺门之内，戏而不叹。君子以此坊民，民犹有薄于孝而厚于慈。
>
> 长民者，朝廷敬老，则民作孝。
>
> 祭祀之有尸也，宗庙之有主也，示民有事也。修宗庙，敬祀事，教民追孝也。以此坊民，民犹忘其亲。
>
> 升自客阶，受吊于宾位，教民追孝也。未没丧，不称君，示民不争也。故鲁《春秋》记晋丧曰："杀其君之子奚齐，及其君卓。"以此坊民，子犹有弑其父者。
>
> 孝以事君，弟以事长，示民不贰也。故君子有君不谋仕，唯卜之日称二君。丧父三年，丧君三年，示民不疑也。父母在，不敢有其身，不敢私其财，示民有上下也。故天子四海之内无客礼，莫敢为主焉。故君适其臣，升自阼阶，即位于堂，示民不敢有其室也。父母在，馈献不及车马，示民不敢专也。以此坊民，民犹忘其亲而贰其君。
>
> 夫礼，坊民所淫，章民之别，使民无嫌，以为民纪者也。故男女无媒不交，无弊不相见，恐男女之无别也。以此坊民，民犹有自献其身。
>
> 取妻不取同姓，以厚别也。故买妻不知其姓，则卜之。以此坊民，鲁《春秋》犹去夫人之姓，曰"吴"，其死，曰"孟子卒"。
>
> 礼，非祭，男女不交爵。以此坊民，阳侯犹杀缪侯而窃其夫人，故大飨废夫人之礼。
>
> 寡妇之子，不有见焉，则弗友也，君子以辟远也。故朋友之交，主人不在，不有大故，则不入其门。以此坊民，民

犹以色厚于德。

　　好德如好色。诸侯不下渔色，故君子远色以为民纪。故
男女授受不亲。御妇人则进左手。姑、姊、妹、女子已嫁而
反，男子不与同席而坐。寡妇不夜哭。妇人疾，问之，不问
其疾。以此坊民，民犹淫泆而乱于族。

　　显而易见，此处所谓"坊民"其实并不限于用礼乐为人们的
行为设置障碍，它还包括通过模式化的礼仪活动使行礼者养成良
好的道德习惯，或者为社会成员灌输特定的道德观念。以上材料
虽然是东周之际"礼坏乐崩"状况出现后思想家的一些讨论，然
而通过诸如此类关于礼乐教化功能的呼吁和强调，依然可以想见
礼乐在维护古代道德方面曾一度发挥过的积极效用。

（二）"礼坏乐崩"必然引起道德的瓦解

　　东周之际，礼乐文化的解构已经发展到了不可收拾的地步，
古人通常习惯于用"礼坏乐崩"来描述传统文化陵夷的这种惨淡
景象。然而有迹象表明，这种变化早在西周中叶就已初见端倪。
《吕氏春秋·音初》："周昭王亲将征荆，辛余靡长且多力，为王
右。还反涉汉，梁败，王及蔡公抎于汉中。"《史记·周本纪》也
说："昭王之时，王道微缺。昭王南巡守不返，卒于江上。其卒
不赴告，讳之也。"又，《国语·周语》大子晋曰："厉始革典。"
文献所载虽然语焉不详，但似乎表明当时的最高统治阶层中已经
出现了礼乐松动的现象。故而常金仓先生认为，从昭王至厉王之
际可以视为周代礼乐文明解体的第一阶段。相应的，春秋以及战
国时期，则分别是礼乐文明进一步解体的第二、第三阶段。①

---

① 常金仓：《周代礼俗研究》第 3 章《礼乐文化的解构》，黑龙江人民出版社
2005 年版。

礼乐的解构引起一系列连锁反应，道德作为其中的一项构成因素自然不可避免地要受到影响。礼乐制度的支离破碎必然使道德与权力、仪节之间不再发生有效的制约作用，而仅仅保持一种若即若离的表面联系。东周社会急剧转型，道德问题蜂拥而至，其中的原因繁复杂乱、不一而足，那么礼乐解构在这一过程中发挥了什么样的作用呢？常金仓先生在谈到礼乐与晚周风俗之间的关系时曾经指出："一种文化的解体，并不能立刻烟消云散，从社会上消逝得干干净净。战国时，旧礼乐的形式在社会上还以残余形态存在着，但是当我们看到晚周社会风俗时就会发现，上自列国诸侯，下至平民百姓，所谓行礼完全没有等级的度量，一任当事人好恶而定，他们也不再运用这套制度去维系社会生活的运转，所以它其实已沦为社会风俗了。礼最初以原始礼仪与道德观念结合而产生，最后又以两者的分离而解体，结果是道德蝉蜕，礼归于俗。"[①] 所谓"道德蝉蜕"实际上表现在两个方面：第一是道德走向沦丧和衰落，并以虚伪化的方式表现出来；第二是尽管道德在社会实践中遭遇冷漠甚至排斥，但关于道德的理论却因人们的争论而空前地发展起来了。

首先分析道德虚伪。道德虚伪是发生于东周时期道德生活领域中一种重要的文化现象，它主要表现为人们在关于道德的言论和实际行为之间出现了严重分离。这里以先秦文献中有关仁义以及孝道虚伪的若干材料为例对此略加说明。仁义是周代传统道德的重要内容之一，它曾在宗周历史上发挥过积极的社会功能。然而到了东周时期，仁义的道德权威逐渐受到挑战，仁义逐渐成为一种形式化、虚伪化的东西，这可从早期道家的有关批评中看出。《老子》三十八章说："上仁为之而无以为，上义为之而有以为……故失道而后德，失德而后仁，失仁而后义，失义而后礼。"

---

①　常金仓：《周代礼俗研究》，黑龙江人民出版社2005年版，第201页。

在道家看来，道、德、仁、义、礼五者构成了一个逐次退化的序列，仁义之类"名虽美焉，伪亦必生"。这显然是说，世俗之所谓"仁义"乃是大道既丧，人们有意为之的结果，因此徒具道德之名，在本质上只是假仁假义而已。至于天地造化万物，圣人治国安邦，则并不依赖于这种虚伪的仁义，正如五章所说："天地不仁，以万物为刍狗；圣人不仁，以百姓为刍狗。"道家认为，天地任自然、无为无造，貌似不仁而万物自相治理，这种所谓的"不仁"才是真正的仁。世俗之所谓"仁者"则不然，他们往往以"仁义"的名义造立施化，实际上却暗藏心机，"有恩有为"，其结果必然使万物失其本真。因此，圣人治理天下，应当效法天地无为，以自然"不仁"之道对待百姓。故而《老子》十八章说："大道废，有仁义"，十九章又主张"绝仁弃义"。春秋晚期，儒、道两家之间门户之见尚未强化，学说冲突也不如后世那样剧烈，因此不能简单地将这些批评理解为早期道家学者对儒家学说的指摘和批驳。实际上，老子并不笼统地反对仁义，他所反对的其实只是那种有名无实、虚伪化了的"仁义"而已。结合当时社会的各种情况不难推断，上述批评其实正是针对当时社会各领域，尤其是政治领域之中甚嚣尘上的仁义虚伪现象而发出的。

战国时期，随着统治者内部争权夺利斗争的大规模展开，仁义虚伪现象也较之先前有过之而无不及。诸侯为了满足一己私欲，往往一面高喊仁义道德，一面又从事攻人城池、窃人邦国的可耻行径。《墨子·鲁问》说："世俗之君子，皆知小物，而不知大物。今有人于此，窃一犬一彘则谓之不仁，窃一国一都则以为义。"这显然是关于战国时期欲壑难填的统治者假仁义之名、行不道之事的生动记载。仁义之所以足以制"小物"，而不足以制"大物"，其实完全是统治者出于现实利益需要变乱名实的结果。战国中期的道家思想家也对当时甚嚣尘上的仁义虚伪现象进行了深刻的揭露，《骈拇》说："且夫属其性于仁义者，虽通如曾史，非吾所谓臧也……吾所谓臧者，非仁义之谓也，臧于其德之谓也，臧于其德而已矣；吾所谓臧者，非所谓仁义之谓也，任其性命之情而已矣……夫适人之适而不自适其适，虽盗跖与伯夷，是同为淫僻也。余愧乎道德，是以上不敢为仁义之操，而下不敢为淫僻之行也。"在道家的眼中，世俗之所谓"仁义"就如骈拇枝指一样不仅违背了人性，而且与真正意义上的道德相去甚远。《胠箧》说："将为胠箧探囊发匮之盗而为守备，则必摄缄縢固扃鐍，此世俗之所谓知也。然而巨盗至，则负匮揭箧担囊而趋，唯恐缄縢扃鐍之不固也。然则乡（向）之所谓知者，不乃为大盗积者也？"这是说，世俗之人只知道结束袋囊绳索、坚固小箱环扣以防止盗贼，然而大盗来临的时候，却会举起小箱、担起囊袋，连同绳索环扣一同偷走，还唯恐绳索环扣不够结实呢！

　　由于昔日曾一度发挥过重要道德功能的"仁义"在战国中期已经近乎名存实亡，它的积极作用几乎丧失殆尽，因此所谓"圣人之法"、"仁义之道"已经堕落为那些政治盗贼们窃取政权的工具。这种所谓的"仁义"，非但无益于治，相反只能助纣为虐，庄子的这一思想通过"盗亦有道"的寓言形象地表达出来，《盗跖》："故跖之徒问于跖曰：'盗亦有道乎？'跖曰：'何适而无有道邪？夫妄意室中之藏，圣也；入先，勇也；出后，义也；知可否，知也；分均，仁也。五者不备而能成大盗者，天下未之有也。'"庄子得出结论说，善人固然应当得益于仁义之道，而盗跖之流又何尝不是如此？可是，

　　　　天下之善人少，而不善人多，则圣人之利天下也少，而害天下也多。五者所以禁盗，而反为盗资也……为之斗斛以量之，则并与斗斛而窃之；为之权衡以称之，则并与权衡而窃之；为之符玺以信之，则并与符玺而窃之；为之仁义以矫之，则并与仁义而窃之。何以知其然邪？彼窃钩者诛，窃国

者为诸侯,诸侯之门而仁义存焉。则是非窃仁义圣知邪?故逐于大盗,揭诸侯,窃仁义并斗斛权衡符玺之利者,虽有轩冕之赏弗能劝,斧钺之威弗能禁。此重利盗跖而使不可禁者,是乃圣人之过也。

由此可见,正如那些原先用以防止人们非法行为的手段和器具反被盗贼用于作恶一样,古时圣贤所高唱的仁义圣智之道到了战国之世也沦为"不善人"欺世盗名的遮羞布。这样的"仁义"岂不完全有背于道德的初旨吗?正因为这样,庄子在老子"绝圣弃智"、"绝仁弃义"思想的基础上,进一步将摒弃道德仁义的主张推向极致。《胠箧》说:"圣人不死,大盗不止。虽重圣人而治天下,则是重利盗跖也","故绝圣弃知,大盗乃止;擿玉毁珠,小盗不起……削曾史之行,钳杨墨之口,攘弃仁义,而天下之德始玄同矣。"因此只有剔除假仁假义,恢复自然本性才能使社会归于合理。

在统治阶级粉饰仁义、欺世盗名的同时,作为传统仁义道德传承者的儒家者流当中也盛行仁义虚伪之风。《庄子·外物》说:"儒以《诗》、《礼》发冢,大儒胪传曰:'东方作矣!事之何若?'小儒曰:'未解裙襦,口中有珠。《诗》固有之曰:"青青之麦,生于陵陂;生不布施,死何含珠为?"接其鬓,厌其顪,儒以金椎非法控其颐,徐别其颊,无伤口中珠。'"《诗》、《书》是传统道德的载体,儒家是传统道德的继承者和传播者,然而两者在这时候却与掘人坟墓、窃人财物之类的勾当牵扯在一起。这则寓言通过一些儒生目习圣贤之书、口颂仁义之辞、身行不道之事等言行背离的事实揭示出仁义在战国中期空前虚伪化的严峻事实。同书《徐无鬼》说,世人将功利心掺杂于仁义之中,使得仁义变成"禽贪者"攫取现实利益的器具:"爱利出乎仁义,捐仁义者寡,利仁义者众。夫仁义之行,唯且无诚,且假夫禽贪者器。"此处

"仁义之行，唯且无诚"一语，恰好准确地透露出当时社会现实中仁义虚伪现象的普遍盛行。礼乐制度的崩溃必然造就一批徒有虚名的道德伪君子，这是理之必然。

再看孝道的虚伪化。本书第一章已经指出，以血缘关系为纽带，以家族为主要适用领域的孝道在周代历史上曾发挥过重要的社会功能。东周时期，随着社会的剧烈变化，传统的道德权威日渐瓦解，孝道方面也出现了虚伪化倾向。《老子》十八章"六亲不和，有孝慈"，十九章"绝仁弃义，民复孝慈"，已透露出春秋时期孝道方面出现的严重危机。战国时期，社会上出现了亲死不葬，甚至厚葬寡孝的孝道虚伪化现象。《墨子·公孟》："鲁有昆弟五人者，其父死，其长子嗜酒而不葬，其四弟曰：'子与我葬，当为子沽酒。'……已葬，而责酒于其四弟。四弟曰：'吾未予子酒矣。子葬子父，我葬我父，岂独吾父哉！子不葬，则人将笑子，故劝子葬也。今子为义，我亦为义，岂独我义也哉？'"这一记载说明传统的孝道权威受到了质疑，孝道的道德规范功能已难敷其用，但毕竟还有人畏于孝道之"义"而姑且尽葬亲的义务。战国中期的道家也敏锐地察觉到当时社会普遍存在的孝道虚伪现象，《庄子·外物》说："演门有亲死者，以善毁，爵为官师，其党人毁而死者半。"这表明，将亲死居丧作为沽名钓誉、捞取政治资本的手段者在当时大有人在。

法家对战国时期的孝道虚伪现象也有类似的批评。《韩非子·内储说上》说："宋崇门之巷服丧，而毁甚瘠。上以为慈爱于亲，举以为官师。明年，人之所以毁死者岁十余人。"此"崇门之丧"是否即上文所引《庄子·天运》之所谓"演门之丧"的不同版本，今已不得而知。然而道家、法家各就其观点立论，所引例证却别无二致，这正好说明了孝道虚伪现象在当时的普遍性。《韩非子·内储说上》又说："齐国好厚葬，布帛尽于衣衾，材木尽于棺椁。桓公患之，以告管仲曰：'布帛尽则无以为蔽，材木尽则无以为守备，而人厚葬不休，禁之奈何？'管仲对曰：'凡人之有为也，非名之，则利之也。'于是乃下令曰：'棺椁过度者戮其尸。'罪夫当丧者无利，人何故为之也？"时人厚葬，非为美名即为重利，这种"孝道"当然并不可贵。通过厚葬博取美名重利，这并不是民间独具的丑陋习俗，而是战国诸侯普遍盛行的风气。《吕氏春秋·节丧》说："国弥大，家弥富，葬弥厚。含珠鳞施，玩好货宝，钟鼎壶滥（鉴），舆马衣被戈剑，不可胜其数。诸养生之具，无不从者，题凑之室，棺椁数袭，积石炭以环其外"，又说："世俗之行丧，载之以大辅，羽旄旌旗如云。偻翣以督之，以军制立者然后可……苟便于死，则虽贫国劳民，若慈亲孝子者之所不辞为也。"如此隆重的礼节显然不是一般百姓能消受得起的，这些"慈亲孝子者"如此大动干戈、劳民伤财，无非沽名钓誉而已，故《节丧》批评说："今世俗大乱，之主愈侈其葬，则必非为乎死者虑也，生者以相矜尚也。侈靡者以为荣，俭节者以为陋，不以便死为故，而徒以生者之诽誉为务。"综上可知，战国时期无论民间的厚葬败家、居丧毁身，还是官方的侈靡逾制，都包含着不可告人的功利性目的。这些行为完全丧失礼制精神，"孝道"只剩下一个空洞的外壳，是当时道德空前虚伪化的有力证明。

　　实际上，在不同的社会背景和文化结构下，道德衰落的表现往往有所不同。有时候，旧道德可能由于失去赖以存在的基础而摧枯拉朽般地迅速衰落，然后退出历史舞台；有时候，这种衰落却呈现出藕断丝连、持久反复的特点。在礼乐文明中，由于道德是礼乐制度的重要构成要素之一，因此与礼乐的其他要素之间具有相互维系、相互制约的复杂关系，当礼乐制度解体之后，这种联系并不会马上烟消云散而是要持续一段时间。在这个过程中，有人试图维持甚至重建礼乐的仪式（如儒家之所谓"克己复礼"），或者试图强化仪节与权力、道德之间的联系（如名家之所谓"正名"）；同时还有人试图通过非法所得的仪式攫取现实利益。凡此种种，都在很大程度上导致了社会道德的若存若亡、名实相违。在这个意义上可以说，东周出现的道德虚伪是传统道德衰落在礼乐文明中的特殊表现。按照文化学的基本看法，如果人们打算从根本上改造一种文化现象的话，唯有改变社会或文化结构才能标本兼治、一劳永逸，相比而言，道德宣传或教育通常只能发挥辅助作用。由于礼乐文化的结构与道德虚伪、追名逐利、欺世盗名等一系列文化现象之间具有直接而紧密的联系，因此从礼乐结构入手是消除这些丑恶现象的要旨。

礼乐解构带来的第二项结果，是随着礼乐的崩溃，道德与礼乐的关系成为人们关注的核心话题，先秦时期的伦理学[①]与道德理论因此而得以发展。徐复观曾经总结道："春秋时的道德观念，较之春秋以前的时代，特为丰富；但稍一推究，殆无不以礼为其依归。"[②] 道德的沦丧伴随着伦理学和道德理论的发达，这的确是先秦时期一种值得注意的文化现象。关于先秦道德理论的一般介绍大家可以参考任何一部古代伦理学编年史，在这里笔者仅以先秦时期几个主要学派的道德思想为例，分析一下礼乐解构对古代伦理学与道德理论的影响。

在东周时期，最早对道德衰落与礼乐解体的关系进行讨论，并提出系统看法的思想家当首推道家学派的老子。[③] 老子的道德

---

① 有些当代中国伦理学史研究者说："我国古代并无'伦理学'之名，其与'伦理学'一词意义相近的，则是一个'礼'字。'礼'的范围甚广，物则、彝伦均是礼，其中包括了对己、对物、对天地，甚至时空等各种关系，所以中国民族传统的伦理学，就是'礼'或'礼学'。"参见张家蕙：《中国伦理思想导论》，黎明文化事业公司1996年版，第13—15页。

② 徐复观：《中国人性论史》，上海三联书店2001年版，第43页。

③ 关于老子其人其书的年代，前人争论颇多。我们认为老子为春秋晚期人，世代稍早于孔子，《老子》成书于春秋之际。提倡此说者自古以来不乏其人，近年来又得到郭店楚简等地下出土材料的证明，由此益见其可信性。

理论从前引有关文献中可以清楚地看出，它分为道德发展论和道德理想两方面。老子认为人类道德的发展经历了一个"大道废，有仁义"的渐次退化的过程。前引《老子》三十八章说："上德不德，是以有德；下德不失德，是以无德。上德无为而无以为；下德无为而有以为。上仁为之而无以为；上义为之而有以为。上礼为之而莫之应，则攘臂而扔之。故失道而后德，失德而后仁，失仁而后义，失义而后礼。夫礼者，忠信之薄，而乱之首。"在老子看来，"上德"是最原始也是最高境界的道德，"上德不德"就是《礼记·曲礼上》所谓"太上贵德"，即广施而不求回报。"下德"的境界则稍逊一筹，"下德不失德"就是《礼记》之"其次务施报"，是说人们追求道德时已经带有一定目的性和功利色彩。十八章说："大道废，有仁义；智慧出，有大伪；六亲不和，有孝慈；国家昏乱，有忠臣。"至为明显的是，道家认为自古及今的道德演变呈现出一种不断衰落退化的态势，真正的道德乃是小国寡民、少私寡欲的环境中人们"无为而无以为"的结果。相反，一旦社会上出现了智巧争斗，便会以礼乐为工具标榜道德、攫取名利，结果却是时代愈晚、名号愈繁，道德也愈加沦丧。

　　在上述认识的基础上，老子提出了素朴无为的道德理想。《老子》五章说："天地不仁，以万物为刍狗；圣人不仁，以百姓为刍狗。"老子主张效法天地和"圣人"，他认为天地与"圣人"虽然未尝以仁义自相标榜，但其行为却由于遵循了自然无为之道而更加符合道德的真义。正因为这样，老子认为唯有人们杜绝了各种人为的心机才智之后，才能恢复到真正的道德状态。十九章："绝圣弃智，民利百倍；绝仁弃义，民复孝慈；绝巧弃利，盗贼无有。此三者以为文，不足。故令有所属：见素抱朴，少私寡欲，绝学无忧。"八十一章："信言不美，美言不信。善者不辩，辩者不善。知者不博，博者不知。圣人不积，既以为人己愈有，既以与人己愈多。天之道，利而不害；人之道，为而不争。"

十七章："大上不知有之；其次，亲而誉之；其次，畏之；其次，侮之。信不足焉，有不信焉。"总的看来，老子正是从传统道德与礼乐的背离中发现了解决现实道德问题的一条途径，他并不简单地主张取缔道德，而是主张将那些虚伪化的仁义礼乐加以排除。从这个意义上讲，道家与法家虽然都对传统道德及其载体（礼乐）进行了激烈的批判，但两者对于道德的态度其实并不相同：道家力图抛弃礼乐仁义的形式名号而建立素朴无为的道德；法家则主张彻底破坏道德的地位和权威，凡事"一断于法"。

庄子的道德理论虽然以探讨个人思想自由为志趣，然而"其要本归于老子之言"。[①] 同老子的看法相类似，庄子认为战国时期的仁义礼乐，均已堕落为世俗之人博取功名利禄的工具，因而与真正的道德之间天壤相隔。《庄子·骈拇》说："且夫待钩绳规矩而正者，是削其性者也；待绳索胶漆而固者，是侵其德者也；屈折礼乐，呴俞仁义，以慰天下之心者，此失其常然也。天下有常然……则仁义又奚连连如胶漆绳索而游乎道德之间为哉！使天下惑也。"又说："有虞氏招仁义以挠天下也，天下莫不奔命于仁义，是非以仁义易其性舆？"在庄子看来，那种"为仁义而仁义，为道德而道德"的做法显然违背了人类的天性，因而本身就是不道德的。战国之世能够产生真正的道德吗？庄子对此作出了否定的回答，《知北游》说："道不可致，德不可至。仁可为也，义可亏也，礼相伪也。"相反，庄子认为他所处的世道只能发展到人人相食的境地，故而《徐无鬼》发问道："后世其有人与人相食舆？"道家心目中的理想道德只存在于"至德之世"、"建德之国"，即《山木》所谓："至德之世，不尚贤，不使能；上如标枝，民如野鹿，端正而不知以为义，相爱而不知以为仁，实而不知以为忠，当而不知以为信，蠢动而相使，不以为赐。是故行而

---

① 《史记》卷 63《老子韩非列传》，中华书局 1959 年版，第 2143 页。

无迹，事而无传。"又说："南越有邑焉，名为建德之国。其民愚而朴，少私而寡欲；知作而不知藏，与而不求其报；不知义之所适，不知礼之所将；猖狂妄行，乃蹈乎大方；其生可乐，其死可葬。"这种主张捐弃仁义，抵制礼乐的道德理论，显然是对礼乐解构之后的道德状况进行深刻反思的结果。

礼乐的解构也促进了以孔子、孟子、荀子等人为代表的儒家伦理体系的形成。孔子是儒家伦理思想的开创者，由于亲眼目睹了春秋晚期礼坏乐崩的严峻现实，因而他十分重视对礼乐与道德关系的反思。孔子认为春秋时期社会秩序的纷乱是因为道德的崩溃，而道德的崩溃则当归咎于礼乐的解构，即名实分离。《论语·子路》子路问孔子曰："卫君待子而为政，子将奚先？"子曰："必也正名乎！"子路曰："有是哉？子之迂也。奚其正？"子曰："野哉由也。名不正，则言不顺；言不顺，则事不成；事不成，则礼乐不兴；礼乐不兴，则刑罚不中；刑罚不中，则民无所错手足。"所谓正名，亦即端正名实关系以使名实相合，实际上就是指严格审查礼乐的内容（权力与道德）与形式（仪节）之间的关系。《颜渊》齐景公问政于孔子，孔子对曰："君君、臣臣、父父、子子。"是君主、大臣、父亲、子女都应按照礼乐规定履行道德义务、享有权利，同时用相应的礼节仪式对以上两方面加以维系和规范。孔子敏锐地意识到，现实道德问题的出现与礼乐内部诸要素关系的错位休戚相关，因此他一方面积极推动"正名"事业，一方面极力弥补礼乐三要素中出现的纰漏。在权利方面，他反对"礼乐征伐自诸侯出"、"自大夫出"，而主张"礼乐征伐自天子出"；[1] 在道德方面，他主张"无求生以害仁，有杀身以成仁"，又主张"天下归仁"；[2] 在仪节方面，他认为"以旧

---

① 《论语·季氏》。

② 《论语·颜渊》。

礼为无所用而去之者，必有乱患"，① 因而反对变乱旧礼，主张维护礼仪的权威与尊严。以上三项主张不仅在孔子的道德理论中贯穿始终，而且对儒家后学也产生了积极而深远的影响。总的看来，以孔子为代表的"儒家既反对惜财废礼，也反对否定传统道德，他们救治病态社会的药方是促使礼的形式与内容再度整合，重建西周的盛世"，"但是孔子并没有实现他的奋斗目标，他没有能够使日趋分离的仪式与道德重新整合，通过他毕生的努力，一套脱离形式的道德教条独立地保存在他的言论和著述中，于是仁义孝慈忠恕等如金蝉脱壳，以纯观念的形式成为后世中国人的伦理哲学"。②

　　战国时期儒家伦理思想的代表人物是孟子和荀子，两者在人性问题上或主性善，或主性恶，取舍各不相同，然而他们的道德理论均与礼乐的解构之间存在某种程度的联系。孟子继承了孔子"贵仁"的思想，强调"仁政"以及"仁义之道"，而将"礼"作为道德规范体系中的构成部分。《孟子·公孙丑下》说："无恻隐之心，非人也；无羞恶之心，非人也；无辞让之心，非人也；无是非之心，非人也。恻隐之心，仁之端也；羞恶之心，义之端也；辞让之心，礼之端也；是非之心，智之端也。"孟子将"礼"列为仁义礼智（所谓"四端"）等道德范畴之一，一方面说明传统的礼乐已经不能涵盖道德，道德因而从礼乐的框架下突破出来；另一方面也说明礼乐的功能与地位趋于式微，礼的精神仅仅被阐释为"辞让之心"，这显然与礼乐曾经一度拥有的丰富内涵不可同日而语。关于仁、义、礼、智四者之间的关系，《孟子·离娄上》又说："仁之实，事亲是也。义之实，从兄是也。智之实，知斯二者弗去是也。礼之实，节斯二者是也。"可见仁义是

孟子道德理论的重点和核心，而礼则属于实现仁义的辅助和手段。礼之所以在孟子的伦理学体系中占据较为次要的地位，原因在于孟子坚信人性本善，道德问题归根结蒂要通过"扩充"四端、"求其放心"之类的内省和自律，而不是通过礼制的外在制约加以解决。尽管如此，仍不能否认礼乐解构与孟子的伦理思想之间存在着一定关系。

　　战国后期的荀子认为人性本恶，因而主张通过包括礼、法在内的外在约束机制引导人心向善。在道德与礼的关系上，荀子主张"隆礼"，强调礼乐对于人们养成和实践道德的重要意义。荀子对礼的重视与孔、孟二人显然有别，有学者曾经指出："如果说，孔子贵仁，又主张'克己复礼为仁'，强调仁与礼的统一；孟子'仁义'并举，但不突出礼。那么，荀子则在'隆礼'的前提下，综合了孔孟关于仁、义、礼的思想，提出了一个以'礼'为核心的仁、义、礼三者统一的道德规范体系，成为荀子'礼论'的重要组成部分。"[①] 在荀子看来，礼乐是社会秩序和伦理道德的核心，因此具有不可或缺的重要性。《礼论》说："礼者，人道之极也。"又说："天地以合，日月以明，四时以序，星辰以行，江河以流，万物以昌，好恶以节，以为下则顺，以为上则明，万物变而不乱，贰之则丧也，礼岂不至矣哉！"荀子认为礼是社会道德的维系者和承载者，因而只有通过"隆礼"才可能"化性起伪"并且"积善成德"。《劝学》说："礼者，法之大分，类之纲纪也，故学至乎礼而止矣，夫是之谓道德之极。"《正名》说："性之好恶喜怒哀乐谓之情。情然而心为之择，谓之虑。心虑而能为之动，谓之伪（为）。虑积焉能习焉而德成，谓之伪（为）。"需要指出的是，荀子所谓礼的内涵与孔子时代的情况已

----

　　①　朱贻庭：《中国传统伦理思想史》，华东师范大学出版社 2003 年版，第 146 页。

经有了很大区别，它在某种程度上带有法家思想的烙印。尽管如此，荀子以"礼论"为主的道德思想仍是礼乐文化解构下的产物。

除了儒道两家之外，先秦时期以墨翟为代表的墨家学派也在礼乐解构的背景下发展出一套独特的道德理论。《淮南子·要略训》说，墨子曾"学儒者之业，受孔子之术"，但"以为其礼烦扰而不悦，厚葬靡财而贫民，（久）服伤生而害事，故背周道而用夏政"。就道德理论的主要内容而言，墨子的"兼爱"、"尚贤"、"节用"、"节葬"等伦理思想，无疑正是在反思和批评传统礼乐制度繁文缛节的基础之上产生的。从这个意义上可以说，正是传统礼乐的解构深刻影响了墨家伦理思想的某些重要内容。

最后需要强调的是，道德的理论与实践之间往往存在很大出入，因此不能将两者简单地等同视之。先秦道德的发展大致经历了一个逐渐衰落的过程，然而伦理思想和道德力量却恰好随此过程发展起来，这说明道德理论的发展通常要以现实社会中道德的沦丧为代价。可见人们对各种道德问题的思考促使道德在思辨层面得以成熟，道德或伦理也因此才成为一门学问。这种由于现实问题的刺激而促使思想走向成熟的例子在世界文化史上是否具有普遍性，似乎还值得进一步推敲，然而中国古代道德理论的进步正是现实道德衰落的"副产品"则是无可争辩的事实。今天的许多学者在研究古代伦理问题的时候，往往容易忽视一个基本的事实，那就是道德理论只是古人思考现实道德问题的结果，它既不能证明现实社会道德秩序的稳固，更不能说明这些理论必然能切中实用。遗憾的是，人们每每试图通过总结这些理论而得出解决当代道德问题的一些经验或教训。笔者乐于承认，古人关于道德的思考的确在人类思想史和哲学史上具有不可抹杀的价值，然而如果有人试图穿越时空，将两千多年以前的道德论作为今人进行社会道德建设的参考的话，这种做法笔者不敢苟同。

　　综上所述，礼乐作为古代道德文化的重要载体和维护力量，不仅决定着古代道德的社会运行机制，而且对道德的衰落方式、古代道德理论的发展都产生了深远影响。可以肯定地说，如果人们试图对礼乐文化背景之下的道德加以调整的话，关于礼乐结构的改造也应予以充分考虑。

第 四 章

非理性主义因素影响下的道德

按照 19 世纪以来西方学者的看法，道德与宗教、巫术之间存在纷繁复杂的联系，后者在很大程度上影响着社会道德的产生和发展。英国人类学家泰勒很早就意识到研究道德与宗教关系的困难，他说："关于道德和宗教关系的大问题，一般是困难的、复杂的，需要大量的事实证据。"[①] 涂尔干则从另一个角度指出了研究两者关系的重要性，他说："我之所以对道德观念和神圣观念进行比较，不仅仅是为了勾勒一种有趣的类似。这是因为，如果不把道德生活与宗教生活联系起来，我们就很难理解道德生活……毋庸置疑，道德生活自始至终都不可能摆脱与宗教所共有的特征……所以，情况必然是道德寄于宗教、宗教的要素寓于道德。"[②] 雷蒙德·弗斯在这个问题上持有相同看法，他甚至强调说人们的道德观念之所以复杂，是因为它和宗教有密切的联系。[③] 这些论说虽然是从西方文化立场出发指出宗教与道德关系

---

① ［英］爱德华·泰勒：《原始文化》，广西师范大学出版社 2005 年版，第687 页。

② ［法］爱弥尔·涂尔干：《社会学与哲学》，上海世纪出版集团 2002 年版，第52 页。

③ ［英］雷蒙德·弗斯：《人文类型》，华夏出版社 2002 年版，第 108 页。

的一般情形，然而对于人们认识先秦道德至少有以下启示：那就是除非对古代社会的宗教、巫术现象进行正确认识，否则就不可能全面深入地揭示道德事实的本质。通常意义上的宗教现象虽然包括巫术在内，但两者毕竟存在着不容忽视的差别，这种差别也决定了它们与道德关系的不同。先从宗教与巫术的异同，以及两者与道德关系的一般理论略加分析。

一　宗教、巫术及其与道德关系的一般理论

（一）宗教与巫术的异同

德国学者恩斯特·卡西尔曾经说过："巫术与宗教的关系是最含糊不清最富争议的问题之一。"① 巫术与宗教的关系之所以含糊不清、最富争议，原因在于它们涉及大致相同的对象。这就需要首先解释什么是宗教。作为人类社会中一种普遍的文化现象，宗教通常具有广义与狭义之分。按照涂尔干的观点，当一定数量的神圣事物确定了它们相互之间的并列关系或从属关系，并以此形成了某种统一体，形成了某个不被其他任何同类体系所包含的体系的时候，这些信仰的总体及其相应的仪式便构成了一种宗教。② 如果把这个广义的宗教概念进一步简单化，可以说宗教是人们关于神圣事物的信仰和崇拜。这个宗教概念虽然有效地避免了人们从个别具体的宗教流派出发，而将世界许多民族中的宗教现象排除在外的危险，但它却未能在一般宗教现象与巫术之间作出适当区分。实际上，巫术虽然也以神圣事物为对象，而且涉及信仰和仪式两个因素，但它的特征、社会功能同一般宗教现象

---

① ［德］恩斯特·卡西尔：《人论》，上海译文出版社 1985 年版，第 119 页。

② ［法］爱弥尔·涂尔干：《宗教生活的基本形式》，上海人民出版社 1999 年版，第 47 页。

仍有不同。涂尔干意识到了这一问题，他说："不过，这个定义还很不完全，因为它同样适用于两类事实，而当这两类事实是相互发生联系的时候，我们就必须把它们区别开来：这就是巫术与宗教。"① 事实正如他所指出的那样，西方许多学者向来都坚持在巫术和宗教之间作出明确区分，弗雷泽《金枝》一书的副标题就叫做"巫术与宗教之研究"，马林诺夫斯基也有一本名为《巫术科学宗教与神话》的小册子。总的看来，西方学者普遍认为有效地区分巫术与宗教，对于准确考察两者与其他文化（包括道德）的关系意义重大。有鉴于此，就有必要在广义宗教的基础上作进一步限定，从而得出一个狭义的宗教定义："宗教是一种与既与众不同又不可冒犯的神圣事物有关的信仰与仪轨所组成的统一体系，这些信仰与仪轨将所有信奉它们的人结合在一个被称之为'教会'的道德共同体内。"②

在涂尔干看来，宗教团体的有无是狭义宗教现象区别于巫术现象的重要特征：宗教中存在教会这样的"道德共同体"，而巫术中则缺少这种组织。除此之外，19 世纪以来还有不少西方人类学家、社会学家讨论过狭义宗教与巫术现象的不同之处。英国功能派人类学家马林诺夫斯基认为，巫术与宗教的重要区别表现在三个方面，他说：

> 在神圣领域以内，巫术是实用的技术，所有的动作只是达到目的的手段；宗教则是包括一套行为本身便是目的的行为，此外别无目的……巫术这样为特定的目的而执行的特定技术，每一类都是人在某一时得来的，一辈传一辈非得根据

---

① ［法］爱弥尔·涂尔干：《宗教生活的基本形式》，上海人民出版社 1999 年版，第 49 页。

② 同上书，第 54 页。

直接的术士团底系统不可。所以巫术自极古以来便在专家底手里，人类第一个专业乃是术士底专业。宗教在原始状态之下则是全体底事，每一个人都有一份，都有积极相等的一份……另一项巫术与宗教不同的地方，乃在巫术有吉有凶，原始时期的宗教则很少善恶底对比，很没有后来那样天使与魔鬼底分别。①

根据这段辞意含糊的译文，宗教与巫术的区别第一是巫术以仪式为手段，宗教以仪式为目的；第二，巫术有吉凶的分别，宗教则没有善恶的对比；第三，巫术由专家在个体之间传承，宗教则将全社会的人涵盖其中。在笔者看来，在以上三方面区别当中，巫术、宗教与社会关系的不同具有最根本的意义。简言之，巫术的核心通常是社会中的部分或个体，巫术作为一种实用的技艺不仅在个体间传承，而且注重于帮助个体成员实现功利性目的，因此往往与团体生活的基本精神相冲突。与此相反，宗教行为通常以维护社会总体的普遍利益为志趣，它不会出于某些具体的、个别的功利性目标而使社会陷于对立或冲突当中。马林诺夫斯基与涂尔干在这个问题上的表述方式虽有不同，但在根本上却并不矛盾。换言之，正是目标的差异导致了巫术、宗教与社会具有不同的关系：巫术通常是社会秩序现实或潜在的破坏力量，因此往往难免遭到社会的抵制和打击；宗教则是社会秩序的维系因素，因此一般情况下会得到社会意志的默认甚至积极支持。对于巫术与宗教之间的这种不同，常金仓先生也持有类似的看法，他说："我以为二者最大的区别在于巫术是感情的外泄，而宗教是德性的内修，对于一个社会来说纵容人类每个个体感情的外泄远

---

① ［英］B.K. 马林诺夫斯基：《巫术科学宗教与神话》，中国民间文艺出版社1986 年版，第75—76 页。

远不如自我修省向善有利于安定和谐，所以当巫术发展到危害人类生存的时候，宗教必然要排挤和限制它，这是世界早期文明中可以举出大量例证的事实。"① 感情的外泄常常伴随着一系列功利性的个人目的，因此它很容易造成社会秩序的紊乱；德性的内修则与此不同，它鼓励人们对神圣事物的内心皈依，这种皈依可以使社会趋于稳定。显而易见，这种从"感情"和"德性"角度进行的区分正是看到了巫术、宗教与社会群体关系的不同，因而是非常准确的。对于宗教、巫术两者与社会关系的显著差异，西方学者还曾展开过不少更为精彩的论述，有人曾经指出：

> 真正的宗教信仰总是某个特定集体的共同信仰，这个集体不仅宣称效忠于这些信仰，而且还要奉行与这些信仰有关的各种仪式……集体成员不仅以同样的方式来思考有关神圣世界及其与凡俗世界的关系问题，而且还把这些共同观念转变成为共同的实践，从而构成了社会，即人们所谓的教会……巫术就全然不同了……巫师与请教他的个体之间，就像这些个体之间一样，并不存在一条持续的纽带，可以使这些个体成为同一种膜拜的道德共同体的成员，可以使之与那些信奉同一个神、遵行同一种膜拜的道德共同体相媲美。②

关于这段话需要作出以下几点说明：首先，中国古代的宗教虽然具有自身的特点，既不存在西方社会那样结构复杂、功能强大的教会组织，也罕见各种游离于家庭之外的宗教信仰团体，但是家庭组织无疑在很大程度上承担了类似的职能。就先秦时期一

---

① 常金仓：《穷变通久：文化史学的理论与实践》，辽宁人民出版社 1998 年版，第 96—97 页。

② ［法］爱弥尔·涂尔干：《宗教生活的基本形式》，上海人民出版社 1999 年版，第 50—52 页。

般贵族或平民阶层的情况而言，人们通常聚集在各自的家庭组织当中，以过世的历代祖先为崇拜对象，并借以举行种种信仰和膜拜仪式，这在根本上与西方宗教中的情形并无不同。质言之，从宗教的角度来看，中国古代的家庭组织在很大程度上无疑也是一种"信奉一个神、遵行同一种膜拜的道德共同体"。其次，就巫术的发展状况而言，中国古代虽然曾出现过诸如"焚巫尫"、"作土龙"之类以国家名义举行的为全社会谋取利益的巫术仪式，但它有一个基本的前提：即巫术必须受到国家权力的操控和制约。这说明只有在国家权力抵消或压制了巫术破坏力的时候，巫术才可能得到社会的鼓励。国家权力的参与只是暂时地压制了巫术的破坏力，并不能否定巫术自身的潜在破坏力，也绝不意味着巫术倾向于带来社会的团结。从这个意义上可以断言，除非有其他某种文化因素的参与，巫术自身并不会促使人们自然而然地形成那种类似于宗教组织的"道德共同体"。

笔者在这里之所以不厌其烦地强调巫术、宗教与"道德共同体"（即社会）之间的不同联系，目的就在于说明这两种貌似相同的文化因素其实往往对道德事实发挥着截然相反的作用：巫术瓦解社会，通常具有反社会、反道德的作用；而宗教则有助于维系社会，通常具有巩固社会秩序和道德秩序的作用。然而巫术、宗教对于社会的破坏或维护作用并不是绝对的。实际上在不同文明类型中，由于各种文化因素的共同作用，巫术与道德、宗教与道德的关系要远比人们通常所理解的情形更为复杂。

（二）宗教、巫术与道德关系的三种理论

根据笔者目前掌握的材料来看，自从泰勒以来迄今为止的大约 100 多年间，人类学家、社会学家们围绕巫术、宗教与道德的关系这个"困难的、复杂的"问题大致得出了三种不同观点。

第一种看法，认为人类宗教现象经历了一个由"自然宗教"

到"伦理宗教"的发展过程。按照这种观点，早期或初级的宗教
（所谓"自然宗教"）通常缺乏伦理涵义和道德价值，而只有当宗
教发展到高级阶段时，它才会与道德现象发生联系而转变为"伦
理宗教"。此说主要是由古典进化论者以及受进化论思想影响的
哲学家们提出并坚持的，其中的重要代表人物包括奥古斯特·孔
德、爱德华·泰勒、恩斯特·卡西尔及中国学者陈来等人。19
世纪的奥古斯特·孔德受古典进化论的影响，较早将宗教的发展
纳入人类社会进化的框架和序列当中。孔德认为，人类思想的发
展包括三个阶段：第一阶段是神学的或虚构的时期；第二阶段是
形而上的或抽象的时期；第三阶段是实证的或科学的时期。他又
将"神学的或虚构的时期"分为"实物崇拜"、"多神崇拜"与
"一神教"三个阶段，这实际上等于把人类历史上的宗教现象划
分为依次出现的三种类型。孔德同时还指出，在人类历史发展的
第三阶段（即"实证的或科学的时期"）宗教将变为在实证哲学
基础上建立起来的"人道宗教"。孔德没有对他所谓"人道宗教"
与道德之间的关系作过多发挥，但他的理论为后人提供了重要依
据。在孔德宗教进化理论的基础之上，约翰·拉布克进一步把人
类历史上的宗教类型按照历史顺序分为以下几类：（一）无神时
期或完全没有宗教的时期；（二）实物崇拜；（三）图腾崇拜或自
然崇拜；（四）萨满教；（五）神人同形或偶像崇拜；（六）以天
主为造物主并将宗教与伦理合二为一的宗教。拉布克的理论已经
明确提出了宗教与伦理的关系问题，并认为两者的结合是宗教发
展到较高阶段才发生的现象。在孔德、拉布克等人之后，英国人
类学家爱德华·泰勒也从单线进化论的角度对宗教与道德的关系
进行了详细阐述。泰勒在出版于 1871 年的《原始文化》中断言：
"分别文明程度较低和较高民族祈祷之最大变化的普遍原则，出
自一种伦理的因素。这种伦理因素在较低级的宗教中是少而初步
的；在较高级的民族中，则变成为他们宗教的生命点。在蒙昧人

的祈祷中，从来没有这种伦理因素。蒙昧人的祈祷源于本族，从来不是为了道德上好，或者祈求宽恕道德上的过失。"① 他解释说：

> 蒙昧人的万物有灵观几乎完全没有道德因素，而这种因素对于现代受过教育的有智慧的人来说，构成了现实宗教的主要动力。我不想因此说道德感被排除于原始社会之外。没有道德规范，最粗野的部落都是不可能存在的。事实上，即使在蒙昧部落中，道德法规都十分明确并受到尊重。但是，这些道德法规是建立在传说和公众舆论的基础上，并且显然完全独立于和它们并存的万物有灵观的宗教和仪式之外。但是，原始的万物有灵观并非是不道德的，它只是没有道德观念。根据这个简单的理由，我们认为，尽可能把万物有灵观的研究，同道德原则的研究分开，是合理的。②

泰勒的观点大致可以概括如下：初民社会中虽然既存在道德现象，也存在自然宗教，但两者之间并没有发生直接联系。从这个意义上讲，初级宗教并非"反道德"或"不道德"，准确地来说它只是一种"非道德"的文化现象。相反，只有在"先进民族"的"文明宗教"发展阶段，道德才成为其中的必然构成因素。在这一问题上，德国学者恩斯特·卡西尔和荷兰学者蒂勒也持类似的看法。卡西尔说："一切较成熟的宗教必须完成的最大奇迹之一，就是要从最原始的概念和最粗俗的迷信之粗糙素材中提取它们的新品质，提取出它们对生活的伦理解释和宗教解

---

① ［英］爱德华·泰勒：《原始文化》，广西师范大学出版社 2005 年版，第698 页。

② 同上书，第 687 页。

释。"① 这是说道德将一切原始宗教与成熟宗教区别开来。蒂勒同样认为,人类宗教的进化经历了从自然宗教发展为伦理宗教的过程,不仅如此,两者又可以依次划分为更加细致的阶段。蒂勒认为自然宗教包括三项内容,即"崇拜多魔的(多灵的)巫术宗教"、"崇拜半人半兽的多神教"及"神人同形同性的多神教";而伦理宗教则包括"民族性的律法宗教"(局限于单一民族范围内的个别性宗教)和"普世性宗教"(包括伊斯兰教、基督教和佛教)。②

随着近年来中西学术文化交流的不断深入,这种关于宗教与道德关系的进化论观点也得到了一些中国学者的积极支持。有学者根据卡西尔、蒂勒等人的相关论述总结道:"人类社会的宗教发展表明,摆脱小的村落和部落的原始思维,适应大的社群和族群的真正宗教的出现,必然是宗教思维与伦理原则的结合。伦理性原则是检视宗教之所以为宗教或宗教之发展水平的自然标尺。"③ 在论者看来,这种宗教进化理论对于解释中国古代宗教与道德之间的关系同样适用,他说:"在殷商对鬼神的恐惧崇拜,与周人对天的尊崇敬畏之间,有着很大的道德差别。前者仍是自然宗教的体现,后者包含着社会进步与道德秩序的原则","商人已具有人格神的观念,如祖先神,这种观念要比接触、类比的观念复杂得多,故商代文化已不是巫文化或萨满文化,而是保留着萨满色彩的自然宗教。但这虽然是一种宗教形态,却没有任何道德理想出现,看不到伦理价值,看不到理性智慧,一句话,看不到'价值理性'。"④ 实际上,如果宗教与道德的关系果真像进化论者们所描述的这般千篇一律、整齐划一的话,今天的历史文化

---

① ［德］恩斯特·卡西尔:《人论》,上海译文出版社1985年版,第148页。

② 吕大吉:《宗教学通论》,中国社会科学出版社1989年版,第94—95页。

③ 陈来:《古代宗教与伦理:儒家思想的根源》,生活·读书·新知三联书店1996年版,第146页。

④ 同上书,第149页。

学家们就再也无需为这个被泰勒描述为"很难、复杂的问题"而头疼了，研究者的任务就只剩下从世界各文明中为这个宗教进化图式寻找依据，填充材料了。笔者乐于承认这的确是一种一劳永逸而且省时省力的想法，然而问题的关键在于：这种对于宗教与道德关系的形而上学解释到底是否具有科学价值？它能否作为考察中国古代相关问题的前提呢？

在笔者看来，上述宗教与道德关系的理论是古典进化论者对人类文化现象进行教条式解释时所犯的又一个明显错误，它的疏漏主要有以下几点：首先，宗教进化论者对初民社会的宗教作了简单化的理解。众所周知，自从 19 世纪人们开始接触到那些落后部落的民族志材料以来，西方学者关于原始宗教的认识经历了一个逐渐深入化、客观化的过程。据布赖恩·莫里斯介绍，19世纪中期仍有不少学者从基督教的立场出发，认为落后部落中没有宗教现象，作者举例说："著名的研究者塞缪尔·贝克在 1866年当他在人类文化学协会演说时甚至提出，尼罗河流域各民族（关于这些民族，埃文斯—普里查德后来曾发表了他的经典论文）并没有任何种类的宗教信仰。他写道：'毫无例外，他们都不信上帝，他们也没有任何崇拜形式或偶像崇拜；他们精神上的黑暗甚至不需一线迷信来照亮。'维多利亚时代的人类学者，就是在反驳这类误解过程中，对社会思想的发展起了这样一种进步作用。"[①]这显然是一种出自欧洲中心主义观念指导下的谬见，此说的一度盛行还反映在马林诺夫斯基的有关批评当中，他曾简要地指出："泰勒底时代，曾有驳斥原始民族没有宗教的谬见的需要。"[②] 正如批评者所说的那样，泰勒等人是站在反思人们关于宗教"谬见"

---

① ［英］布赖恩·莫里斯：《宗教人类学》，今日中国出版社 1992 年版，第120 页。

② ［英］B. K. 马林诺夫斯基：《巫术科学宗教与神话》，中国民间文艺出版社1986 年版，第 8 页。

的基础上提出他们的宗教理论的，然而泰勒等人在承认原始社会存在宗教现象的同时，又坚持认为原始宗教具有初级性、简单性的特点。原始社会中初级宗教的基本特征是什么？进化论者认为，以基督教为代表的西方宗教富于伦理和道德色彩，而且它代表了人类宗教发展的最高级形态，而初级宗教缺乏的正是这样一种道德内容。包括孔德、泰勒等人在内的许多进化论者认为道德与宗教之间关系的发展必然经历了一个从无到有、从弱到强的进化过程，一个反映"自然宗教"到"伦理宗教"发展的宗教理论便呼之欲出了。

　　这一错误理论的产生还与学者们从西方文化立场出发，从而误解了道德的本质有关。原始宗教真的与道德无关吗？英国功能派人类学家拉德克利夫—布朗对此作出了否定的回答。布朗认为，进化论者之所以认为原始宗教与道德无关，是因为他们带着自己的道德观念去认识这一问题。实际上，任何道德都具有历史性和民族性，它既不可能亘古永存也不会放之四海而皆准；原始宗教固然不可能代表和反映西方社会的道德观念，但它必然与初民社会的道德事实之间有着千丝万缕的联系，只是研究者们往往囿于自我文化中心主义的成见而对此习焉不察罢了。布朗指出："与泰勒的观点一样，我也认为道德与宗教的关系是个很难、复杂的问题。但是，对于泰勒有关'在低级种族的宗教，几乎没有道德被表达'的断言，我则要质疑。我以为，持此观点时，通常只能是指：在'低级种族'中，宗教与那种存在于当代西方社会的道德无关。然而，如果社会体系的其他方面有差别，社会在道德体系上也会相互有别，因此，我们在研究任何特定社会时，都要研究这一社会的宗教或各种宗教与其特有的道德体系之间的关系。"① 实际

---

　　① ［英］拉德克利夫—布朗：《原始社会的结构与功能》，中央民族大学出版社2002年版，第191页。

上，随着 20 世纪以来人类学研究的不断深入，大量反映原始宗教与道德之间密切关系的证据越来越多地呈现在研究者面前，不少学者开始突破并放弃进化论的错误观点。福琼博士（R. F. Fortune）在他关于马努人宗教的论著中对泰勒等人的观点提出了挑战。马努人的宗教是一种唯灵论（spiritualism），马努人的道德准则严格禁止夫妇关系以外的性关系，严厉处罚不忠诚行为并强调自觉履行义务，包括履行对自己亲戚或其他人所承担的经济义务等。在马努人的观念中，违背道德准则会堕为罪犯，或使其全家受到神灵的惩罚，补救办法是忏悔或补过。布朗发现，在那些奉行祖先崇拜的社会中，道德准则最重要的部分涉及个人与其世系群、氏族，以及与其氏族成员之间的行为关系。在最常见的祖先崇拜形式中，违背道德准则的行为往往会受到宗教或神灵的制裁，因为这些行为冒犯了祖先，人们确信是祖先在惩罚这些冒犯者。在澳大利亚土著的一个以亲属制度为基本社会结构的低级种族中，道德准则最重要的部分由人们与各种亲属发生关系时所产生的行为规则构成。使人犯罪的最不道德的行为之一是与这样一个女人产生了性关系：她不属于哪个可以与他合法通婚的亲属范畴。人类学家发现，部落的这种道德法规往往通过土著人举行"布拉典礼"时崇拜"巴亚马"的方式向人们进行宣传。在当地人看来，巴亚马不仅创立了成年典礼，这种典礼与其他仪式一起，成了向青年进行道德教育的手段；而且还创立了具有婚姻和各种亲属的行为准则的亲属制度。如果你要问他们当中一个人："你为什么要遵守这么复杂的婚姻法规？"他会回答："因为这是巴亚马创立的。"显而易见，巴亚马在这里成了神化了的法规制定者，成了部落道德法规的化身。宗教人类学家安德雷·兰（Andrew Lang）和施密特神父认为巴亚马在某些方面相当于希伯来人的上帝。布朗表示同意这一看法，他又指出："巴亚马的地位相当于神的地位，据说这种神制定过道德和神圣的传教典礼的最重要规则。"①

综上可知，道德与宗教的关系不宜被简单化地概括为"先分后合"的进化模式。在这个问题上功能派的观点似乎更为可取，马林诺夫斯基认为："宗教中无论任何方面，也无论任何信条，都不能没有其伦理方面的相配部分。"② 布朗也说过："道德领域与宗教领域是有别的，但无论在原始社会还是在文明社会，两个领域都会有一部分交叉重叠。"③ 功能派学者的结论表明，研究者不能用抽象的观点看待一般的宗教，也不能用抽象的方法去考察道德问题，因为这种观念和方法很容易使人们将偏见带入研究当中。最合适的方法是采用文化学的比较研究法，即借助于假设，把大量的、各式各样的宗教与它们各自所属社会的道德联系起来加以研究。既然这种科学的比较研究法曾在西方文化学和社会学的实践中取得过显著成效，那么就有理由相信它同样适用于历史时期道德文化的研究。总的看来，宗教与道德关系的演变并没有遵循那种由"自然宗教"向"伦理宗教"的进化模式，这在中西文化史上都是显而易见的事实。

除了古典进化学派的宗教与道德关系理论之外，学术界还存在着其他两种取舍相反的观点。一种观点认为，宗教是道德的起源，它必然对人类道德发挥着正面积极的维护和保障作用。众所周知，主张道德天启、上帝至善是西方宗教神学的一贯论点，包括犹太教、基督教以及伊斯兰教在内的诸多宗教经义中都有类似

---

① ［英］拉德克利夫—布朗：《原始社会的结构与功能》，中央民族大学出版社2002年版，第191—193页。

② ［英］B. K. 马林诺夫斯基：《文化论》，中国民间文艺出版社1987年版，第85页。

③ ［英］拉德克利夫—布朗：《原始社会的结构与功能》，中央民族大学出版社2002年版，第194页。

的观念。尽管这些训诫或宣传毋庸置疑地对近代以来的学术研究发生了重大影响，但它们与真正意义上的学术研究仍不可同日而语。19 世纪德国著名的现代语言学、民族学及宗教史权威施密特神父，曾经采用大量的人类学材料试图证明神是"道德的根源、道德的创造者"这一传统观点，他的看法在学术史上产生了深远的影响。施密特神父在讨论原始宗教时曾指出："在道德方面，原始至上神，都是正直的，它与罪恶唯一的关系，只是嫌恶它并惩罚它。至上神之所以具有这个特征的来源，是因为它是天地间第一的，至高的，道德律的制定者，也因为它就是道德的来源。"① 对于这个观点，他进一步解释说：

> 关于至上神所定的道德律的范围，各民族的说法并不一致，但是他们大都相信原始至上神的命令的范围包括下列诸事：举行他自己所制定的典礼，祭献和祈祷，服从长者，保护人的生命，不许枉杀人，性道德（禁止奸淫，未婚男女通奸，不自然的性行为，婚前的不贞），诚实，随时扶助病者，弱者，老者，多子女者……总而言之，原始民族的道德，并不见得低；这显然证明他们都是脚踏实地地遵守至上神的训诫……可见他们对于至上神是多么敬畏了！不但如此，至上神也是道德的维护者，而且用它的全知来监督道德。②

实际上，包括施密特在内的不少西方学者都不仅认为道德源于宗教，而且认为宗教是道德赖以实现和存在的依据和保障，18 世纪法国启蒙思想家伏尔泰就是这方面的一个代表。伏尔泰在哲

---

① ［德］W. 施密特：《原始宗教与神话》，上海文艺出版社 1987 年影印本，第 338—339 页。

② 同上书，第 342—343 页。

学上是一个自然神论者，他之所以不否定神的存在，主要着眼于社会伦理上的需要。伏尔泰认为承认上帝存在比否认要好，因为相信有一个上帝在那里赏善罚恶，可以有效地防止人们从事罪恶活动。据说伏尔泰希望他的仆役和妻子都相信上帝，因为这样的话，就很少有人来抢劫他的财产或给他戴绿帽子。伏尔泰有一句名言："即使没有上帝，也要造出一个来。"德国哲学家康德也是一位"宗教保证道德"说的积极鼓吹者。众所周知，康德在哲学认识论上否认上帝存在、灵魂不死之类基本神学信条的可证明性，这些宝贵思想都给传统宗教神学以沉重的打击。但是康德又认为要在人类社会中实现至善的道德要求就必须假定灵魂的不死和上帝的存在。因为在他看来，至善的道德行为要求至福生活作为报偿，这是道德律的必需。但这种必需在有限的现实生活中却不能保证实现。为此，不仅必须假定灵魂的不朽去享受至福的生活，而且必须假定上帝的存在来保证人们在来世实现这种报偿。①

　　客观地讲，施密特、伏尔泰以及康德等人在某种程度上的确揭示了宗教对道德影响的一个重要侧面，然而问题的关键在于，这些学者大都从形而上学的角度来认识道德与宗教的关系，他们的结论并非建立在实证研究的基础之上。施密特认为道德源于上帝，伏尔泰认为道德是自然神学的产物，康德则认为道德是人类实践理性的立法，这些关于道德本质和来源的看法在哲学史上虽然各具重要价值，但它们在科学上却经不起推敲。纵观中西宗教发展史可以看出，宗教并非绝对地维护现实社会的道德秩序，强大的宗教有时候不仅不能保证道德的实践，相反还会成为社会中的藏污纳垢之地，从而更加彻底地败坏道德。这表明宗教与道德的关系往往受多种因素的制约，要比这些哲学家们设想的情况更

---

① 吕大吉：《宗教学通论》，中国社会科学出版社1989年版，第748—749页。

为复杂。

同样的道理可以在另一种关于宗教与道德关系的极端观点中看到。有些学者认为，由于宗教自身的虚妄性、"欺骗性"等特点，致使它不仅无助于社会道德的实现，相反还对道德具有消极作用。费尔巴哈认为宗教不能保障道德，它甚至在本质上与道德相对立，他说："是的！道德与宗教、信仰与爱，是直接互相矛盾的。谁只要爱上了上帝，谁就不能够爱人，他对人间一切失去了兴趣。可是，反之亦然。谁只要爱上了人，真正从心里爱上了人，那他就不再能够爱上帝，不再能够拿自己的热乎乎的人血徒然地在一个无限的无对象性与非现实性之虚空的空间中蒸发掉。"[1] 这是说对上帝的爱会天然地排斥对他人的爱，因此宗教是世俗道德的对立物。无独有偶，一些中国学者对于当代社会条件下宗教与道德的关系也持有相同的看法。有人指出："由于阶级社会中宗教与道德的密切联系，宗教道德常常以'全民道德'的面貌出现，所以教会常常告诫善男信女：上帝是道德的师表和立法者。一个人如果不信仰上帝，不信宗教，那他就失去了约束自己不去做坏事和犯罪的内在力量。而信仰宗教，就可以制约产生任何罪恶欲念并有足够的精神支柱……但是，信仰宗教是否真能使人更有道德，从而使人类社会普遍提高道德水准呢？我们认为这是不可能的。"论者认为，历史上宗教的神灵并不是什么真善美的"道德师表"，宗教从来没有也不可能制约和阻止剥削阶级去从事不道德的行为；恰恰相反，宗教的虚幻性和欺骗性还往往对社会发展和思想进步产生消极作用，总之它不但无助于社会道德的进步，还成为社会进步的阻碍力量。[2]

---

　　① 费尔巴哈：《费尔巴哈哲学论著选集》（下卷），第 800 页。转引自吕大吉：《宗教学通论》，中国社会科学出版社 1989 年版，第 760 页。

　　② 陈荣富、覃光广：《关于宗教与道德的关系问题》，《中央民族大学学报》1984 年第 4 期。

在笔者看来，以上观点中至少存在以下问题：首先，研究者错误地将宗教的道德功能与它的真伪联系起来，这显然是不妥当的。实际上宗教本身的真伪，与它能否切实有效地发挥道德功能是两回事情，"虚妄的宗教"未必缺乏现实的道德功能，而宗教之所以具有道德功能也并非基于它的真实性。由此不难看出，施密特、康德等人坚持道德天启、上帝至善，试图以此证明宗教对于道德的积极价值，费尔巴哈等人则由上帝信仰的虚幻性、欺骗性，试图证明宗教对于道德的消极作用；两种观点看似不同，其实都是将信仰对象的真伪与其功能等同起来的简单化看法。关于宗教真伪与道德功能的关系，布朗曾有一段精辟的论述，他说："如同道德与法律一样，任何宗教都是社会机器的一个重要或基本的部件，都是一个复杂体系的一部分，凭借这个体系人们才能共同生活在一个稳定有序的社会关系安排之中……许多人认为，只有真正的宗教，即他们自己的宗教，才能成为有序社会生活的基础。但我们的假设则认为，宗教的社会功能和宗教本身的真实与虚妄无关；和一些原始部落中的情况一样，宗教是谬误的，甚至是荒唐、令人生厌的；但它仍是社会机器的重要的和基本的部件，如果没有这些所谓谬误的宗教，社会的进化、现代文明的发展是不可能的。"[①]　在下面的讨论中我们将看到，人类历史上的宗教虽然都建立在虚幻的基础之上，但它们对社会道德的积极作用却往往不容否认。在那些通常被人们视为"虚妄"的宗教里，尽管信仰和仪式本身并不能产生参与者所期待和允诺的那种结果，但宗教活动却可以产生一系列积极的道德效果。很难设想，一种没有积极社会功能，完全建立在欺骗和谎言基础上的文化现象会在人类历史上普遍流行、长盛不衰。

---

① [英]拉德克利夫—布朗：《原始社会的结构与功能》，中央民族大学出版社2002年版，第170页。

　　第二，研究者往往将整体的文化现象人为地加以割裂，从而片面理解了宗教与道德的关系。例如施密特等人关注的是机制完备、功能强大的宗教如何有效地制约社会道德，因此自然得出宗教保障道德的结论；与此相反，费尔巴哈等人看到的是宗教衰落给社会道德带来的负面影响，因此他们自然认为宗教是道德的对立物。人们或者只看到宗教与道德关系的和谐相处，或者只看到宗教对道德的败坏和抵制，然后将各自的观点推向极端，这种偏执一端而不及其余的论证方式显然是不可靠的。

　　那么如何才能客观准确地认识道德与宗教关系呢？近代以来社会学的经验表明，关于社会文化现象的研究不应建立在主观臆测的基础上，相反，这种研究应以科学的比较方法为准则。有学者曾经指出："要证明一个假设，不在于随手找些事实来填凑这个假设，而在于建立一套试验方法。既然我们要把一些现象联系起来考察，就应该证明这些现象是普遍一致、缺一不可的，或者至少是在同一方向和同一关系中发生变化的。胡乱举些例子，并不能算作证据。"①"胡乱举些例子"意味着研究者不必遵循科学比较的规范，而只要根据自己的目标在材料的大海中广为搜罗即可。然而这种方法只能在没有本质联系的文化现象之间建立表面的关联，尽管引人注目但并不符合事物的实际。实际上，如果研究者在历史文化现象的考察和举证中缺乏必要的科学规范，笔者敢说人类历史上的丰富材料一定足以证明任何一条似是而非的假说。

　　为了避免以上错误，社会学家曾经为社会文化现象的比较研究提出了一系列科学准则，其中有些见解对于我们正确考察宗教与道德的关系问题不乏启发意义。涂尔干指出，研究一种复杂的

---

　　① ［法］爱弥尔·涂尔干：《社会分工论》，生活·读书·新知三联书店2000年版，第177—178页。

社会现象，必须从不同社会类型的各个社会中去考察这种社会现象的全部发展过程和发展状况。[①]　就当前的研究主体而言，这句话显然可以被理解为：要正确揭示历史时期宗教与道德的关系，就必须从不同类型的社会中考察两者关系的全部发展过程和发展状况。这里牵扯到两个关键问题：其一是不同社会类型中文化现象的比较研究；其二是对一种文化现象的发展全部过程和发展状况进行考察。关于文化现象的比较原则，本书在"绪论"部分已进行过较为细致的介绍，这种比较研究可以分为三种情形：第一，是将一个单独的社会中发生的事实作为比较的材料；第二，比较同一社会类型中各个社会所发生的事实；第三则是将不同社会类型中各个社会所发生的事实作为比较的材料。与这种科学比较方法相对而言，传统的材料取舍和论证方法无疑存在很大弊端。这是由于不同的社会类型为道德创造了迥然有别的环境，道德往往随环境中构成要素的变化而变化，因此只有不同环境间的对比分析才能说明究竟哪些因素影响了道德事实。在简单考察了道德与宗教关系的三种传统观点之后，就有必要对中国古代宗教与巫术发展的基本状况加以分析。

二　中国古代的非理性主义因素

（一）"欠发达"的宗教与巫术

与西方社会相比而言，宗教在中国古代并没有得到充分的发展，相反长期处于欠发达状态；中国古人缺乏积极的宗教热情，他们重实际而轻玄想，将生活的重心置于现实和今生，而不是天国和彼岸，这是20世纪以来众多古史研究者一致赞同的正确看

---

① ［法］爱弥尔·涂尔干：《社会学方法的规则》，华夏出版社1998年版，第114页。

法。钱穆认为："中国人不看重并亦不相信有另外的一个天国，因此中国人要求不朽，也只想不朽在这个世界上。"① 梁漱溟指出："宗教问题实为中西文化的分水岭"，"中国文化内宗教之缺乏，中国人之远于宗教，自来为许多学者所同看到的。"② 徐复观也说："中国思想，虽有时有形而上学的意味，但归根到底，它是安住于现实世界，对现实世界负责；而不是安住于观念世界，在观念世界中观想。"③ 李泽厚把中国文化的特征概括为"实用理性"或"实践理性"。④ 中国古代文化的现实主义特征，就连那些西方汉学家们也熟知于胸，美国学者布迪曾指出："中国的历史理论和哲学理论皆具有一个显著特征，即注重现实的社会生活。这一特征在中国历史的早期即已显露出来。一般说来，中国的理论家们在阐释人世间的现象时，宁可采用理性主义（或在他们看来合乎理性的）原则，而不借助超自然的学说。"⑤ 中国古代宗教的欠发达不仅反映在前贤大量定性化的评价和描述中，它还可以征之以若干量化的标准。常金仓先生在论及中国上古文化类型的形成问题时曾经指出，古代宗教的发达与否可以通过宗教自然神人格化的四项指标加以测量，这四项标准是：1. 自然神的意志和感情；2. 是否有神庙；3. 是否有神灵偶像；4. 自然神话是否发达。值得注意的是，以上四项指标在中国古代都没有得到充分的发展，它决定了古人在宗教情绪方面必然趋于淡化的倾向。

　　首先就自然神的意志和感情而言，中国古代所崇拜的一切自

　　① 钱穆：《中国文化史大纲》，商务印书馆 1994 年版，第 16 页。

　　② 梁漱溟：《中国文化要义》，学林出版社 1987 年版，第 95、15 页。

　　③ 徐复观：《两汉思想史》，华东师范大学出版社 2001 年版，第 1 页。

　　④ 李泽厚：《中国古代思想史论》，人民出版社 1985 年版，第 303—304 页。

　　⑤ ［美］D. 布迪、C. 莫里斯：《中华帝国的法律》，江苏人民出版社 1995 年版，第 8 页。

然神，毫无疑问都属于人格神，这可以从商代卜辞以及《尚书》、《诗经》、《左传》、《国语》等先秦时期较为可信的文献记载中得到证实。以周代情况为例，当时社会的自然神大致有以下几项个性特征：第一，它略具道德色彩，仿佛总是站在正义和有德的一方，助佑成功；第二，它们有很强的族类感，这实际上是古代民族观念的折射；第三，神不总是和蔼可亲、慈祥可爱的，也有发脾气的时候，并给人以惩罚；第四，它们有时也办错事或坏事。尽管如此，与埃及古代的太阳神阿顿和土地神俄塞里斯相比，中国上古的自然神与人的感情格外疏远，中国的天地之神皆缺乏人情味而显得与人若即若离。[①] 其次，谈到神庙和偶像，中国古代宗教较之于西方宗教更是大为逊色。中国上古自然神和古代印度的自然神一样在人间没有受享的神庙，祭祀时在郊外除地为坛，这与埃及、希腊以及罗马的情况形成巨大反差。中国古代自然神也没有雕塑的偶像，而代之以活人假扮的"尸"。不仅如此，古巴比伦、埃及、亚述以及希腊宗教对于各自的自然神形象大都具有惟妙惟肖乃至细致入微的刻画，然而中国上古的神祇则绝无此项特征。至于民间普遍性地修建寺庙、雕塑神像，则显然是晚近以来佛、道二教诞生之后的新生事物。[②] 最后，中国上古宗教中并没有丰富发达的自然神话。与世界上许多文明中的情形相比，中国古代神话不仅零散琐碎、情节简单，而且出现时间甚晚，它们显然也是古代宗教欠发达的重要证据。[③] 这样看来，古代宗教

---

① 常金仓：《穷变通久：文化史学的理论与实践》，辽宁人民出版社 1998 年版，第 88—89 页。

② 同上书，第 90 页。

③ 关于中国古代神话的研究，参见常金仓：《〈山海经〉与战国方士的造神运动》，《中国社会科学》2000 年第 6 期；《中国神话学的基本问题：神话的历史化还是历史的神话化？》，《陕西师范大学学报》2000 年第 3 期；张文安：《中国古代神话与文化要素分析法》，陕西师范大学博士论文，尚未出版。

的欠发达、古人宗教热情的低落乃是不争的事实。

那么如何认识中国史前社会巫术的发展状况呢？先秦文献中最能反映这方面情况的一段材料见于《国语·楚语下》，其文略云：

> 昭王问观射父，曰："《周书》所谓重、黎氏是使天地不通者，何也？若无是然，民将能登天乎？"对曰："非此之谓也。古者民神不杂。民之精爽不携二者，而又能齐肃衷正，其智能上下比义，其圣能光远宣朗，其明能光照之，其聪能听彻之，如是则明神降之，在男曰觋，在女曰巫。是使制神之处位次主，而为之牲器时服，而后使先圣之后之有光烈者……以为之祝。使名姓之后……而心率旧典者为之宗。于是乎有天地神民类物之官，是谓五官，各司其序，不相乱也。民是以能有忠信，神是以能有明德，民神异业，敬而不渎，故神降之嘉生，民以物享，祸灾不至，求用不匮。
>
> 及少皞之衰也，九黎乱德，民神杂糅，不可方物。夫人作享，家为巫史，无有要质。民匮于祀，而不知其福。烝享无度，民神同位。民渎齐盟，无有严威。神狎民则，不蠲其为。嘉生不降，无物以享。祸灾荐臻，莫尽其气。颛顼受之，乃命南正重司天以属神，命火正黎司地以属民。使复旧常，无相侵渎。是谓绝地天通。
>
> 其后三苗复九黎之德，尧复育重黎之后，不忘旧者，使复典之。以至于夏商，故重、黎氏世叙天地而别其分主者也。"

观射父为楚昭王讲述的显然是一段湮没已久而又充满神奇色彩的历史，也许正是因为如此，其中所涉及的内容引起了近代以来许多古史研究者的浓厚兴趣甚至长期争论。① 这段材料大致包括以下三层涵义：首先，在观射父所谓古老的史前时期，巫术由一些具备特殊素质的专业人员（其中包括巫、觋、祝、宗等）所掌握。在这种条件下，人类社会生活的世俗领域与神圣领域之间既存在秩序井然、有条不紊的沟通和交流，同时又保持着和谐相处、泾渭分明的独立性。其次，到了少皞氏统治衰落的时期，九黎破坏了民神之间原有的那种良好的关系和秩序，巫术从此不再是某些特殊职事人员手中的特权，相反可以被每一个社会成员实施。由于人人都有资格染指巫术，遂使得整个社会沉溺于巫术的崇信乃至迷狂之中。更为严重的社会问题也随之出现：缺乏规范、放任自流引发的巫术泛滥不仅未能给人们带来福祉，相反还造成民神关系失敬、社会灾患频仍等一系列严重后果。鉴于这种惨痛的现实教训，颛顼氏采取措施整顿巫术秩序，终于使神民关系又回到上古时期的情况。再次，尧舜统治期间，三苗几乎重演了当初九黎破坏巫术秩序的那一幕历史，幸亏帝尧及时地扶植名姓之后并使之各司其职，才维护了自颛顼氏以来"绝地天通"的传统，从而为后世乃至三代以来巫术的发展奠定了基调和方向。总的看来，《楚语》的这段材料传递了这样一种信息，那就是中国史前时期虽然也曾存在过大量巫术，也曾出现过巫术短暂繁荣的局面，然而来自上层社会的频繁打击使得这种文化现象最终未能得到充分的发展。史前巫术的遭遇不仅在很大程度上影响了中国古代文明类型的形成，而且也直接决定了巫术在整个文明中的地位。

　　史前巫术为什么会遭到接二连三的打击并最终归于衰落呢？尽管观射父语焉不详的介绍并没有提供现成的答案，然而如果联系到笔者在上文提到的巫术区别于一般宗教现象的显著特性的

---

　　① 多数学者认为这是反映史前"巫术时代"的力证，这显然是受英国人类学家弗雷泽理论影响的结果。关于这一问题笔者曾经进行过讨论，此处不再赘述。

话，这一问题似乎也就迎刃而解了。简单地说，巫术之所以被当时的统治者抵制，在很大程度上是因为它作为一种具有很强目的性的仪式和信仰，往往以威胁甚至牺牲他人或集体利益为代价以期实现自身目标。当然，巫术也可能被用于祈雨、禳灾等公益性目的，① 但这一目的通常只有在国家权威的干预下才可能实现。实际上，同一种巫术手段既可能被用于造福也可能被用于作恶，巫术的善恶最终取决于执行者。从这个意义上可以看出，无论黑巫术还是白巫术其实都是社会群体生活的现实或潜在威胁。当然，这种威胁通常并非由于巫术自身的神秘作用，而是源于巫术信仰所引发的人与人之间的普遍敌意与社会恐慌。正如前文指出的那样，巫术的上述特征决定了它主要是一种反道德的文化现象。

（二）宗教与巫术在先秦文化中的地位

如上所述，宗教与巫术虽然在诸多方面存在不同，然而两者却一无例外地在中国古代社会处于欠发达状态，因此古代社会并没有演化为宗教文明，而是走上了一条以礼乐制度为主、具有强烈现实主义特征的道路。关于宗教与巫术在先秦文化中的地位，有两点需要强调：

首先，在这种现实主义文化类型中，宗教和巫术作为一种社会控制力量虽然长期存在并发挥作用，但它相对于礼乐、道德等因素而言却始终处于辅助性地位。关于古代社会宗教与现实、理性与非理性之间的这种力量对比关系，从前文所引 20 世纪以来不少学者的经典论述中可以清楚地看出，这里不妨就古人的论述略加引征。《尚书·泰誓》："天视自我民视，天听自我民听。"又，《左传》襄公三十一年穆叔引《大誓》（按即《泰誓》）云：

---

① 巫术研究者把这类巫术称为"白巫术"，而相应地将那些带有"损人利己"色彩的巫术称作"黑巫术"。

"民之所欲，天必从之。"他们以为鬼神不能从根本上影响人事的发展，相反只有民心向背才是最终的决定因素。这种"先民后神"、"重民轻神"的观念在先秦文献中曾不止一次地被加以表述，《左传》桓公六年季梁曰："夫民，神之主也，是以圣王先成民而后致力于神。"庄公三十二年秋七月，有神降于莘。史嚚曰："吾闻之：国将兴，听于人；将亡，听于神。神，聪明正直而壹者也，依人而行。"僖公十九年司马子鱼曰："民，神之主也。"重人事而轻鬼神的观念在儒家思想中体现得尤为典型，《论语·先进》季路问事鬼神，孔子曰："未能事人，焉能事鬼？"又曰："敢问死？"答曰："未知生，焉知死？"孔子虽然没有否认鬼神的存在，但坚持应以生前之事为重。《大戴礼记·四代》："鬼神过节，妨于政。"凡此种种都表明在古人的观念深处，人事应当重于或先于鬼神之事；相反，频繁过度的宗教活动不仅不利于社会秩序的稳定，还会妨碍正常的政治生活。

　　古人对于巫术也抱以同样的态度。《尚书·洪范》云："汝则有大疑，谋及乃心，谋及卿士，谋及庶人，谋及卜筮。"这是说统治者如果对于一件事情心存疑虑的话，应该首先在内心加以忖度，其次要与大臣商讨，再次则要听取众人的意见，最后才考虑通过占卜方式从鬼神那里获取帮助。这表明按照古之惯例，巫术的参考价值通常被置于现实诸因素之后。战国时期的荀子对于巫术的本质和功能有着更为清醒的认识，《荀子·天论》说："日月食而救之，天旱而雩，卜筮然后决大事，非以为得求也，以文之也。故君子以为文，小人以为神。以为文则吉，以为神则凶也。"同书《大略》引商汤祷旱之辞曰："政不节与？使民疾与？何以不雨至斯极也！宫室荣与？妇谒盛与？何以不雨至斯之极也！苞苴行与？谗夫兴与？何以不雨至斯极也！"可见即使统治者面临灾患而不得不求助于巫术时，他们仍然试图从自身的行为中寻找原因，这些反思或者涉及政治举措，或者涉及生活作风，要之无一脱离现实社会！

　　那么这种重现实而黜玄想，重人民而轻鬼神的做法仅仅是周人自己的创造，还是三代以来沿袭已久的传统？在这个问题上，近代以来的一些学者受西方宗教文化以及大量殷墟卜辞材料的启发，不仅认为宗教在商代社会中占据主导性地位，甚至断言商代政治是一种"神权政治"。这种看法究竟是否可信呢？姑且听听钱穆50余年前所发表的一番关于商周社会中政治与宗教关系的见解，他说：

> 　　商代是一个宗教性极浓厚的时代，故说："殷人尚鬼。"但似乎那时他们，已把宗教范围在政治圈子里了。上帝并不直接与下界小民相接触，而要经过王室为下界之总代表，才能将下界小民的吁请与祈求，经过王室祖先的神灵以传达于上帝之前。这是中国民族的才性，在其将来发展上，政治成绩胜过宗教之最先征兆。
>
> 　　待到周代崛起，依然采用商代人信念而略略变换之……殷、周两代的政治力量，无疑的已是超于宗教之上了……这明明是宗教已为政治所吸收融和的明证。换辞言之，亦可说中国人的宗教观念，很早便为政治观念所包围而消化了……因此中国宗教，很富于现实性。①

---

　　①　钱穆：《中国文化史大纲》，商务印书馆1994年版，第44—47页。梁漱溟的看法与钱穆颇为相近，他说："中国民族是第一个生在地上的民族；古代中国人的思想眼光，从未超越现实的地上生活，而梦想什么未来的天国。唐虞夏商的史实，未易详考。但有一件事，是我们知道的，就是当时并没有与政权并峙的教权，如埃及式的僧侣，犹太式的祭司，印度式的婆罗门，在中国史上还未发现与之相等的宗教权力阶层。中国古代君主都是人君而兼师的；他以政治领袖而兼理教务，其心思当然偏重在人事……在宗教上的统一天国尚未成熟之前，政治上的统一帝国已经先建立起来；因此宗教的统治，便永不能再出现了。"参见梁漱溟《中国文化要义》，学林出版社1987年版，第22页。

通过这段论述可以看出，商代的宗教氛围虽然较之于周代更为浓厚，但两者的基本精神和社会地位则并无本质差别。在钱穆先生看来，商周二代宗教的基本特征有二：一是宗教几乎被政治势力所吸收融和，由于最高统治者掌握了宗教权利，因此下层民众的宗教热情受到极大限制。显而易见的是，这种情况与《楚语》所谓颛顼氏"绝地天通"之后所造成的情形毫无二致。二是由于古代宗教被吸收融和于政治势力当中，因此极富现实性。质言之，宗教在古代社会中虽然看似无处不在，然而宗教的生命力却取决于它能否对现实有益。中国古代社会中不存在为了宗教而舍弃现实生活的传统，情况倒往往是当宗教有背于社会的现实利益时，人们就会牺牲宗教以迁就现实。商代宗教氛围浓厚，然而无道的商王竟敢挑战甚至侮辱天神，《史记·殷本纪》说："武乙无道，为偶人谓之'天神'，与之博。令人为行，天神不胜，乃僇辱之。为革囊盛血，仰而射之，命曰'射天'。武乙猎于河渭之滨，暴雷，武乙震死。"同样的情形又见于西周时期，周代前期的诗篇中往往充斥着对昊天上帝与祖先神的极力赞誉，然而西周中期以后则不乏抱怨甚至诅咒之辞。这些无疑都足以说明中国宗教的现实性特征：古代没有那种坚定执著的宗教信徒，人们的信仰通常随着现实利益关系的转换而变动不居。由于史料不足，我们无法了解夏代宗教与巫术的具体情况，然而联系前文所引《楚语》"尧复育重黎之后，不忘旧者，使复典之，以至于夏商"的有关记载似乎不难推断：古代宗教的上述特点并非骤然出现，而是一种从史前时期沿袭而来并在三代历史上贯穿始终的传统。

其次，宗教和巫术现象通常湮没于礼乐文化的氛围当中，甚至在很大程度上被改造为礼乐制度的有机组成部分。以祭祀为例，它的重要功能在于维系社会群体的凝聚力。《荀子·礼论》

说："祭者，志意思慕之情也，忠信爱敬之至矣，礼节文貌之盛矣，苟非圣人，莫之能知也。圣人明知之，士君子安行之，官人以为守，百姓以成俗。其在君子，以为人道也；其在百姓，以为鬼事也。"这是说具备不同认识水平的人对于祭祀往往有着截然不同的理解：世俗之人浅薄地把它当作"鬼事"，只有"圣人"、"君子"才知道它在本质上不过是规范人们现实行为的手段而已。事实上，由于大量的宗教仪式或者被融会于礼乐制度之中，或者直接被改造为礼乐制度本身，因此有的西方学者甚至认为中国古代的"礼"与"宗教"几乎是同一个概念。拉德克利夫—布朗曾说道："中国学者没有专门撰文论述过宗教，但我不知这是否是因为汉语中还没有一个词来表示我们所说的'宗教'。他们论述的是'礼'，这个词常被译为典礼、道德观念、仪式、有关优雅举止的规则、礼节等。就'礼'一词看，它具有两种涵义，一是指灵魂、献祭及祈祷，另一最初的所指则是举行祭祀时所用的器皿。因而，我们可以把中国古代的'礼'译为'仪式'。无论如何，这些古代哲学家主要关注的是哀悼仪式和献祭仪式。"① 布朗对于古代宗教与礼制关系的理解是否准确暂且不加讨论，然而这段话至少说明以下事实：那就是古代的宗教在很大程度上的确与礼乐制度浑然一体，难以截然分开。因此只有正确理解了中国古代文化的基本精神之后，才谈得上对宗教及其功能有一个客观的认识。

　　同样的情形依然存在于巫术领域。从先秦古籍的大量记载中可以看出，虽然经历了史前时期两次沉重的打击，但巫术并没有被全部摧毁。恰恰相反，三代历史上有一批巫术被纳入礼乐制度之中，成为官方组织在某些非常时期解决各种社会问题的措施，

---

　　① ［英］拉德克利夫—布朗：《原始社会的结构与功能》，中央民族大学出版社2002年版，第175—176页。

此处仅就《周礼》所见略举数例加以说明。卜筮是一种典型的交感巫术，《周礼·大卜》说大卜掌三兆之法，即玉兆、瓦兆、原兆；又掌三易之法，即连山、归藏、周易；又掌三梦之法，即致梦、觭梦、咸陟；此外还"以邦事作龟之八命：一曰征，二曰象，三曰与，四曰谋，五曰果，六曰至，七曰雨，八曰瘳"。按照古人的解释，连山、归藏、周易分别是三代的占卜之法，而且商代占卜的流行已由殷墟卜辞得到充分的证实。至于梦占、龟占也都属巫术之列。其次如祈雨救旱以及禳灾巫术，《司巫》："司巫，掌群巫之政令。若国大旱，则帅巫而舞雩；国有大菑，则帅巫而造巫。"此类巫术在殷墟卜辞以及先秦子书中多有记载，这是人所共知的事实。再如诅咒巫术，《诅祝》："诅祝，掌盟、诅、类、造、攻、说、禬、禜之祝号。作盟诅之载辞。"值得注意的是，先秦礼书所载的诅咒巫术已被改造为盟誓场合中不可或缺的仪式，它的目的不再是简单地降祸于人，而是借助于鬼神的力量加强盟约的效力。又如繁殖巫术，《内宰》职曰："上春，诏王后帅六宫之人而生穜稑之种而献之于王。"郑玄注："古者使后宫藏种，以其有传类蕃孳之祥，必生而献之，示能育之使不伤败。"最后如驱疫巫术，《方相氏》职曰："掌蒙熊皮，黄金四目，玄衣朱裳，执戈扬盾，帅百隶而时难（傩），以索室驱疫。大丧，先匶。及墓，入圹，以戈击四隅，驱方良。"如果愿意仔细搜罗的话，笔者相信一定会发现这方面的更多例证。毋庸置疑，例文中这些被列入三代礼典的仪式虽然保持着巫术的基本特质，但由于符合礼乐文化的精神而受到官方的支持。

准确理解宗教与巫术在先秦礼乐文明中所占据的地位，不仅有利于人们进一步客观地把握中国古代文化的基本精神，而且对于认识和解释古代宗教、巫术与道德之间的关系也具有重要意义。社会是道德的源泉，因此社会的主流文化在很大程度上决定着道德的内容和特征。由于主流文化与道德休戚相关并代表着道德的利益，所以任何对主流文化的侵害也就是对道德的破坏。这就意味着，当一种文化因素对主流文化具有维护或辅助作用时，它便顺应了道德的要求；相反，当一种文化因素威胁到主流文化的统治性地位时，它就会具有反道德的性质。总而言之，先秦时期宗教与巫术在主流文化中所占据的地位，无疑是考察两者与道德关系时不得不考虑的重要因素。

三　先秦诸非理性主义因素与道德的关系

（一）宗教与道德

说到先秦宗教与道德的关系，首先是宗教促成了道德的产生并维护着道德的地位。上文曾经指出，道德对于任何孤立的个体是没有意义的，这是因为道德只能产生于集体生活，而且唯有在集体生活的氛围中道德才能实现它的价值。一方面，宗教使众多社会成员团结在神圣崇拜对象的周围，从而为道德的产生和维系创造了一种群体生活的氛围。对此涂尔干曾指出："宗教仪式是社会统一的具体表现，宗教仪式的功能在于通过加强社会团结或社会秩序所依赖的人的情感来'重建'社会或社会秩序。"① 从现存比较可靠的文献来看，三代时期的统治者们都曾将宗教作为加强社会团结、鼓舞士气的有力手段，《尚书》的《甘誓》、《汤誓》、《牧誓》等篇就是其中的典型代表。按照传统观点，《甘誓》、《汤誓》、《牧誓》的主题分别是夏启伐有扈氏、商汤伐夏桀以及武王伐纣。② 现将其中有关文字分

---

① ［法］爱弥尔·涂尔干：《宗教生活的基本形式》，第323、497页及其他地方。转引自［英］拉德克利夫－布朗：《原始社会的结构与功能》，中央民族大学出版社2002年版，第185页。

② 《墨子·明鬼下》引《甘誓》全文，而篇名作《禹誓》，是以伐有扈氏者为禹。今从《史记·夏本纪》说。

别摘录如下：

> 嗟！六事之人，予誓告汝。有扈氏威侮五行，怠弃三正。天用剿绝其命。今予惟恭行天之罚。左不攻于左，汝不恭命；右不攻于右，汝不恭命；御非其马之正，汝不恭命。用命赏于祖，弗用命，戮于社，予则孥戮汝。（《甘誓》）

> 格尔众庶，悉听朕言。非台小子，敢行称乱。有夏多罪，天命殛之……夏德若兹，今朕必往。尔尚辅予一人，致天之罚，予其大赉汝。尔无不信，朕不食言。尔不从誓言，予则孥戮汝，罔有攸赦。（《汤誓》）

> 今予发惟恭行天之罚。今日之事，不愆于六步七步，乃止，齐焉。勖哉！不愆于四伐五伐六伐七伐，乃止，齐焉。勖哉！夫子尚桓桓，如虎如貔，如熊如罴，于商郊，弗迓克奔，以役西土。（《牧誓》）

以上三则材料中都出现了具有人格特征的天（"天之罚"、"天命"），而且誓词的发表者都以上天的代理人自居号令军士。从这些言简意赅的战争动员令中，我们可以看出宗教信仰对于团结民众、统一行动的重要意义。同样的情形也出现在祭祀活动中。先秦时期无论天子祭祀先公先王、天神地祇，或者是一般贵族祭祀历代祖妣，共同之处都在于使那些有共同信仰的人们聚集在一起。《礼记·檀弓下》鲁哀公使人问周丰曰："有虞氏未施信于民，而民信之；夏后氏未施敬于民，而民敬之。何施而得斯于民也？"对曰："墟墓之间，未施哀于民而民哀；社稷宗庙之中，未施敬于民而民敬。殷人作誓而民始畔，周人作会而民始疑。苟无信义、忠信、诚悫之心以莅之，虽固结之，民其不解乎？"这句话的本意是为了强调统治者在道德方面表里如一、为人典范的重要性，然而却间接透露出神圣信仰对于酿造良好道德氛围的作用。通过周丰的回答可以看出，人们之所以会在墟墓之间、社稷宗庙之中保持一种悲哀恭敬的道德情感，无疑是宗教的作用使然。

宗教的功能还表现为它引导人们崇拜和敬畏神圣事物，从而使社会成员培养起良好的道德素质。《尚书·高宗肜日》祖己曰："惟天监下民，典厥义。将年有永有不永，非天夭民，民中绝命。民有不若德，不听罪。天既孚命正厥德，乃曰：'其如台？'"《逸周书·命训解》："天生民而成大命。命司德正之以祸福，立明王以顺之……夫司德司义，而赐之福禄。福禄在人，能无惩乎？若惩而悔过，则度至于极。夫或司不义，而降之祸。在人，能无惩乎？若惩而悔过，则度至于极。"意思是上天命"司德"之官以监督民众的道德规范，并给予相应的奖励或惩处。《左传》僖公五年说："鬼神非人实亲，惟德是依。故《周书》曰：'皇天无亲，惟德是辅。'又曰：'民不易物，惟德繁物。'如是则非德，民不和神不享矣。神所冯依，将在德矣。"这是说上天鬼神时时关注（包括司察、监督）着人们的言行，以确保它们符合道德的要求。

在先秦时期，宗教对于道德养成的重要价值尤其体现在祭祀活动中。《国语·楚语下》："祀所以昭孝息民、抚国家、定百姓也，不可以已……其谁敢不齐肃恭敬致力于神！民所以摄固者也，若之何其舍之也！"又，《鲁语上》有司曰："夫祀，昭孝也。各致齐敬于其皇祖，昭孝之至也。"虽然被穿上了礼制的外衣，但关于天地鬼神的祭祀无疑仍具有宗教内涵。祭祀是通过什么方式昭示孝道、抚慰民众、安定国家、团结百姓的呢？关于这点，《诗经》的《周颂》、《大雅》诸篇中有不少典型例证。《周颂·载见》："假哉皇考，绥予孝子……既右烈考，亦右文母"，"率见昭考，以孝以享，以介眉寿。"是说通过祖先的精神鼓舞后代子孙，使他们养成并保持孝悌之类的美德。《周颂·闵予小子》："于乎皇考，永世克孝。念兹皇祖，陟降庭止。维予小子，夙夜敬之。"朱熹集传："成王免丧，始朝于先王之庙，而作此诗也。"《周颂·泮水》："穆穆鲁侯，敬明其德。敬慎威仪，维民之则。允文允武，昭假烈祖。靡有不孝，自求伊祜。"诗人如此频繁地将孝道与祭祀联系在一起并非出自偶然，它充分说明祖先崇拜对于先秦时期人们养成敬养、顺从父母的道德规范具有重要价值。此外，祭祀还有利于社会群体的和谐有序和安定团结。《大雅·明明》："明明在下，赫赫在上……乃及王季，维德之行。维此文王，小心翼翼。昭事上帝，聿怀多福。厥德不回，以受方国。"既然有了上帝和祖先神的授意和呵护，周人的统治自然合法而稳固。《大雅·皇矣》："帝迁明德，串夷载路。天立厥配，受命既固……维此文王，因心则友。则友其兄，则笃其庆……维此文王，帝度其心，貊其德音。其德克明，克明克类，克长克君。王此大邦，克顺克比。比于文王，其德靡悔。"这是说上帝与文王的伟大德行足以为周代统治者提供良好的模范。从周代这些诗篇看来，宗教无疑是维系人们关系的重要精神纽带，祭祀活动将社会成员组织在一起，使他们形成一个个紧密的道德共同体。

在鬼神信仰总体上趋于衰落的情况下，宗教对于道德的积极功能仍得到了理论界的空前重视。从诗人关于上天或祖先神合法性的质疑和埋怨中不难看出，传统宗教的权威大约到西周晚期已面临危机，而东周则更出现了侮慢鬼神的情形。《战国策·秦三》说秦国的恒思这个地方有个神丛，当地有个勇猛的少年，要求与神丛玩掷骰子的游戏。少年说："我要是赢了神丛，神丛就借给我丛神三天；如果我输给了神丛，神丛就可以任意处置我。"于是，他左手替神丛掷骰子，右手替自己掷骰子。结果他赢了神丛，神丛就把丛神借给了少年三天。三天期满，神丛去讨还丛神，少年竟不归还。五天以后，神丛枯萎了，七天以后，神丛便死掉了。① 所谓"丛"虽然未必是当时列入官方祀典的合法神灵，但"悍少年"的行为无疑反映了时人对鬼神已失去了以往的敬畏。儒、墨等家对于宗教道德功能的推重与鼓吹，正是在这种背景下展开的。

　　儒家对鬼神的有无问题虽然存而不论，但在礼制的名义下仍积极强调祭祀的道德价值。《礼记·祭统》说："祭者，所以追养继孝也。孝者，畜也。顺于道，不逆于伦，是之谓畜。是故孝子之事亲也，有三道焉：生则养，没则丧，丧毕则祭。养则观其顺也，丧则观其哀也，祭则观其敬而时也。尽此三道者，孝子之行也。"通过祭祀培养孝道，这方面的例子在前引有关诗句中已经涉及。古人以祭祀为孝子事亲必不可少的内容，正说明祭祀对于维系家庭道德的重要意义。儒家曾明确指出祭祀为教化之本，因此宗庙社稷是培养人们道德素质的重要场合，因此《祭统》又说："夫祭之为物大矣，其兴物备矣，顺以备者也，其教之本舆！是故君子之教也，外则教之以尊其君长，内则教之以孝于其亲。是故明君在上，则诸臣服从；崇事宗庙社稷，则子孙顺孝……是故君子之教也，必由其本，顺之至也，祭其是舆！故曰：祭者，教之本也已。"祭祀活动体现社会关系的十个重要侧面，其中包括所谓鬼神之道、君臣之义、父子之伦、贵贱之等、亲疏之杀、爵赏之施、夫妇之别、政事之均、长幼之序、上下之际。② 同书《祭义》认为，圣人祭祀上帝，孝子祭祀祖先，这是他们的天然

---

　　① 《战国策·秦三》："恒思有悍少年请与丛博，曰：'吾胜丛，丛藉我神三日；不胜丛，丛困我。'乃左手为丛投，右手自为投。胜丛，丛藉其神三日，丛往求之，遂弗归。五日而丛枯，七日而丛亡。"

　　② 《礼记·祭统》："夫祭有十伦焉：见鬼神之道焉，见君臣之义焉，见父子之伦焉，见贵贱之等焉，见亲疏之杀焉，见爵赏之施焉，见夫妇之别焉，见政事之均焉，见长幼之序焉，见上下之际焉。此之谓十伦。"

义务，故云："唯圣人为能飨帝，孝子为能飨亲。"所谓"飨帝"，是指祭祀上天使之来飨。飨帝之难唯圣人能之，正如飨亲不易唯孝子能之。无论飨帝还是飨亲，都是对人们内在道德的考验和培养。儒家还认为，天子祭天于明堂可以使诸侯养成孝道，祭先贤于庠序也可以培养他们的各种德行："祀乎明堂，所以教诸侯之孝也……祀先贤于西学，所以教诸侯之德也。"至于祭祀对于家庭孝道养成的意义，《祭义》更有以下一系列细致生动的论述：

> 孝子之祭也，尽其悫而悫焉，尽其信而信焉，尽其敬而敬焉，尽其礼而不过失焉。进退必敬，如亲听命，则或使之也。
>
> 孝子将祭祀，必有齐庄之心以虑事，以具服物，以修宫室，以治百事。及祭之日，颜色必温，行必恐，如惧不及爱然。其奠之也，容貌必温，身必诎，如语焉而未之然。宿者皆出，其立卑静以正，如将弗见然。及祭之后，陶陶遂遂，如将复入然。是故悫善不违身，耳目不违心，思虑不违亲。结诸心，形诸色，而术省之，孝子之志也。
>
> 祭之日，入室，僾然必有见乎其位；周还出户，肃然必有闻乎其容声；出户而听，忾然必有闻乎其叹息之声。
>
> 君子生则敬养，死则敬享，思终身弗辱也。

笔者在分析孝道问题时曾经指出，祭祀是将对父母生前的孝敬推而广之，甚至及于早已故去的先祖，目的在于将尽可能多的家庭成员笼络在家庭之内。由于孝的意识在神圣力量的作用下更能震撼人心，因此祭祀不仅可以安定和凝聚人心，同时也可以对家庭成员进行孝道教化。

墨家在鬼神有无问题上与儒家持完全相反的观点，但两者对于宗教与道德关系的看法却出奇的一致。《墨子·贵义》墨子批评儒家说："执无鬼而学祭礼，是犹无客而学客礼也，是犹无鱼而为鱼罟也。"在墨子看来，儒家一方面对于鬼神的有无不置可否，一方面又极力规劝人们学习礼仪，这并不能真正使宗教在增进社会道德方面发挥积极作用。在墨家看来，除非承认天意鬼神的存在，宗教才能从根本上维护道德秩序，否则祭祀就很容易流为一种虚伪的形式。为了解决这一问题，墨家旗帜鲜明地提出了"天志"以及"明鬼"的命题。《明鬼下》说：

> 逮至昔三代圣王既没，天下失义，诸侯力正（征），是以存夫为人君臣上下者之不惠中也，父子弟兄之不慈孝弟长贞良也，正长之不强于听治，贼人之不强于从事也。民之为淫暴寇乱盗贼，以兵刃毒药水火退无罪人乎导论率径，夺人车马衣裘以自利者，并作由此始，是以天下大乱。此其故何以然也？则皆以疑惑鬼神之有与无之别，不明乎鬼神之能赏贤而罚暴也。今若使天下之人皆若信鬼神之能赏贤而罚暴也，则夫天下岂乱哉！

为了证明鬼神确实存在，墨子一连举了周宣王杀杜伯、郑穆公见句芒、燕简公杀庄子仪、厉株子杀观辜等例子作为证据。在墨子看来，如果人们都相信鬼神存在的话，那么每个人在举手投足之间就不会无所顾忌，"虽有深溪博林幽涧无人之所，施行不可不董，见有鬼神视之"。[①] 同样的道理，如果统治者都相信上天具有人格属性，而且能够赏善罚恶的话，那么他们也就不会肆无忌惮地大行不义之事了。《天志下》说："戒之慎之，必为天之所欲，而去天之所恶。曰：天之所欲者何也？所恶者何也？天欲义而恶其不义者也。"这是因为一旦得罪于上天，作恶者将无

---

① 《墨子·明鬼下》。

所逃匿，《天志上》说："若处家得罪于家长，犹有邻家所避逃之。然且亲戚、兄弟、所知识共相儆戒，皆曰：'不可不戒矣，不可不慎矣，恶有处家而得罪于家长而可为也！'非独处家者为然，虽处国亦然……此有所逃避之者也，相儆戒犹若此其厚。况无所避逃之者，相儆戒岂不愈厚然后可哉！且语言有之曰：'焉而晏日，焉而得罪，将恶避逃？'曰：无所避逃之。夫天不可以为林谷幽门（间）无人，明必见之。"按照墨子设计的理想方案，社会成员的言行举止都应受到上天和鬼神的严密监督，这样他们才不至于为非作歹；不仅如此，人人相儆的社会舆论也足以使道德规范得到有力的维护。然而总的看来，宗教的衰落是东周时代无可挽回的历史潮流，人们既不会因为思想家用心良苦的说教而重新皈依宗教，社会的道德状况也不可能真正由于这种说教而得到改善。在这个意义上可以说，墨子的"天志"、"明鬼"学说在应对现实道德问题方面显得苍白乏力，因而它只具有伦理思想史上的价值。

　　先秦宗教与道德关系的第二个方面，就是当宗教的发展有背于古代现实主义文化的基本精神时，就会成为道德的对立因素。就信仰对象的确立而言，三代以来的宗教基本遵循着统一的标准。据《国语·鲁语下》展禽曰："夫圣王之制祀也：法施于民则祀之，以死勤事则祀之，以劳定国则祀之，能御大灾则祀之，能扞大患则祀之，非是族也，不在祀典……凡禘、郊、宗、祖、报，此五者国之典祀也。加之以社稷、山川之神，皆有功烈于民者也；及前哲令德之人，所以为明质也；及天之三辰，民所以瞻仰也；及地之五行，所以生殖也；及九州岛名山川泽，所以出财用也。非是，不在祀典。"这是说只有那些历史上为民众建立赫赫功勋的文化英雄，以及对人类社会生活发生重大影响的自然物才能被纳入祀典，除此之外者则不能作为宗教祭祀的合法对象。按照上述标准，展禽列举的文化英雄包括烈山氏之子柱、周祖弃、共工氏之子后土、黄帝、颛顼、尧、舜、鲧、禹、契、冥、汤、文、武，等等，他们都是上自史前下迄西周之间为人们带来实际利益，或者对民众生活具有重大影响的历史人物。自然神方面包括社稷山川之神、三辰（日、月、星）、五行（金、木、水、火、土）之神以及九州名山大川之神，它们或"有功烈于民"，或"民所以瞻仰"，或"生殖"，或"出财用"，要之无不与人们的现实生活领域息息相关。以上表述至少说明了两个问题：首先，古人选择宗教崇拜对象的最主要原则就是切中现实社会与民众需要。换言之，古人即使崇信神圣、追求不朽，但他们却始终把目光投向现实。"圣王制祀"的这一原则，无疑再次印证了上文曾指出的古代宗教的现实主义特征。其次，从论者所引述的祀典名录可以看出，以上的制祀原则可以追溯到遥远的史前时期。这说明古代宗教现实主义特征的形成并非一朝一夕之事，相反它早在中国文明类型的抉择期就已初具规模了。

　　人们之所以对祭祀对象进行明确而严格的规定，目的在于维护宗教秩序，避免祭祀活动失去规范。在古人看来，当祭而不祭懈怠于鬼神固然有背于"圣王制祀"的初旨，而那种随心所欲的"谄祭淫祀"由于危害到现实社会的正常秩序，甚至形成《国语·楚语》所谓"夫人作享"，"民神杂糅"的局面，因而更在严防之列。为此三代礼法规定了详细的祭祀规则，《左传》僖公十年说："神不歆非类，民不祀非族。"《礼记·曲礼下》说："非其所祭而祭之，名曰淫祀。淫祀无福。"《论语·为政》孔子曰："非其鬼而祭之，谄也。"凡此种种，都表明那种违背圣人制祀原则的轻率做法（谄祭淫祀）为贤人君子所不取。尽管如此，春秋时期贵族阶层中已出现了淫祀的案例。《国语·鲁语上》说有一种叫做"爰居"的海鸟飞到了鲁国的东门之外停留三日。鲁大夫臧文仲遂遣人对之加以祭祀，结果遭到鲁君子展禽的批评。

　　由于先秦的宗教几乎被消融于礼乐制度的框架之中，加之时代愈晚宗教的权威愈加丧失，因此总的来说宗教泛滥并不是当时社会的主要问题。宗教衰落与道德之间的关系，以西方社会的表现最为突出。涂尔干在谈到近代西方宗教衰落对道德环境的影响时指出：

> 我们必须承认，历史已经明确地向我们展示了事实真相：宗教对社会生活的影响已经越来越微弱了。起初，宗教涵盖了整个生活；任何社会事物都带有宗教色彩——宗教和社会是同义的。然而，随着政治、经济、科学等功能逐渐从宗教功能中脱离出来，自立门户，它们的世俗性职业表现得越来越明显。在以往的人际关系里，上帝还经常抛头露面，但后来，上帝就退隐避居了，它把整个世界都交还给了人，任凭他们去争执不休……总之，宗教领域非但没有与世俗生活共同得到发展，反而每况愈下，日渐衰微了。这种退步现象并不是在某个特定的历史时期产生的，而是贯穿于整个社会进化进程的始终。因此，它是与社会发展的基本条件有关的，它可以证明那些带有集体性又带有宗教性的强烈的集体感情和信仰逐步淡化的趋势。①

宗教对西方社会具有主导性的意义，故而西方学者慨叹"上帝死了"正如中国古人感慨"礼坏乐崩"一样，因为两者的衰落都对道德带来负面影响。先秦宗教的发展虽然未必完全符合上述特征，然而其间宗教权威的丧失与社会道德的衰落紧密相关而且同步出现，则是毋庸置疑的事实。臧文仲祀爰居的事例（不合礼义的淫祀）在战国时期有所发展（如西门豹治邺故事里的祀河

---

① ［法］爱弥尔·涂尔干：《社会分工论》，生活·读书·新知三联书店 2000 年版，第 130 页。

伯），它足以证明这样一个基本规则：宗教虽然在总体上与社会团体以及道德之间具有某种一致性；当宗教超越一定的范围和程度，影响到现实主义文化的主导性地位时，它就会成为社会道德的破坏力量而遭到舆论的抨击。由此可见，宗教与道德的关系不仅取决于宗教自身的属性，还与一个社会的主流文化直接相关。

（二）巫术与道德

尽管巫术就其自身特点而言具有破坏群体生活的倾向，然而在礼乐制度的规范和制约下，它对道德往往又不乏积极的维护作用。简单地说，通过巫术维护道德的权威以及加强社会群体的自信力，这是先秦时期巫术与道德关系的一个重要方面。

巫术维护道德权威，诅咒巫术就是很好的例证。诅咒是古代一种重要的巫术类型，它本身虽然具有"黑巫术"的特点，然而对于保障三代历史上的社会诚信却发挥着积极效用。《礼记·曲礼下》："约信曰誓，莅牲曰盟。"是将诅咒巫术用于政治场合社会活动即谓之"誓"或"盟"，两者的区别在于"誓"只涉及言辞的约定，而"盟"则需要以牺牲加强约定的权威性。就社会功能而言，"盟"、"誓"之间并无本质区别：它们均以鬼神权威为依据，并通过对失信者的诅咒促使人们恪守承诺。《荀子·大略》云："诰誓不及五帝，盟诅不及三王，交质子不及五伯。"誓与盟是社会诚信度逐步降低而渐次出现的历史现象。大体而言，誓、盟对举往往只是古人的语言习惯所致，两者之间通常并不存在一条泾渭分明不可超越的绝对界限。从文献有关记载来看，荀子关于诰誓与盟诅产生历程的阶段式划分方法似乎并不可信。上引《国语·楚语下》观射父论"绝地天通"时就曾指出：古者民神不杂，"民是以能有忠信"，而及少皞之衰九黎乱德，却出现了"无有要质"、"民渎齐盟"的情况。观射父的言论虽然具有推测性质，然而却与20世纪以来的许多人类学调查材料若合符节，这无疑说明史前巫术在某种程度上的确已同当时的社会诚信问题发生了联系。

从前引《尚书·甘誓》等篇所反映的现象得知，三代时期很早就存在凭借宗教权威团结和约束民众的现象，那么诅咒盟誓之类的巫术行为在当时是否也发挥过积极的道德作用呢？夏商时期的情况由于史料阙如我们已无从知晓，但这种现象在周代已经普遍盛行则是毋庸置疑的事实。《周礼·春官·宗伯》诅祝职曰："掌盟、诅、类、造、攻、说、禬、禜之祝号。作盟诅之载辞，以叙国之信用，以质邦国之剂信。"《秋官·司寇》司盟职曰："掌盟载之灋。凡邦国有疑，会同则掌其盟约之载及其礼义，北面诏明神；既盟，则贰之。盟万民之犯命者，诅其不信者亦如之。凡民之有约剂者，其贰在司盟。有狱讼者，则使之盟诅。凡盟诅，各以其地域之众庶共其牲而致焉。既盟，则为司盟共祈酒脯。"诅祝和司盟之职的出现无疑说明西周时期诅咒和盟誓已被纳入礼乐范畴，并在很大程度上制度化了。东周之后，利用盟誓保障诚信几乎成为列国交往过程中不可或缺的活动。《国语·鲁语下》："夫盟，信之要也。"《左传》昭公十三年："盟以厎信。"僖公十五年秦侯曰："我食吾言，背天地也……背天不祥。"成公元年："背盟，不祥。"在鬼神信仰广为盛行的社会氛围中，恶毒的诅咒极易在人们的内心深处引起强烈震动，而盟誓巫术的道德功能就在于借此督促人们信守承诺。

关于"盟以厎信"在先秦政治军事活动中的重要地位以及影响，清人顾栋高曾搜罗《左传》所载诸侯盟誓史事制成"诸侯争盟"各表详加说明，读者可以参考，在这里略举数例加以说明。《左传》隐公十一年："郑伯使卒出豭，行出犬、鸡，以诅射颍考者。"这是春秋时期发生较早的一次国家诅咒活动，它的目的是惩罚在一次战斗中暗算颍考叔的人。对于东周时期的诸侯而言，失民、亡国、灭族、坠师都是灭顶之灾，因此它们被频频用于盟辞当中。桓公元年传曰，夏四月丁未，鲁公及郑伯盟于越，结衲成也。盟辞曰："渝盟，无享国！"僖公二十八年，癸亥，王子虎盟诸侯于王庭，要言曰："皆奖王室，无相害也！有渝此盟，明神殛之，俾坠其师，无克祚国，及尔玄孙，无有老幼。"时人对这次盟誓赞誉很高，认为它具有积极的道德效力："君子谓是盟也信。"成公十二年，癸亥，晋楚盟于宋西门之外，辞曰："凡晋、楚无相加戎，好恶同之，同恤菑危，备救凶患……有渝此盟，明神殛之，俾坠其师，无克祚国。"襄公十一年，秋七月，诸侯同盟于亳。载书曰："凡我同盟，毋蕴年，毋壅利，毋留慝，救灾患，恤祸乱，同好恶，奖王室。或间兹命，司慎、司盟，名山、名川，群神、群祀，先王、先公，七姓、十二国之祖，明神殛之，俾失其民，堕命亡氏，踣其国家。"在某些情况下，盟誓双方并没有明确指出违约者将面临的惩罚，而只是笼统地用"有如日"、"有如河"、"有如水"、"有如盟"、"有如上帝"之类的言辞，它们犹如今天的指天发誓，目的在于加强盟约的权威性。《诗·大车》："谓予不信，有如皦日。"僖公二十四年记载了晋文公即将结束流亡生活时在黄河岸边与子犯之间进行的一次盟誓活动："及河，子犯以璧授公子，曰：'臣负羁绁从君巡于天下，臣之罪甚多矣，臣犹知之，而况君乎？请由此亡。'公子曰：'所不与舅氏同心者，有如白水！'投其璧于河。"文公十三年秦伯使士会于晋，士会辞，曰："晋人，虎狼也。若背其言，臣死，妻自为戮，无意于君，不可悔也。"秦伯曰："若背其言，所不归尔帑者，有如河！"尽管这次盟誓实际上是晋人针对秦人策划的一次欺诈行为，然而秦伯仍如约履行了先前的誓言。襄公二十三年范宣子的奴仆斐豹谓主人曰："苟焚丹书，我杀督戎。"宣子喜曰："而杀之，所不请于君焚丹书者，有如日！"襄公九年十一月己亥诸侯同盟于戏。晋士庄子为载书曰："自今日既盟之后，郑国而不唯晋命是听，而或有异志者，有如此盟！"襄公十九年荀偃卒而视，不可含，栾怀子曰："其为未卒事于齐故也乎？"乃复抚之为誓词曰："主苟终，所不嗣事于齐者，有如河！"可见诅咒巫术不仅可以使现实社会的人恪守承诺，而且也适用于死去的人。通过关于《国语·鲁语下》"圣王制祀"的讨论可以知道，例文所涉及的太阳、黄河、上帝等都是三代以来即被人们列入祀典的神圣崇拜对象。由此我们有理由相信，这些事物被用来诅咒背盟者不仅由于它们象征光明坦诚，更是因为它们代表了不可侵犯的神圣权威。在先秦时期的郑国历史上还出现过政府与商人之间的盟誓行为，昭公十六年子产曰："昔我先君桓公与商人皆出自周……世有盟誓，以相信也，曰：'尔无我叛，我无强贾，毋或匄夺。尔有利市宝贿，我勿与知。'恃此质誓，故能相保，以至于今。今吾子以好来辱，而谓敝邑强夺商人，是教敝邑背盟誓也，毋乃不可乎！"诅咒巫术在维护社会诚信方面的范围之广、效力之高，从这些事件中尽显无遗。

　　巫术产生道德效力的前提是社会对神圣事物的共同信仰，因此当鬼神的权威逐渐退出历史舞台时，诅咒和盟誓便自然而然地被人视同儿戏。《诗·巧言》："君子屡盟，乱用是长。"是说除非具有共同的信仰基础，否则过多的盟誓活动反而足以败坏诚信。春秋初年，挟裹于礼制外衣下的盟誓已不足以有效地约束人们之间的行为，周天子与郑伯之间甚至发展到"交质子"的地步。《左传》隐公元年："信不由中，质无益也。明恕而行，要之以礼，虽无有质，谁能间之？苟有明信，涧、溪、沼、沚之毛，苹、蘩、蕴、藻之菜，筐、筥、锜、釜之器，潢、污、行潦之水，可荐于鬼神，可羞于王公，而况君子结二国之信，行之以礼，又焉用质？《风》有《采蘩》、《采苹》，《雅》有《行苇》、《泂酌》，昭忠信也。"桓公十二年夏，诸侯盟于曲池，平杞莒；秋，鲁宋公盟于句渎之丘，又盟于虚；冬，又盟于龟；又与郑伯盟于武父。鲁国一年之间多次与郑、宋等国进行盟会。君子评论道："苟信不继，盟无益也。"这是说盟誓再多如果没有诚信的话也毫无益处。《左传》襄公二十九年郑大夫伯有与公孙黑之间因政事发生争执，大夫和之。十二月己巳，郑大夫盟于伯有氏。郑人神谌批评说："是盟也，其与几何？《诗》曰：'君子屡盟，乱是用长'，今是长乱之道也。"《国语·吴语》吴越将盟，越王使人辞曰："以盟为有益乎？前盟口血未干，足以结信矣。以盟为无益乎？君王舍甲兵之威以临使之，而胡重于鬼神而自轻也？"吴王乃许之，荒成不盟。《老子》二十三章说："信不足焉，有不信焉。"八十一章又说："信言不美，美言不信。"春秋时期大量涌现的"君子屡盟"现象说明诅咒巫术在很大程度上已质变为人们之间进行欺诈的工具，这显然与传统鬼神信仰的失效不无关系。

　　战国时期，墨家意识到鬼神信仰对于维护道德的重要价值，因此积极推进"明鬼"、"天志"的有神论宣传。《墨子·耕柱》通过鲁国执政者之间尔虞我诈的事例揭示了盟誓在维护社会诚信方面的软弱无力："季孙绍与孟伯常治鲁国之政，不能相信，而祝于禁社，曰：'苟使我和。'是犹弇（掩）其目而视于禁社也（曰）'苟使我皆视'，岂不谬哉！"如果人们抱着伪诈之心参加盟誓的话，就好像有人蒙住眼睛却声称能够看到东西一样，岂不是自欺欺人吗？在墨家看来，只有让人们真正相信鬼神的威力，才可能使他们诚实守信。《明鬼下》举例以前齐庄君在位的时候，齐国有王里国与中里徼二人因某事发生纠纷，诉讼三年而不能决出胜负。如果二人皆杀必然殃及无辜，若二人都被赦免的话又会纵容犯罪。在这种情况下，齐君只好求助于巫术，"乃使之人共一羊，盟齐之神社。二子许诺，于是泏洫掘羊而漉其血，读王里国之辞既已终矣，读中里徼之辞未半也，羊起而触之，折其脚，祧神而槁之，殪之盟所"。这则故事可谓是活眼现报，说明巫术在先秦普通民众的心目中的确具有相当的威慑力。

巫术对于道德的功能之二，就是它可以给社会群体以信心，从而使道德之心油然而生。以先秦时期的卜筮、祈雨等巫术为例加以说明。《左传》桓公十一年："卜以决疑，不疑何卜？"是说占卜的功能在于帮助人们在面临重大决策时打消疑虑、解除心理障碍，而不是为了揣测鬼神的意志，因此如果没有疑问的话占卜活动就属于多余之举。关于占卜的意义，儒家也持有完全相同的见解，《礼记·曲礼上》："龟为卜，策为筮。卜筮者，先圣王之所以使民信时日、敬鬼神、畏法令也；所以使民决嫌疑、定犹豫也。故曰：疑而筮之，则弗非也；日而行事，则必践之。"可见对于面临重大问题的当事人及其所属的群体来说，卜筮可以帮助他们增强解决问题的自信心，获得面对困难迎头而上的勇气。故《表记》说："三代皆以卜筮事神明"，"昔三代之明王，皆事天地之神明，无非卜筮之用，不敢以其私亵事上帝，是故不犯日月，不违卜筮。"又，《尚书·大诰》："予不敢闭于天降威，用宁（文）王遗我大宝龟，绍天明……朕卜并吉。"《君奭》："故一人有事于四方，若卜筮罔不是孚。"在这里占卜能否得到合理答案其实并不重要，重要的是"事天地之神明"的活动使人们产生了团体生活的责任心、义务感和自信力。正如涂尔干等人正确揭示的那样，这些内容对于一个社会中道德事实的稳固具有重要意义。

祈雨巫术渊源颇早。《吕氏春秋·顺民》："昔者汤克夏而正天下，天下旱，五年不收，汤乃以身祷于桑林。曰：'余一人有罪，无及万夫；万夫有罪，在余一人。无以一人之不敏，使上帝鬼神伤民之命。'于是剪其发，䃺其手，以身为牺牲，用祈福于上帝。民乃甚说（悦），雨乃大至。"《墨子·兼爱》汤曰："惟予小子，履敢用玄牡，告于上天后曰：'今天大旱，即当朕身。履未知得罪于上下，有善不敢蔽，有罪不敢赦，简在帝心。万方有罪，即当朕身；朕身有罪，无及万方。'"这是说汤贵为天子，富有天下，然且不惮以身为牺牲，以祠取悦于上帝鬼神。我们自不必相信包括商周以来的诸如焚巫尫、作土龙之类的祈雨巫术果然能够引起天人之间的感应，但通过以上社会活动人们拥有了同舟共济、共渡难关的信心。这些信心和勇气，对于古代社会道德的产生和维系具有不可忽视的意义。关于巫术在史前社会中的道德价值，卢瓦希曾经指出：

> 面对某些复杂的自然现象，例如四季的转换，沃土的获得或被灾难吞噬，狩猎、捕鱼可能遇上的好坏运气，以及与这些自然现象搏斗能否成功，等等，人们相信，通过某些巫术实践能找到卜测控制运气的途径。这些行为本身与他们的希望并无什么关系，但这些实践却可以给当事人所在的群体以及他们自己带来信心，从而获得某些勇气。正是这些勇气，使他们的欲望多少得到了满足。在原始民族中，这些信念变成了规则，这便是道德伦理的开端。①

尽管巫术通常对道德具有积极的维护作用，并为道德的产生和存在创造必要的社会环境，然而这并非巫术与道德关系的全部内容。我们已经注意到，古代现实主义文化的主导地位是先秦时期巫术发挥道德功能的必要前提。而当巫术发展超出一定限度，以至于威胁到主流文化以及现实社会的稳定时，它就会自然演化为社会道德的破坏性力量。《尚书·伊训》："敢有恒舞于宫，酣歌于室，时谓巫风。"古人认为巫风是与淫风、乱风并列的三大恶俗之一，它们对于国家社稷的安危具有极大的危害，所以说："惟兹三风十愆，卿士有一于身家必丧，邦君有一于身国必亡。"

---

① 卢瓦西：《献祭史论》，第 531—540 页。转引自〔英〕拉德克利夫—布朗：《原始社会的结构与功能》，中央民族大学出版社 2002 年版，第 196 页。

《伊训》虽被断为伪古文书，然而《墨子·非乐》曾引用它："先
王之书《汤之官刑》有之，曰：'其恒舞于宫，是谓巫风。'其刑
君子出丝二卫，小人否。"这种"恒舞于宫"的巫风，实际上就
是指那种荒废政事，唯鬼神是奉的装神弄鬼。大兴巫风之所以在
古代要受到"君子出丝"之类官方法律的处置，原因在于它严重
干扰了正常的社会秩序。《逸周书·史记解》说："昔者玄都贤鬼
道，废人事天，谋臣不用，龟策是从，神巫用国，哲士在外，玄
都以亡。"玄都废人事天，终于导致国破民散的灾难性后果，这
无疑是先秦历史上巫术反道德的一个宝贵例证。

第 五 章

法律与道德

　　法律与宗教、血缘关系、礼乐风俗一样，也是重要的社会控制力量之一。也许正是由于这一原因，法律与道德的关系成为西方学术界，尤其是法学界长期以来争论不休的热点话题。美国法学家罗斯科·庞德曾经指出，所有关于法律与道德关系以及法学与伦理学关系的讨论，都可以追溯至公元前5世纪的希腊思想家们那里，这种情况一直延续到近代，以至于法律与道德的关系问题被人们称为整个19世纪法学著作的三大主题之一。① 尽管如此，法律与道德的复杂关系对于研究者来说仍显得扑朔迷离，以至于人们一不小心就有可能得出错误的结论，为此有学者形象地说："法律与道德的关系问题是法学中的好望角；那些法律航海者只要能够征服其中的危险，就再无遭受灭顶之灾的风险了。"② 实际上，正确认识法律与道德的关系不仅有益于法学学科的建设，同时对于准确揭示道德的功能与本质也具有重要意义。那么，学术界有关这一问题的研究方法与成果，对于考察先秦时期法律与道德的关系有什么价值呢？

---

　　① ［美］罗斯科·庞德：《法律与道德》，中国政法大学出版社2003年版，第7页。

　　② 同上书，第121—122页。

一　先秦时期的法律

（一）法律与道德关系的形而上学解释

大体说来，西方学术史上关于法律与道德关系的论争可以归纳为以下两种对立的观点：第一种观点主张道德是法律的存在依据和评价标准。持此说者主要是西方的自然法学派，其中的主要代表人物如斯多噶、德沃金、富勒、罗尔斯等。他们认为"自然法"是自然万物的理性法则，它的实质是道德法则，自然法在人和社会中的表现便是法律，因此道德不仅是法律制定的最终依据，还是评价法律好坏的最高标准。富勒认为，法律是使人类的行为服从规则的事业，作为一种"有目的的事业"，法律具有"外在道德"和"内在道德"。所谓"外在道德"是指法律必须符合社会的道德追求和理想，所谓"内在道德"是指内含于法律的概念之中并能够评价法律和法官行为的善恶标准。在富勒看来，一种有效的法律必须具备两种德性，否则就丧失了它的存在资格。德沃金也认为，法律的运作不可能逃避或拒绝法律应当是什么的指引，法律的构成包括规则、原则和政策等因素，其中如"不得不公正地损人利己"、"不得从其错误行为中获利"之类的法律原则本身就是道德原则。除此之外，西方其他自然法学家像罗尔斯等人，也都从不同的角度论证了道德与法律之间内在的必然联系。

实证分析法学家们在这个问题上持有完全不同的看法，他们认为道德与法律相互分离，两者之间并不存在必然的联系。著名实证法学代表人物奥斯丁认为："法律的存在是一回事，它的优点，是另一回事。"他指责那种把法律与道德混淆的倾向，讥讽它是产生无知和困惑的根源。主张"纯粹法学"的凯尔逊更是否定了法律和道德在内容上的任何联系。在他看来，法律的概念无任何道德涵义，"纯粹法学"之所以'纯粹'，就是因为它设法从关于实在法的认识中排除了一切与此无关的因素。因此，凯尔逊认为法律科学一方面必须同正义的哲学区别开来，另一方面又必须同社会学或对社会现实的认识区别开来。新分析法学的代表人物哈特虽然承认存在"最低限度内容"的自然法，但他又主张严格区分"实际是这样的法律"和"应当是这样的法律"，他指出："这里我们所说的法律实证主义的意识，是指这样一个简明的观点：法律反映或符合一定道德的要求，尽管事实上往往如此，然而不是一个必然的真理。"实际上，哈特的上述论述在一定程度上代表了大多数实证法学家关于法律与道德关系的看法：也就是说他们尽管并不否认道德与法律的历史联系，但又主张这种事实上的联系并不意味着法律的概念就逻辑地内含道德的因素①。

　　围绕同一话题学者们为什么会提出两种截然相反，而且相持不下的观点呢？这是一个值得思考的问题。在笔者看来，导致上述情况发生的因素可能多种多样，然而形而上学式的思维方式却是其中的最主要原因。无论自然法学派还是实证分析学派，它们都试图从一种既定的哲学前提出发去探讨法律与道德的关系。自然法学派认为法律起源于人类的"自然状态"，并认为这种状态体现了道德的一般性原则；而实证分析学派的目的则在于强调法律区别于道德准则的重要性，认为这是保持法律独立性的关键，他们在很大程度上讲的是"理之应然"。由于受到特定法律观念的制约，学者们不可能真正按照事物的本来面貌去认识和界定他们，相反，法律与道德关系的考察往往变成法律哲学家们印证特定哲学理念的手段。综观人类科学发展的一般历史不难看出，近代以来的不少社会科学都曾或多或少地受到这种哲学思维模式的干扰。有学者在谈到社会学发展问题时曾经指出：

---

① 　参见曹刚：《法律的道德批判》，江西人民出版社 2001 年版，第 8—10 页。

　　我们知道，社会学是从哲学的学说中产生出来的。它虽然已经分离出来，但到目前为止，仍然不能摆脱旧习，仍然依附于与它有亲缘关系的哲学学说。因此，以往的社会学不是属于"实证学派"，就是属于"进化学派"或者"唯心学派"。然而我认为，社会学就是社会学，它不应该属于任何哲学学派。即使"自然学派"，它也只是指出了社会现象是自然发展的现象，这种理论只不过表明了社会学者所研究的是科学而非玄学，仅此而已。因此，用自然学说来概括社会现象的本质，亦不能成为准确的社会学解释。在各种各样的形而上学的假设中，社会学采取不偏不倚的态度，既不符合自由论，也不承认决定论。社会学认为，所有社会现象都合乎因果关系的原则。[①]

　　这种"病症"其实不仅出现于社会学当中，而且在很大程度上也对法学、伦理学、人类学、历史学等学科众多相关问题的研究造成了不利影响。当特定的哲学观念一旦被带入法律与道德关系研究的时候，主张法律、道德源于"自然"的学者们必然会主张两者之间完全一致；相反，在坚持和强调法律独立价值的学者们看来，法律与道德之间就显得关系甚微乃至毫无瓜葛了。哲学家们的一般思路是为了解释道德问题而事先设置一套先验的普遍程式，然后再为它寻找依据，在他们进行研究之前，并不想了解事实本身，而只是为了给某项哲学准则寻找证据。这种概括当然不能从实证层面得出法律与道德关系的科学认识，最多只能表明哲学家们自己对于某些问题的感受。正因为这样，"在思想家个

　　[①]　[法] 爱弥尔·涂尔干：《社会学方法的规则》，华夏出版社 1998 年版，第 116—117 页。

人所能感受到的种种渴求中，不管这种渴求是何等真挚，我们也无法看到道德现实的真相以及贴切恰当的解释。他们的解释就是以偏概全，他们只是根据自己特殊的、特定的心愿，凭借痴迷幻想就把某种意识提升成为一种单一的、绝对的目的。我们常常看到，他们的各种渴求有多么地不正常"！① 总的看来，形而上学的前提假设不仅无益于人们厘清法律与道德之间的关系，相反还会将这一问题的研究引入歧途。因此只有首先剔除那种关于道德与法律本质及来源的哲学假设，才有可能正确解决上述问题。

（二）先秦社会的压制法与恢复法

涂尔干在研究社会分工问题时曾经指出，任何一种法律戒规都可以被定义为能够进行制裁的行为规范，而且制裁根据戒规的轻重程度、它在公众心理中所占的地位以及在社会中所起作用的变化而变化。因此，人们可以按照制裁方式的不同区分法律类型。具体地说，人类社会的法律制裁一共可以分为两种。一种是建立在痛苦之上的，或至少要给违法者带来一定损失的制裁，它的目的就是要损害违法者的财产、名誉、生命和自由，或者剥夺他们所享用的某些事物，这种制裁称为压制性制裁。第二种制裁并不一定会给违法者带来痛苦，它的目的只在于拨乱反正，即把已经变得混乱不堪的关系重新恢复到正常状态。它借助强力挽回罪行，或者将它斩草除根，即剥夺这种行为的一切社会价值。一般而言，压制性制裁包括刑法，而恢复性制裁则包括民法、商业法、诉讼法、行政法和宪法等。② 涂尔干认为，压制法与恢复法的分法要比传统将法律分为公法和私法的见解更准确，也更符合

---

① ［法］爱弥尔·涂尔干：《社会分工论》，生活·读书·新知三联书店 2000 年版，第 7 页。

② 同上书，第 32 页。

法律发展的实际情况。涂尔干通过考察发现，压制法与恢复法与人类社会的不同类型或发展阶段之间存在某种对应关系。

　　具体点说，压制法产生于集体意识占据主导地位的社会当中。[①] 在那里，人们主要生活在各种血缘或宗教组织的框架之内，他们的个性还没有充分地成长起来。因此，社会团结主要依赖于一种具有相似性特征的集体意识来维系，"意识相似性所产生的法规是受压制手段辖制的，它强迫人们去执行一致的信仰和实践"。[②] 关于环节社会的团结方式与压制法之间的因果关系，涂尔干指出："这就是压制法所表现出来的团结，至少可以说这是它的活力所在。实际上，存在着两种受到这种法律禁止和谴责的犯罪行为：在当事人与集体类型之间直接存在一种强烈的差异性，或者当事人触犯了代表共同意识的机关。这两种行为所触犯和违抗的力量是一致的。它是最根本的社会相似性的产物，它的作用就在于维护这种相似性所产生的社会凝聚力。刑法就是要保护这种力量，使它在任何情况下都不至于衰微下去。与此同时，刑法始终坚持维护所有人之间相似性的最低限度，使个人无法威胁到社会整体的安全；此外，刑法还迫使我们去尊重那些能够展现和体现这些相似性的符号，以此来保护相似性本身。"[③] 以相似性为基本内容的集体意识是所有简单社会的一般特征。在人类社会的早期发展阶段，群体组织的维系往往需要依托于某种一致性的集体意识，任何对集体意识的挑战都会动摇社会稳定的根

　　① 所谓环节社会，是指那种劳动分工尚未充分发展起来、群体团结主要依靠强制因素维系的社会。在这种状况下，由于社会内部各要素之间缺乏那种相互依赖、不可分离的有机联系，致使整个社会保持着像低级的环节动物那样的机械性和原始性。参见爱弥尔·涂尔干：《社会分工论》相关部分。

　　② ［法］爱弥尔·涂尔干：《社会分工论》，生活·读书·新知三联书店2000年版，第183页。

　　③ 同上书，第68—69页。

基，因此必然遭到严厉的打击，这就是刑法在环节社会中普遍盛行的原因。社会学家通过考察发现，在低等社会形态里，所有法律几乎都是一种刑法，并且总是固定不变。① 英国法律史学家亨利·梅因在研究古代法典之后也得出了同样的结论，他说："虽然罗马和希腊法典的现存片段足以证明它们的一般性质，但残存的数量不多，还不够使我们十分确切地知道它们到底有多大的篇幅以及各个部分相互的比重。但大体而论，所有已知的古代法的搜集都有一个共同的特点是它们和成熟的法律学制度显然不同。最显著的差别在于刑法和民法所占的比重……我以为可以这样说，法典愈古老，它的刑事立法就愈详细、愈完备。"② 结合有关史料不难发现，中国先秦时期的法律和社会的情形与涂尔干、梅因的结论完全吻合。众所周知，现存溯及史前法律问题的最早材料当首推《尚书·吕刑》周穆王关于荒古史迹的一段回顾，这段文献如此写道：

> 若古有制，蚩尤惟始作乱，延及于平民，罔不寇贼，鸱义奸宄，夺攘矫虔。苗民弗用灵，制以刑，惟作五虐之刑曰法，杀戮无辜。爰始淫为劓、刵、椓、黥，越兹丽刑，并制，罔差有辞。民兴胥渐，泯泯棼棼，罔中于信，以覆诅盟。虐威，庶戮方告无辜于上。上帝监民，罔有馨香德，刑发闻惟腥。

这是说上古时期，由于蚩尤作乱使得巧取豪夺、打家劫舍之类的不法行为甚嚣尘上。苗民为了控制社会并消除不安定因素，

---

① ［法］爱弥尔·涂尔干：《社会分工论》，生活·读书·新知三联书店 2000 年版，第 41 页。

② ［英］梅因：《古代法》，商务印书馆 1959 年版，第 207 页。

便创制了包括截鼻、割耳、椓阴、黥面等在内的五种刑法以惩戒犯法者。不过事与愿违的是，"五虐之刑"非但未能有效地遏制犯罪，反而使当时的社会陷入更为严重的混乱状态，民众也因此而被拖入到一场血腥残酷的人为灾难之中。苗民的过激做法几乎导致了整个社会秩序的崩溃，最终使得危机四伏、天怒人怨。苗民制法的具体情节迄今虽然已难以确知，然而这段文字至少透露出以下两方面的信息：

首先，上古时期确曾出现过压制法（刑法）占据绝对主导地位的情况，苗民创制的所谓"五虐之刑"带有浓厚的报复色彩，它们无一不属于以损害违法者切身利益为直接目的的压制法。关于压制法在史前乃至三代时期法律中所占的地位，还可以证之以先秦时期其他一些文献记载。《左传》昭公十四年叔向说："昏、墨、贼，杀；皋陶之刑也。"按照叔向的解释："己恶而掠美为昏，贪以败官为墨，杀人无忌为贼。"是说依照皋陶之刑有以下三种行为者要以死论处：一是自己为恶而又强掠他人美名的；二是贪得无厌，败坏官位的；三是杀人肆无忌惮的。《尚书·大禹谟》等篇说皋陶为舜时法官，又曾制定过刑法，可见《左传》的上述说法当有一定依据。不少例证表明，这种以残酷著称的压制法在三代时期的法制史上曾长期发挥着重要作用。《尚书·甘誓》："左不攻于左，汝不恭命；右不攻于右，汝不恭命；御非其马之正，汝不恭命。用命，赏于祖；弗用命，戮于社，予则孥戮汝。"这里说的是军事法，从中可见违抗军令者不仅本人处死于社神之前，而且还要罪及妻子眷属。《魏书·刑法志》载："夏后氏正刑有五、科条三千"，"大辟二百，膑辟三百，宫辟五百，劓、墨各千，殷因于夏，盖有损益。"《魏书·刑法志》成书虽然较晚，但作为中国古代法制史上的一篇重要文献，其说必有所据。商代压制法之严酷，如《韩非子·内储说上》所谓："殷之法，刑弃灰于街者。"若此说可信的话，则当时轻罪重罚之风的盛行不难想见！《尚书·康诰》："元恶大憝，矧惟不孝不友。子弗祗服厥父事，大伤厥考心；于父不能字厥子，乃疾厥子；于弟弗念天显，乃弗克恭厥兄；兄亦不念鞠子哀，大不友于弟。惟吊，兹不于我政人得罪。天惟与我民彝大泯乱。曰：乃其速由。文王作罚，刑兹无赦。"对待父母或兄弟的行为如果不符合当时的习俗规范者，就要交付刑罚处置，可见即使道德规范，也需要严酷的刑罚作为保障。不仅如此，压制法所惩治的范围可谓五花八门，不一而足。如《酒诰》："（周人）群饮，汝勿佚，尽拘以归于周，予其杀。"《礼记·王制》："析言破律，乱名改作，执左道以乱政，杀。"又说："作淫声、异服、奇技、奇器以疑众者，杀。行伪而坚、言伪而辩、学非而博、顺非而泽以疑众，杀。假于鬼神、时日、卜筮以疑众，杀。"聚众群饮、析言破律、造作奇异、言行惑众之所以遭到当时最严厉的惩罚，原因是它们极易导致集体意识的瓦解。如果从三代刑罚的种类来看的话，包括五刑、族刑、赎刑、流刑、劳役刑、拘役刑在内的主要措施大多具有压制性。这些刑罚的目的不在于"拨乱反正"，而是为了通过损害违法者的方式维护法律的尊严和社会的稳定，凡此种种都说明压制法的确是先秦法律的主流。

其次，由于过分地、单纯地试图依赖刑法控制社会，遂使得苗民的法治试验最后以失败而告终。在人类文明类型形成的前夜，这样一个看似偶然的事件对中国古代法律的发展产生了极为深远的影响。关于这点，《吕刑》紧接着说道：

> 皇帝哀矜庶戮之不辜，报虐以威，遏绝苗民，无世在下。乃命重、黎绝地天通，罔有降格。群后之逮在下，明明棐常，鳏寡无盖。皇帝清问下民鳏寡有辞于苗。德威惟畏，德明惟明……士制百姓于刑之中，以教祗德。穆穆在上，明明在下，灼于四方，罔不惟德之勤。故乃明于刑之中，率乂

于民棐彝。典狱，非讫于威，惟讫于富。敬忌，罔有择言在身。惟克天德，自作元命，配享在下。

苗民的妄杀无辜最终招致了统治者的强烈不满，因而他们果断地废止了那种滥施刑罚的极端做法。与此同时，法治实验失败的惨痛教训还促使统治者重新界定了刑法的位置，即"折民惟刑"，"制百姓于刑中，以教祗德"。从三代历史上法律发展的一般状况可以看出，统治者关于法律指导思想的变通虽然没有从根本上改变刑法的性质和功能，然而道德因素的输入无疑在某种程度上为法律输入了一种制衡机制。可以肯定地说，统治者的志趣就在于试图通过这种"罔不惟德之勤"的方式避免人们在后世的法律活动中重蹈覆辙。

苗民失败的法治实践对中国古代的法律以及文明类型产生了双重的影响，它不仅奠定了古人对于法律（尤其是刑法）的基本态度，同时也促使人们将作为社会控制手段的法律置于礼乐、道德等文化因素的严格限制之下。从某种意义上可以断言，中国古代文明之所以没有走上像古巴比伦、古罗马那样的法治文明道路，而是顺着"以礼为主、礼法相辅"的方向发展了下来，这在很大程度上与上古刑法所遭受的严重挫折有紧密关系。从三代以来的历史不难看出，当时虽然产生过一系列重要的法律制度，但它们在时人心目中所占据的地位却相当有限。《左传》昭公六年郑人铸刑书，叔向使诒子产书曰："夏有乱政，而作《禹刑》；商有乱政，而作《汤刑》；周有乱政，而作《九刑》。三辟之兴，皆叔世也。"这是将刑法的制定视为世衰道微、统治者不得已而为之的结果，而在那种理想化的统治秩序下本是无需过分依赖于法律的。此外三代刑法的发展情况还可以从其他一些文献记载中得到进一步补充和印证，《史记·殷本纪》："帝太甲立三年，不明，暴虐，不尊汤法，乱德，是以伊尹放之于桐宫。三年，伊尹摄行政当国，以朝诸侯。帝太甲居桐宫三年，悔过自责，反善，于是伊尹乃迎帝甲而授之政。帝太甲修德，诸侯咸归殷，百姓以宁。"此处所谓"汤法"盖即《汤刑》。伊尹不尊汤法，乃是"乱德"的表现，可见刑法在根本上受到当时道德规范的制约。据《周本纪》有关记载，西周昭王之后王道微缺，穆王统治时期社会矛盾进一步趋于尖锐化，遂命吕侯作《吕刑》。《吕刑》原本虽已失传，但上引《尚书》相关篇章正是这次法律改革的有力证据。《吕刑》的作者站在总结历史经验教训的角度回顾了那段往事，周人对于刑法的态度从以下感叹中体现得淋漓尽致："王曰：'呜呼！念之哉……惟敬五刑，以成三德。'"[①] 中国古人对于法律的这种警惕甚至敌意态度与西方古代的情况形成了鲜明对比，这一现象曾引起西方学者的浓厚兴趣。有位美国法学家在考察了《吕刑》的相关记载之后就曾指出："毫无疑问，这一则故事所表现出的对法的憎恶情绪，反映了中国人在法律发展的一定阶段（公元前 6 世纪或 5 世纪）对法律的看法。这一阶段，成文法仍然是一种新奇的东西，因此人们对其抱怀疑态度。在随后的几个世纪里，随着法律的逐渐流行及社会对法律的需要与日俱增，人们对于法律的起源问题提出了各种非神话的和严肃的'社会学'的解释。他们对法律不再持有鄙意，但仍然同意有关苗人创造法律的、以严格的世俗语言对法律起源所做出的解释。"[②] 这段讨论显然已经涉及古代法律与道德的一般关系。在笔者看来，由于相对于礼乐文化因素而言，作为社会控制手段的法律并未占据社会的主导地位，因此它往往呈现出一种与当时社会的道德规范并不完全吻合的特色。实际上，无论是法律（刑法）对道德的"背

---

① 《尚书·吕刑》。

② ［美］D. 布迪、C. 莫里斯：《中华帝国的法律》，江苏人民出版社 1995 年版，第 10 页。

叛"，还是人们对法律的"敌意"、"憎恶情绪"或"怀疑态度"，它们都表明法律在漫长的中国先秦社会总体上处于一种欠发达状态。

上文曾经指出，法律由压制法和恢复法两部分构成，两者共同决定了法律发展的全貌和一般状况。因此在了解了中国古代压制法不发达的基本事实之后，还需要对先秦时期恢复法的发展情况进行考察。如果说压制法产生于一种社会分工尚未充分发展起来的社会组织之中，它的功能在于维护那种以共同意识为特征的有机团结的话，那么恢复法则与此完全不同。换言之，恢复法是社会分工的产物，它的功能在于维护以个人差异为基础的有机团结。用社会学家的话来说，"恢复性制裁的特殊性质已经足以说明与这种法律相应的社会团结完全是另一种样子的。区分这种制裁的标志就是它并不具有抵偿性，而只是将事物'恢复原貌'。违反或拒认这种法律的人将不会遭受到与其罪行相对应的痛苦；他仅仅被判处要服从法律。如果某种罪行确实已经发生，那么法官就应该将它们恢复成原来的样子。他只能宣布法律，却不能谈到惩罚。赔偿损失的处罚本身并没有刑罚的性质：它只不过是拨回时钟返回过去，尽可能地恢复常态的一种手段而已"。① 由此可见，劳动分工所产生的法律规范确定了已经产生分化的职能的性质及其相互关系，对这种法规的触犯只能受到恢复性的制裁，而不是压制性的制裁。法律门类是以调整手段，而不是调整对象来划分的，由于同一种对象通常可以有不同的调整手段，进而可以归入相应的法律部门，因此人们正是按照调整手段的不同将法律分别纳入恢复法和压制法当中的。涂尔干通过关于西方各主要法律体系发展历程的比较分析得出以下结论：尽管人类早期社会

---

① ［法］爱弥尔·涂尔干：《社会分工论》，生活·读书·新知三联书店 2000 年版，第 73 页。

以压制法（刑法）占据主导地位，恢复法处于萌芽状态或尚未发展起来；然而随着社会分工的逐渐发展，恢复法就会得到不断发展，而相应的压制法的比重和影响则会逐渐下降。就这样，在分工较为发达的社会中，恢复法就会超越压制法而占据法律的主导地位。涂尔干指出："起初，压制法还完全覆盖着恢复法，但后来，恢复法终于从压制法中挣脱出来了。从此，恢复法开始有了自己的特征、组织和个性，成为具有自己专门机关和专门程序的特殊法律领域。"① 总的看来，法律的两大门类与社会组织状况之间的共变现象表明，恢复法与社会分工之间的确存在着确凿无疑、不容否认的因果关系。既然法律的发展与社会分工之间具有如此紧密的联系，就有必要对先秦社会分工的情况略加分析。

中国古代文明发生、发展于复杂庞大的血缘关系以及家庭组织的基础之上，按照社会学家的看法，这正是环节组织及其相应的机械团结的典型特征。对于环节组织占据主流地位的社会而言，环节自身的稳定无疑是社会的最大利益所在，因而人们最关心的莫过于通过严刑峻法维护团体意识的一致性。在漫长的史前时期，长盛不衰的家庭、氏族团体或者行使了组织社会生产的职能，或者将生产限定于种种血缘组织内部，在这种情况下劳动分工自然不可能发展起来。以上因素的共同作用足以解释何以压制法在中国史前时期广为盛行，而恢复法却始终未能发展起来。但是随着社会的不断进步，社会分工取得了缓慢的进展。通过先秦时期的有关史料可以看出，三代历史上已经出现了一批带有浓厚血缘色彩的职业团体或组织。《左传》定公四年子鱼说周公封鲁公以"殷民六族：条氏、徐氏、萧氏、索氏、长勺氏、尾勺氏。使帅其宗氏，辑其分族，将其类丑，以法则周公"，又封康叔以

---

① ［法］爱弥尔·涂尔干：《社会分工论》，生活·读书·新知三联书店 2000 年版，第 103 页。

"殷民七族：陶氏、施氏、繁氏、锜氏、樊氏、饥氏、终葵氏"。近人或以为所谓"六族"、"七族"氏名的得来说明它们是一些世代以职业相传的家族。又，《尚书·康诰》周人告诫商遗民说："肇牵车牛远服贾，用孝养厥父母。"如果以上说法及文献记载均属可信的话，足见商代社会即已存在不少手工业、商业之类的职业团体。商代宗族就是一种相对独立的经济实体，对此朱凤瀚曾经指出："商人诸宗族不仅是商王国的基层行政组织，而且是基本的军事与生产单位，它们构成了商王朝存在的社会基础。"[①]不仅如此，商代发达的青铜器、玉器制造技术也足以表明，当时的官方机构中一定容纳了规模可观的劳动人群。在这里需要指出的是，商代的职业群体虽然处于血缘或官方组织的重重包围之中，然而，无疑是当时劳动分工取得进步的重要标志。劳动分工到了西周时期得到进一步发展，《国语·晋语》所谓"工商食官"一语正是当时官方手工业和商业发达的力证。反映春秋战国之际劳动分工发展的案例在诸侯国中随处可见，可以说这是职业团体逐渐疏远甚至脱离血缘组织及官方机构干预的一个重要阶段。在春秋诸侯当中，商业团体在郑国的重要地位和影响尤其值得注意。较早反映郑国商人情况的如弦高以货物犒劳并退去秦师的著名历史故事，《左传》僖公三十三年记载秦人伐郑，"及滑，郑商人弦高将市于周，遇之，以乘韦先，牛十二犒师"。这一戏剧性事件不仅说明春秋时期的商人频繁地活动于列国之间，同时也表明他们具有一定的独立能力。又，昭公十六年子产曰："昔我先君桓公与商人皆出自周……世有盟誓，以相信也，曰：'尔无我叛，我无强贾，毋或匄夺。尔有利市宝贿，我勿与知。'恃此质誓，故能相保，以至于今。"商人能够以团体身份与政府签订协

---

①　朱凤瀚：《商周家族形态研究》，天津古籍出版社 2004 年版，第 207—208 页。

约以保障自身的利益，进一步证明他们在当时势力庞大。至于战国时期，包括民间手工业在内的劳动分工得到进一步发展，这是经济史研究领域人所共知的常识，在此无需赘述。

笔者之所以对三代以来社会分工的发展状况进行以上描述，目的在于指出一个基本事实：即当时的劳动分工虽然程度有限，但毕竟已经获得了某些重要的进展。按照社会学家的一般看法，社会分工必然导致恢复法的产生和进步，然而值得注意的是，中国古代（尤其是先秦）历史上恢复法并没有伴随社会分工的发展而呈现出显著的增长趋势。仅以恢复法之大宗的民法而言，许多法律学家早已指出：中国古代社会的民法并不发达，民法的严重缺失与西方法制的发展状况形成鲜明对比。有学者曾这样说道："民法文化不发达，并不是表现在没有一部完整的民法典上（英美法系的国家也没有完整的民法典，但民法也很发达），也不是表现在所谓'民刑不分'上（诸法合体、民刑不分在古代各国都无一例外），而是集中地表现在民法调整手段的严重萎缩上，社会生活中的大量应该用民法调整手段调整的社会关系，长期以来一直处于道德的、行政的、刑法的调整之下。"① 总的看来，中国古代恢复法之欠发达是学术界不争的事实。

那么中国古代的恢复法究竟为什么没有随着社会的进步而显著地成长起来呢？在笔者看来，这与礼乐因素在古代文明中所占据的统治性地位有直接关系。综合前文关于古代文明类型形成的讨论可以发现，史前时期的中国，由于宗教精神先天不足，而早期以刑法为主要内容的法治实践又归于失败，"于是迫使中国的第一个文化形态顺着以礼为主、礼法相辅的方向发展下来"。②

---

① 骆伟雄：《略论民法与礼——中国古代民法文化不发达原因分析》，《社会科学家》1991 年第 2 期。

② 常金仓：《穷变通久：文化史学的理论与实践》，辽宁人民出版社 1998 年版，第 107 页。

古代以民法为代表的恢复法之所以未能发展起来，根本原因就在于礼乐文化因素的压制，这可以从不少先秦文献中寻找答案。《国语·鲁语上》："夫礼，所以正民也。"《左传》庄公二十三年："夫礼，所以整民也。"或曰"正民"，或曰"整民"，异辞同义。隐公二年："夫礼，经国家，定社稷，序人民，利后嗣者也。"是说礼制对于古代社会的控制发挥着至关重要的作用。《礼记·曲礼》："道德仁义，非礼不成；教训正俗，非礼不备；分争辩讼，非礼不决；君臣上下，父子兄弟，非礼不定；宦学事师，非礼不亲；班朝、治军，莅官、行法，非礼威严不行；祷祠、祭祀，供给鬼神，非礼不诚不庄。是以君子恭敬撙节退让以明礼。"同篇又说："夫礼者，所以定亲疏，决嫌疑，别异同，明是非也。"《经解》："以旧礼为无所用而去之者，必有乱患。婚姻之礼废，则夫妇之道苦，而淫辟之罪多矣。乡饮酒之礼废，则长幼之序失，而争斗之狱繁矣。丧祭之礼废，则臣子之恩薄，而倍死忘生者众矣。聘觐之礼废，则君臣之位失，诸侯之行恶，而倍畔侵陵之败起矣。"这是说礼乐制度不仅调节着狭义的人际伦理关系，而且广泛涉及了诸如婚姻、家庭、诉讼、军事、行政等社会生活的各个方面，在西方历史上这些领域一般都被认为属于法律的当然控制范围。实际上，先秦时期的礼乐制度取代并行使着恢复法的功能，它绝不是一种纯粹的理论说教，而是存在于当时社会生活中的客观现实。对此，不妨用古代婚姻两性关系以及经济活动的有关例证略加说明。

　　礼乐制度充当了古代"婚姻法"的角色，其中最主要的表现如"六礼"之类的婚姻规范对当时婚姻及两性关系的调整。《礼记·昏义》说："昏礼者，将合二姓之好，上以事宗庙，而下以继后世也，故君子重之。是以昏礼纳采、问名、纳征、请期，皆主人筵几于庙，而拜迎于门外，入，揖让而升，听命于庙，所以敬慎重正昏礼也。"先秦贵族的婚姻活动大都依据"六礼"的程序进行，这在《左传》、《仪礼》等书中都有不少实例。此外，礼乐还规定了异性之间的交往原则，从而对两性关系起到了重要的调节作用。如无媒不交，《坊记》："夫礼，坊民所淫，章民之别，使民无嫌，以为民纪者也。故男女无媒不交，无弊不相见，恐男女之无别也。"男女无别便是违背当时道德的举动。又如同姓不婚，《国语·晋语四》："同姓不婚，恶不殖也。"《礼记·坊记》："取妻不取同姓，以厚别也。故买妻不知其姓，则卜之。"再如男女授受不亲、男女不同席，等等，《坊记》："故男女授受不亲。御妇人则进左手。姑、姊、妹、女子已嫁而反，男子不与同席而坐。寡妇不夜哭。妇人疾，问之，不问其疾。"同篇："寡妇之子，不有见焉，则弗友也，君子以辟远也。故朋友之交，主人不在，不有大故，则不入其门。"显而易见的是，诸如此类烦琐复杂的规定虽然无一属于法律条文，但它们在调解社会关系、解决人际纠纷方面却起到了与法律相同的作用。从这个意义上，称之为"以礼代法"也未尝不可。

礼乐在先秦时期经济活动中也发挥着积极而重要的作用，在某种程度上承担者"经济法"的角色。《礼记·王制》规定了按照当时礼制不得在市场上进行交易的 14 类物品，其中包括圭璧金璋、命服命车、宗庙之器、牺牲、戎器；又如用器、兵车、布帛、衣服、五谷、果实、树木、鱼鳖禽兽不符合规格度数者，均不得"粥（鬻）于市"。这些物品之所以被纳入非法交易的名单或是由于涉嫌亵渎社会权威，或是由于有背于正常交换活动的原则，但一律被加以"非礼"的罪名，由此足见礼制在经济活动中功能之不可小觑。为了保证经济交往活动的正常有序，国家还设立了一系列职事人员直接监管商品交易的各个环节。仅见于《周礼·地官》记载的职官就包括司市、质人、廛人、胥师、贾师、司虣（暴）、司稽，等等，兹将它们的职司摘录如下：

司市：掌市之治教、政刑、量度、禁令。以次叙分地而经市，以陈肆辨物而平市，以政令禁物靡而均市，以商贾阜货而行布，以量度成贾而征儥，以质剂结信而止讼，以贾民禁伪而除诈，以刑罚禁虣而去盗，以泉府同货而敛赊。

质人：掌成市之货贿、人民、牛马、兵器、珍异。凡卖卖者，质剂焉。大市以质，小市以剂。掌稽市之书契，同其度量，壹其淳制，巡而考之，犯禁者举而罚之。凡治质剂者：国中一旬，郊二旬，野三旬，都三月，邦国期。期内听，期外不听。

廛人：掌敛市絘布、总布、质布、罚布、廛布，而入于泉府。凡屠者，敛其皮、角、筋、骨，入于玉府。凡珍异之有滞者，敛而入于膳府。

胥师：各掌其次之政令，而平其货贿，宪刑禁焉，察其诈伪，饰行卖慝者而诛罚之，听其小治、小讼而断之。

贾师：各掌其次之货贿之治，辨其物而均平之，展其成而奠其贾，然后令市。

司虣：掌宪市之禁令，禁其斗嚣者与其虣乱者、出入相陵犯者、以属游饮食于市者。

司稽：掌巡市而察其犯禁者，与其不物者而搏之。

胥：各掌其所治之政，执鞭度而巡其前，掌其坐作、出入之禁令，袭其不正者。

肆长：各掌其肆之政令，陈其货贿，名相近者，相远也；实相近者，相尔也，而平正之。

泉府：掌以市之征布敛市之不售货之滞于民用者，以其贾买之物楬而书之，以待不时而买者。买者各从其抵，都鄙从其主，国人、郊人从其有司，然后予之。

以上规定单从功能上看似乎与法律并无不同，然而如果将它们与西方古代的一些法律条文加以比较的话，人们就会发现两者在形式上其实存在着显著差别。《汉穆拉比法典》是古代巴比伦第六代国王汉穆拉比在位期间（公元前1792—前1750年）制定颁布的一部成文法，距今已有3800年的历史。在这里不妨摘抄其中涉及经济问题的若干法律条文，以便与《周礼》的相关规定进行对比说明：

第五十三条："倘自由民怠于巩固其田之堤堰，而因此堤堰破裂，水淹［公社之］耕地，则堤堰发生破裂的自由民应赔偿其所毁损之谷物。"

第五十四条："倘彼不能赔偿谷物，则应将彼本人及其［动］产交出以售银，［此银］应分配与［公社］耕地之谷物为水所毁损之人。"

第五十五条："自由民开启其渠，不慎而使水淹其邻人之田，则彼应按照领区之例，以谷为偿。"

第五十六条："自由民放水，水淹其邻人业已播种之田，则彼应按一布耳十库鲁之额，赔偿谷物。"

第五十七条："倘牧人未与田主商议放羊吃草事，未通知田主而饲羊于田，则主人应刈割其田，除此之外，应由不通知田主而饲羊于田之牧人按每一布耳二十库鲁之额，以谷赔偿田主。"

第五十八条："当羊离开牧场而全部畜群都被拘留在城门内之后，倘牧人仍纵羊于田，且饲养于田，则牧人应看守其饲羊之田，并在收获时以每一布耳六十库鲁之谷物，赔偿田主。"

第五十九条："倘自由民不通知田主而砍伐自由民园中

之树木，则应赔偿银二分之一明那。"①

　　仔细比较《周礼》与《汉穆拉比法典》中的有关规定不难看出，两者在形式方面至少存在以下不同：以《周礼》为代表的礼制条文通常只是笼统地设定了经济活动的基本原则，而对于事务的处理则无统一的标准，因此如何处理具体经济问题往往需要执行者遵循"礼缘人情"的精神临时决定；相反，以《汉穆拉比法典》为代表的法律条文对于经济活动的规定则显得细致而明确，因此执法者只需要依据这些标准进行审判即可解决各种经济纠纷。应当指出的是，中西社会的礼制与法律之间的区别可能并不仅仅局限于以上所举内容，而且婚姻家庭与经济领域也不过代表了整个社会生活中的一个方面而已。尽管如此，以上证据似乎足以说明在礼乐因素的制约下，以民法为代表的恢复法的确未能在先秦时期得到充分发展。

　　综上所述，由于以刑法为代表的压制法和以民法为代表的恢复法在先秦不同历史时期均遭到不同因素的打击或排斥，所以两者均未能充分地发展起来。由于观察角度或对文献理解方式的不同，20世纪以来的不少法学史学家对于中国古代法律问题往往持有颇具歧义的看法，然而在古代法律欠发达的基本事实方面却取得了一致认同。有学者指出："总而言之，中国古代虽然制定了许多、而且水平较高的法典，但传统的中国社会却不是一个由法律来调整的社会。"② 法国汉学家汪德迈在《礼治与法治》一文中也曾表达过类似的看法。他说："中国传统政治制度很多方面受到儒家影响。显示这个影响的，也许主要是仪礼——即作为

---

　　①　[古巴比伦]《汉穆拉比法典》，法律出版社2000年版，第34—36页。
　　②　[美] D. 布迪、C. 莫里斯：《中华帝国的法律》，江苏人民出版社1995年版，第2页。

政治手段的不断改进的儒家理论体系。《礼记·仲尼燕居》篇云：'制度在礼。'这意味，在古代中国，治理社会的主要工具是仪礼。换句话说，在中国古代，政治制度归结为礼治。"① 另外，刘泽华、梁治平、张中秋等人则认为，与西方社会的"法治"原理不同，"人治"是中国古代政治或社会控制的核心精神。② 事实上，"礼治说"或"人治说"其实只是强调重点不同而已，它们不过是从不同的立场指出了古代法制史上的一个客观事实：包括先秦时期在内的整个中国古代社会都存在着法治不足、法律欠发达的文化现象。

笔者曾经表述过这样一种观点，即文化要素间的关系并不单纯取决于文化自身的属性，而且与每一种文化要素的社会地位有直接关系。既然中国古代法律与道德关系的建立，正是在礼制发达而法律欠发达的背景下展开的，现在就可以进一步考察这种关系的具体内容了。

二 法律与道德的一致性与矛盾性

（一）法律维护道德

一般而言，法律与道德不仅存在共同的社会基础，而且在功能方面也颇为一致。这一事实的基本原因在于，同一社会的法律与道德总是特定群体生活的产物，因此两者必然反映相同的社会结构和文化内涵。涂尔干曾经指出，道德压制的行为和

---

① 《儒学国际学术讨论会论文集》，齐鲁出版社 1989 年版，第 207 页。转引自《中西法律文化比较研究》，南京大学出版社 1999 年版，第 276 页。

② 刘泽华：《中国传统政治思想反思》，生活·读书·新知三联书店 1987 年版；梁治平：《说"治"》，《文化：中国与世界》第 3 集，生活·读书·新知三联书店 1987 年版，第 236—271 页；张中秋：《中西法律文化比较研究》，南京大学出版社 1999 年版，第 275—298 页。

法律惩罚的行为在本质上并没有什么不同，只是前者没有那么严重罢了。[①] 他认为："道德观念就是法的精神。构成法则权威的东西，就是道德观念，法则可以具体体现道德观念，并将其转化为确定的形式。"[②] 不仅如此，"法律是道德的体现，纵使它想要反抗道德，它的反抗力量还是从道德之中衍生出来的"。[③] 同样的，法律与道德在功能方面也相互一致。法律和道德的目标，就是维持社会的平衡，使社会适应于环境条件。因为，"法律和道德就是能够把我们自身和我们与社会联系起来的所有纽带，它能够将一群乌合之众变成一个具有凝聚力的团体"。[④] 拉德克利夫—布朗通过对原始社会道德现象的考察发现，当社会成员冒犯某种道德观念时，他通常会受到三种形式的制裁，那就是一般的、广泛的道德制裁，宗教制裁，以及法律惩处。关于最后一项的意义，布朗指出："社区通过一些人组成的合法的司法当局来惩罚罪犯。这种惩罚可被看做是由不轨行为引起的道德义愤的表达；也可被看做是通过强行让犯罪人赎罪，来消除由其犯罪行为造成的仪式性污染而采取的一种手段；或两种性质皆有之。"[⑤] 总的看来，法律与道德通常存在着不容否认的一致性，这已是学术界广为认可的事实。

　　在礼乐文化的前提之下，先秦时期的法律与道德之间也存在上述联系。一方面，许多道德规范不仅受到礼乐的制约，而

---

　　① 〔法〕爱弥尔·涂尔干：《社会分工论》，生活·读书·新知三联书店 2000 年版，第 258 页。

　　② 〔法〕爱弥尔·涂尔干：《乱伦禁忌及其起源》，上海人民出版社 2003 年版，第 290—291 页。

　　③ 〔法〕爱弥尔·涂尔干：《社会分工论》，生活·读书·新知三联书店 2000 年版，第 107 页。

　　④ 同上书，第 356 页。

　　⑤ 〔英〕拉德克利夫—布朗：《原始社会的结构与功能》，中央民族大学出版社 2002 年版，第 239 页。

且往往成为法律维护的对象。孝道是三代礼乐极力强化的道德规范，然而社会上的不孝行为还需要通过法律（通常是刑法）手段予以严惩。《吕氏春秋·孝行》引《商书》曰："刑三百，罪莫重于不孝。"《尚书·康诰》："元恶大憝，矧惟不孝不友。"《周礼·大司寇》职曰："以五刑纠万民……三曰乡刑，上德纠孝。"又，《孝经·五刑章》："五刑之属三千，而罪莫大于不孝。"例文中虽未指出对不孝行为的具体处置手段，然而它必然面临严厉的惩戒则毋庸置疑。不仅如此，法律还通过对那些食言而肥者的严格处罚维护社会中的道德诚信。《周礼·秋官司寇》士师职曰："凡以财狱讼者，正之以傅别、约剂。"又，同篇司约职曰："掌邦国及万民之约剂。治神之约为上，治民之约次之，治地之约次之，治功之约次之，治器之约次之，治挚之约次之。凡大约剂，书于宗彝；小约剂，书于丹图。若有讼者，则珥而辟藏，其不信者服墨刑。若大乱，则六官辟藏，其不信者杀。"所谓傅别、约剂，其实类似于今日人们所签订的契约或合同。显然在时人看来，违约失信不仅有背于人伦道德，而且还属于触犯法律的行为。再如违反乱伦禁忌者，动辄会被施以残酷的肉刑。故《尚书大传·金縢传》曰："男女不以义交者，其刑宫。"《周礼·秋官司寇》郑玄注："宫者，丈夫则割其势，女子闭于宫中，若今宦男女也。"这里所说的"不以义交"，当指违背古代书所载媒聘礼节、授受不亲之类道德要求的交往方式。至于臣民心怀二心、不忠君主者，往往被加之以大辟之刑更是人所共知的事实。

由于先秦礼乐制度是道德规范的渊薮，而且道德与法律之间存在着功能上的一致，因此人们惯于将"德法"、"德礼"与"刑法"、"政刑"对称。《大戴礼记·礼察》说："故世主欲民之善同，而所以使民之善者异。或导之以德教，或驱之以法令。"此处德教即礼制，法令即刑法，两者作用一致但方式不同，故《盛德》亦云："礼度，德法也，所以御民之嗜欲好恶……刑法者，所以威不行德法者也。"同篇又说："德法者御民之衔也，吏者辔也，刑者策也，天子，御者，内史、大史，左右手也……不能御民者，弃其德法，譬犹御马，弃辔勒而专以策御马，马必伤，车必败，无德法而专以刑法御民，民必走，国必亡。"例文中所谓"德法"似可理解为发挥法律作用的道德规范，而"刑法"则是指一般意义上的法律。《论语·为政》孔子曰："道之以政，齐之以刑，民免而无耻；道之以德，齐之以礼，有耻且格。"尽管论者的主旨在于强调道德为主、法律为辅的基本原则，然而以上表述也说明这两种控制手段在先秦时期的确具有相同的社会功能。在古人看来唯有使道德与法律两种手段并用不废，才能有效地安定国家、治理百姓。

另一方面，法律对道德的维护通常使法律表现出某种"道德化"的倾向。《荀子·成相》说："治之经，礼与刑，君子以修百姓宁。明德慎罚，国家既治四海平。"刑罚须以"明德"为前提，说明在礼制文明下的法律实施过程中具有不少道德的因素。其实明德慎罚并不是战国时期的新思想，而是三代以来人们关于德法关系认识的结晶。《尚书·康诰》："惟乃丕显考文王，克明德慎罚。"《左传》成公二年申公巫臣亦引《周书》曰："明德慎罚。"《吕刑》王曰："呜呼！敬之哉！官伯族姓，朕言多惧。朕敬于刑，有德惟刑。"又曰："何监非德？"刑法带有浓厚的道德色彩，这固然是道德制约法律的重要证据，同时也说明两者在社会基础及功能方面相辅相成。对此日本学者桑原隲藏曾经明确地指出："大体说来，中国之法律为德治主义的法律，而非法治主义的法律。所谓德治主义的法律者，其意义即为法律乃道德之延长是也。中国政治家自然亦认识法律为治国所必要，但同时相信礼与刑应由同一目的。礼与刑仅有防于未发及惩于已发之别而已。补礼之所不及者谓之刑。礼为本，刑为末；礼为主，刑为从，虽有本末主从之差，但两者之目的则一。此为中国政治家之信条。"①
古代法律与道德之间虽然在功能上相互一致，然而两者在操作原
理方面毕竟有别。三代时期法律与道德协调发展的基本前提就是
桑原隲藏所说的"礼为本，刑为末；礼为主，刑为从"，换言之，
礼乐的主导地位是先秦法律与道德"和平共处"的重要条件。这
表明随着社会文化结构的剧烈变动，当礼乐文明遭遇到来自法律
的冲击或威胁时，法律与道德之间必然会出现难以调和的矛盾。

（二）法律与道德的矛盾

本书曾屡次表达过这样的观点，那就是每个文明的早期发展
阶段都需要在道德、法律、宗教等文化要素之间进行斟酌取舍，
以便确定它控制社会的主要手段。从某种意义上看，《尚书·吕
刑》有关"苗民制五虐之刑"的记载固然反映了史前先民的一场
以失败而告终的法治实践，但同时也可以理解为古代文明形成过
程中法律（刑法）与道德这两种社会控制力量之间矛盾的初次激
化。有学者在分析了《吕刑》的相关记载之后这样写道："真正
引人注意的是这样一种现象，即中国人最初是以明显的敌意来看
待法律的，似乎法律不仅是对人类道德的背叛，而且也是对宇宙
秩序的破坏。如果我们想到法律在其他文明古国中的崇高地位
时，上面这种情形就愈发地引起我们的注意了。"② 客观地讲，
与西方历史上法律发展的情况相比，法律与道德之间的频繁冲突
的确堪称中国古代社会一项颇具特色的文化现象。我们知道，
《吕刑》成书于古代礼乐文明业已定型的背景之下，作者对于苗
民制法的回顾是出于总结历史经验教训的目的，因此叙述中透露

---

　　① ［日］桑原隲藏：《中国之孝道》，宋念慈译，台北中华书局 1980 年版，第
28 页。

　　② ［美］D. 布迪、C. 莫里斯：《中华帝国的法律》，江苏人民出版社 1995 年
版，第 10 页。

出对法律"明显的敌意"并不难理解。然而先秦法律与道德之间的抵牾并不仅限于此，实际上一旦社会结构发生变动、礼乐文明濒临危机的时候，法律与道德之间的矛盾就会骤然暴露。东周时，人们对法律"明显的敌意"，以及法律"对人类道德的背叛"在成文法的颁布和推广过程中就曾不止一次地体现出来。

成文法虽然不能作为衡量一种文明发达程度的绝对标志，然而法典颁布时间的早晚与一个社会法治水平的高低之间存在必然联系却是无可否认的事实。对此梅因爵士在《古代法》中曾进行过一番颇为中肯的讨论，他说：

> 问题——而这个问题影响着每一个社会的全部将来——并不在于究竟该不该有一个法典，因为大多数古代社会似乎迟早都会有法典的，并且如果不是由于封建制度造成了法律学史上重要的中断，则所有的现代法律很可能都将明显地追溯到这些渊源中的一个或一个以上上去。但是民族历史的特点，是要看在哪一个时期，在社会进步的哪一个阶段，他们应该把法律书写成为文字。在西方世界中每一个国家的平民成分都成功地击溃了寡头政治的垄断，几乎普遍地在"共和政治"史的初期就获得了一个法典。但是在东方，像我已在前面说过的，统治的贵族们逐渐倾向于变为宗教的而不是军事的或政治的，并因此不但不失去反而获得了权力；同时，在有些事例中，亚细亚国家的地理构造促使各个社会比西方社会的面积更大，人口更多；根据公认的社会规律，一套特定制度传布的空间越广，它的韧性和活力也越大。不论由于何种原因，东方各国社会编制法典，相对地讲，要比西方国家迟得多，并且有很不相同的性质。①

---

① ［英］梅因：《古代法》，商务印书馆1959年版，第10页。

　　梅因关于东方社会成文法出现时间较晚原因的分析是否妥当姑且不论，但他至少正确揭示了一个基本事实：即法治文化发达的国家倾向于较早产生成文法；相反，在法治水平较低的国家，成文法的颁布时间也较晚。这说明一个国家或文明中法治水平的高低与成文法制定时间的早晚之间成正比关系。如果将上述判断验置于古代法制史的话就可以看出，事实正如梅因所说的那样，世界各民族历史上那些曾以法治发达见称的文明大都很早就制定了法典，而在法治水平较低的文明中成文法往往姗姗来迟。世界上最早的一部成文法是两河流域苏美尔人的乌尔第三王朝时期（公元前2113—前2006年）颁布的《乌尔纳姆法典》，它至今已有四千余年的历史。古巴比伦王朝的《汉穆拉比法典》成书于公元前18世纪，是现今仅存的最完整、最早的成文法典。而偏居于小亚细亚的赫梯王国，也于公元前15世纪编纂了著名的《赫梯法典》。在罗马帝国的历史上，第一部较为完备成熟的成文法典《十二铜表法》也成书于公元前5世纪。与这些世界闻名的早期法典相比而言，中国古代的成文法显然不仅在内容上片面零碎（主要侧重于刑法，并且条文粗糙），而且颁布时间颇晚。有关史料表明，直到大约公元前6世纪左右的春秋晚期，中国的法律才试图冲破传统礼制的牢笼，各诸侯国中掀起一股编纂刑法法典的热潮。在这股热潮中，礼制与法律的冲突首先以"德治"与"法治"之争的方式表现出来。梁漱溟在谈到礼俗与法律的区别时曾经指出："礼俗与法律有何不同？……法律不责人以道德；以道德责人，乃属于法律以外之事，然礼俗却正是期望人以道德；道德而通俗化，亦即成了礼俗。——明乎此，则基于情义的组织关系，如中国伦理者，其所以只可演为礼俗而不能成法律，便亦明白。"① 由于礼乐制度的核心就是道德，因此"礼治"在某种意

————————

① 梁漱溟：《中国文化要义》，学林出版社1987年版，第110—120页。

义上不仅是"人治"而且也是"德治"。正因为这样，在春秋时期成文法的颁布过程中，人们围绕"以德治国"与"以法治国"两者的得失优劣展开了激烈争论。《左传》昭公六年春三月，郑国的执政大夫子产"铸刑书"，这一举措招致晋国大夫叔向的极力反对。叔向"使诒子产书"，其中说道：

> 昔先王议事以制，不为刑辟，惧民之有争心也。犹不可禁御，是故闲之以义，纠之以政，行之以礼，守之以信，奉之以仁；制为禄位，以劝其从；严断刑罚，以威其淫。惧其未也，故诲之以忠，耸之以行，教之以务，使之以和，临之以敬，莅之以强，断之以刚；犹求圣哲之上、名察之官、忠信之长、慈惠之师，民于是乎可任使也，而不生祸乱。民知有辟，则不忌于上。并有争心，以征于书，而徼幸以成之，弗可为矣。夏有乱政，而作《禹刑》；商有乱政，而作《汤刑》；周有乱政，而作《九刑》：三辟之兴，皆叔世也。今吾子相郑国，作封洫，立谤政，制参辟，铸刑书，将以靖民，不亦难乎？……民知争端矣，将弃礼而征于书，锥刀之末，将尽争之。乱狱滋丰，贿赂并行。终子之世，郑其败乎？

这封信的核心内容在于说明"以法治国"将产生的种种弊端，其中最值得注意的地方就是论者关于法律与道德之间原则冲突的表述。关于"议事以制"的涵义，孔颖达作过如下一番解释："临其时事，议其重轻，虽依旧条而断有出入，不预设定法告示下民，令不测其浅深，常畏威而惧罪。"这是一种不依据法律条文，而根据事理人情处置违法行为的一种"人治"或"德治"，因此道德准则的确立以及官吏个人道德素养的高低就显得非常重要。引文中所谓"义"、"信"、"仁"、"忠"、"和"、"敬"就是道德准则，而"圣哲之上"、"忠信之长"、"慈惠之师"则是道德修养高的治国者。德治当然并不是没有标准可循，不过它具有很强的变通性和灵活性，这又使得人们对社会规范保持着一种深浅难测的戒惧。可是一旦德治原则为法治原则所取代，不健全的法律无疑又面临严峻考验，"乱狱滋丰，贿赂并行"大概是短期内难以避免的现象。对于子产的这封书信，有学者曾经评论道："这封信足以表明古往今来保守主义的一贯精神……信中真正具有中国特色、因而也是最有意义的内容，是叔向所提出的观点：公布成文法律将会对道德和政治造成威胁。在其他任何一个文明古国中，似乎从来都没有人提出过这种观点。"① 详传之意不难看出，叔向之所以强烈反对颁布刑法、用"法治"取代"德治"，他的理由之一是法律将使人们产生"锥刀之末，将尽争之"的"争心"。我们知道，一部完善的法典不仅涉及对违法者的制裁，而且还应规定人们相应的权利和义务。然而中国古代法律具有先天不足的特点，因而总的看来它们往往只是偏重制裁的刑法规范。子产所制"刑书"的详细内容今天虽已不得而知，但从叔向的批评中不难看出它仍是一部以刑法为主的法律规范。如果用这样一套并不健全的法律制度来治理社会，它所导致的社会后果当然是可想而知的。

《吕氏春秋·离谓》记载了这样一则故事："子产治郑，邓析务难之，与民之有狱者约，大狱一衣，小狱襦袴。民之献衣襦袴而学讼者，不可胜数。以非为是，以是为非，是非无度，而可与不可日变。所欲胜因胜，所欲罪因罪。郑国大乱，民口谨哗。子产患之，于是杀邓析而戮之，民心乃服，是非乃定，法律乃行。今世之人，多欲治其国，而莫之诛邓析之类，此所以欲治而愈乱也。"联系昭公六年的记载可以推知，所谓"子产治郑"很可能

---

① ［美］D. 布迪、C. 莫里斯：《中华帝国的法律》，江苏人民出版社 1995 年版，第 11—12 页。

是指子产铸刑书，依法治国这件事。邓析的事例说明法治实施过程中曾经遇到严峻的挑战，也表明一部漏洞百出的法律难免为投机者的钻营提供机会。在礼乐文化走向衰落、法律逐渐兴起的战国时代，邓析这位中国古代史上的第一位"律师"落得了悲剧性的下场。从某种程度上讲，叔向的质疑有其合理之处，然而正如子产在答书中所说的那样，改制者的目的只在于"救世"，弃礼从法是执政者不得已而为之的选择，至于由此带来的后果则是他无法顾及的："若吾子之言，侨不才，不能及子孙，吾以救世也。既不承命，敢忘大惠?"在礼乐制度名存实亡、法律建设严重滞后的情况下，控制手段的转变不可避免地会带来一系列社会问题，这是显而易见的道理。

　　还需要强调的是，除了质疑法律不能面面俱到地防止不法行为之外，叔向反对铸刑书的一项深层原因在于"德治"与"法治"所依据的标准不同。道德评判的基础是传统的礼乐规范，而法律判断则须依据"刑书"上所规定的法律条文。正因为这样，在道德控制社会的情况下，人们通常只需"议事以制"，即根据礼乐规范以及各种名目的伦理教化来匡正人们的行为；然而一旦法律条文公之于众，人们涉及纠纷时"将弃礼而征于书，锥刀之末，将尽争之"。对于传统的礼乐文明而言，这种"弃礼而从法"的做法轻则使得礼乐制度形同虚设，重则导致整个文明秩序的彻底崩溃。叔向站在维护传统礼治文明秩序的立场上，敏锐地意识到子产改制将给传统道德带来的严重危害，无怪乎他会对子产"制刑书"一事给以激烈的抨击。

　　关于德治与法治的上述矛盾，还可以从子产铸刑书事件23年后晋国颁布成文法时所引起的社会反应中看出。《左传》昭公二十九年冬，晋赵鞅、荀寅率师城汝滨，遂赋晋国一鼓铁以铸刑鼎，著范宣子所制定的刑书。孔子评论这件事说："晋其亡乎? 失其度矣! 夫晋国将守唐叔之所受法度，以经纬其民，卿大夫以序守之，文公是以作执秩之官，为被庐之法，以为盟主。今弃是度也，而为刑鼎，民在鼎矣！何以尊贵？贵何业之守？贵贱无序，何以为国？"孔子所谓晋国的"法度"是指什么呢？按照他的解释，这是由晋国的开国之君唐叔虞受之于西周王室的一种治国方略，在孔子看来，如果这种法度丧失，"而为刑鼎，民在鼎矣！何以尊贵"？由此可以得知，这种"法度"与叔向"先王议事以制"一语所指在本质上完全相同，亦即宗周社会曾经实施的一系列礼乐制度。对于晋人铸刑鼎这件事，蔡史墨也指责说："范氏、中行氏，其亡乎？中行寅为下卿，而干上令，擅作刑器，以为国法，是法奸也。又加范氏焉，易之亡也。"总的看来，叔向、孔子、史墨等人对于郑、晋两国成文法颁布的激烈批评恰好表明，当作为一种社会控制力量的法律威胁到礼乐制度的统治性地位时，它就具有反道德的性质而成为传统道德极力攻击的对象。正因为这样，在礼乐文明发生转型的关键时期，法律与道德之间通常会出现难以调和的矛盾。

战国时期，社会文化结构的变化进一步加剧，法律在理论与实践两方面都取得了重要进展。除韩非子提出了一整套法学理论之外，这方面的代表人物还包括不少早期的法学实践者如魏文侯时的李悝、赵烈侯时的公仲连、秦孝公时的商鞅、楚悼王时的吴起、齐威王时的邹忌以及韩昭侯时的申不害等人。不过战国法律理论与实践的推广并没有使得德、法之间的矛盾趋于消失，相反，法律与道德的冲突在整个过程中还以儒法之争、情法之争等形式表现出来。韩非从人类历史演进的角度，指出了道德与法律的冲突，以及社会由德治转向法治的必然趋势。《韩非子·五蠹》说："上古竞于道德，中世逐于智谋，当今争于气力。"按照韩非的看法，在"人民众而财货寡"的战国时期，统治者已经不可能通过仁义礼智等道德手段去控制社会，而只有凡事"一断于法"

才是唯一出路。① 同书《显学》篇举例说道："严家无悍虏，而慈母有败子，吾以此知威势之可以禁暴，而德厚之不足以止乱也。"这是说道德不足以整治社会，而只有严厉的法律才能使人们循规蹈矩。韩非的这种观点既是对春秋以来儒家"道之以德"、②"教以人伦"③之类德治思想的反动，也是对战国时期法律与道德矛盾的深刻披露。

　　不仅如此，战国时期的人们在执法过程中往往面临情法之间的两难抉择，这一现象也反映了法律与道德的潜在矛盾。《孟子·尽心下》记载了一段孟子与门人桃应关于德法之间孰轻孰重的讨论。桃应问孟子说："舜为天子，皋陶为士，瞽瞍杀人，则如之何？"孟子回答道："执之而已矣！"桃应又问道："然则舜不禁与？"孟子说："夫舜恶得而禁之？夫有所受之也。"桃应问道："然则舜如之何？"孟子提供的答案是："舜视弃天下，犹弃敝蹝也。窃负而逃，遵海滨而处，终身欣然，乐而忘天下。"在这里，瞽瞍代表了传统道德（孝道），皋陶代表了法律的要求，舜则是儒家理想中的完美统治者。按照孟子的看法，当道德与法律发生直接冲突的时候，法律的尊严固然不应随意破坏，然而道德的权威也必须加以维护。因此，解决上述问题的理想办法，就是立足于道德并以自我的牺牲使法律的损害减小到最低程度。孟子的答案显然代表了儒家"德主刑辅"的传统观点，同时也反映了战国之际道德与法律矛盾的尖锐化。

　　类似的例证在战国晚期文献《吕氏春秋》中不止一见，而且尤具代表性。《当务》记载道："楚有直躬者，其父窃羊而谒之上。上执而将诛之，直躬者请代之。将诛矣，告吏曰：'父窃羊

---

① 《韩非子·有度》。

② 《论语·为政》。

③ 《孟子·滕文公上》。

而谒之，不亦信乎？父诛而代之，不亦孝乎？信且孝而诛之，国将有不诛者乎？'荆王闻之，乃不诛也。"故事中"直躬"的原型来自于《论语·子路》中所谓"其父攘羊而子证之"的寓言，不同的是《论语》中的直躬是一个为了法律而舍弃道德的典范，而到了《吕氏春秋》中他却摇身一变而成为在道德与法律之间取得平衡点的理想人物。从表面上来看，直躬的行为似乎由于统治者的宽宏大量而得以在法律与道德之间实现两全，事实上这种处理办法意味着法律的妥协。尽管如此，法律与道德之间的冲突并不是总能以这种皆大欢喜的结局告终。同书《高义》说："荆昭王之时，有士焉，曰石渚。其为人也，公直无私，王使为政。廷有杀人者，石渚追之，则其父也。还车而反，立于廷，曰：'杀人者，仆之父也。以父行法，不忍；阿有罪、废国法，不可。失法伏罪，人臣之义也。'于是乎伏斧锧，请死于王。王曰：'追而不及，岂必伏罪哉！子复事矣！'石渚辞曰：'不私其亲，不可谓孝子；事君枉法，不可谓忠臣。君令赦之，上之惠也；不敢废法，臣之行也。'不去斧锧，殁头乎王廷，正法枉必死。父犯法而不忍，王赦之而不肯，石渚之为人臣也，可谓忠且孝矣！"作为一个执法人员，当石渚知道自己的父亲涉嫌杀人时，他既不能大义灭亲，又不能徇私枉法，因此只能以自己的牺牲来化解法律与道德的矛盾。以上所举三则案例，虽然多是出于战国人的杜撰，然而这些故事恰好说明法律与道德的冲突的确是当时引人注目的话题。按照学术界的一般看法，战国之际已经是传统礼乐制度全面崩溃、法律逐渐占据主导地位的历史时期。尽管如此，法律仍在很大程度上表现出对传统社会道德的反抗，这说明各种文化因素之间的对抗及其力量的消长往往要经过一个漫长的历史过程。

　　法律与道德之间的复杂关系不仅取决于两种文化因素自身的属性，而且也与两者在社会中所占据的地位紧密相关。因此对于那种不去具体地分析社会文化结构，便盲目断言法律与道德之间存在一致或者对立关系的哲学式思考方式，人们应当引以为训。不仅如此，当人们试图通过立法或教育手段改造现实社会中的道德时，也有必要对该社会的文化类型进行深入了解。法治对于古代的德治社会及其道德规范是一种极大的破坏，同样的，在一个法治逐渐占据主导地位的社会中，盲目地提倡"德治"无疑也会造成人们在行为标准上的无所适从。因此对那种无视社会现实和道德环境，便轻率地提倡法治或德治的做法应当加以重新思考。

第 六 章

社会分工与道德的关系

说起社会分工，人们首先想到的恐怕就是它在人类经济发展过程中发挥的重大作用，其实，经济生活并非分工发挥社会功能的唯一或重点领域。与它的经济功能相比而言，分工对人类道德所产生的影响更为广泛而深刻。在近代学术史上，涂尔干是采用科学方法考察分工与道德之间关系的第一人。在他的博士论文《社会分工论》当中，涂尔干从大量实证材料出发，详细分析了社会分工给道德事实带来的重要影响，提出了一整套关于分工与人类道德关系的经典理论。在涂尔干看来，分工的道德功能虽然向来被人们忽视，但它比分工的经济功能更值得人们研究，因为"劳动分工的最大作用，并不在于功能以这种分化方式提高了生产率，而在于这些功能彼此紧密地结合……如果说分工带来了经济收益，这当然是很可能的。但是，在任何情况下，它都超出了纯粹经济利益的范围，构成了社会和道德秩序本身。有了分工，个人才会摆脱孤立的状态，而形成相互间的联系；有了分工，人们才会同舟共济，而不一意孤行。总之，只有分工才能使人们牢固地结合起来形成一种联系，这种功能不止是在暂时的互让互助中发挥作用。它的影响范围是很广的"。[1] 这就是说社会分工与

---

① ［法］爱弥尔·涂尔干：《社会分工论》，生活·读书·新知三联书店 2000 年版，第 24 页。

人类的道德生活不可分割，它不仅是社会的基础，而且构成了道德秩序本身。正因为如此，在研究古代道德现象的过程中，如果对于分工这种重要的文化要素熟视无睹的话，就难以全面准确地了解道德事实的本质。先从先秦社会分工的基本情况说起。

一　先秦时期的社会分工

（一）分工的主要内容

与其他历史时期的情况相比，先秦的社会分工尽管在规模、范围方面还很不充分，但已经获得了某种程度的发展。大致说来，当时的分工主要表现为"君子"、"小人"之别、"四民异业"以及两性分工等三个方面。"君子劳心"、"小人劳力"是先秦时期最为突出的一种分工方式，相关的讨论在古代文献中随处可见。《国语·鲁语上》曹刿曰："君子务治而小人勤力。"同书《鲁语下》鲁人敬姜曰："君子劳心，小人劳力，先王之制也。"《左传》成公三年刘康公曰："君子勤礼，小人尽力。"例文中所谓"君子"、"小人"并不含有道德评判的意义，而是分别指承担不同职事的两个社会阶层——统治者阶层与被统治者阶层。从劳动分工的角度来看，君子的"务治"、"劳心"、"勤礼"同义，三者均指从事脑力劳动或管理活动；而小人的"勤力"、"劳力"以及"尽力"则均指从事一般的体力劳动。"君子"与"小人"之间的职事分途正如敬姜所言是三代历史上一项源远流长的"先王之制"。《尚书·无逸》周公曰："君子所其无逸，先知稼穑之艰难，乃逸，则知小人之依。相小人，厥父母勤劳稼穑，厥子乃不知稼穑之艰难……其在高宗时，旧劳于外，爰暨小人……其在祖甲，不义惟王，旧为小人。作其即位，爰知小人之依，能保惠于庶民，不敢侮鳏寡。"细绎经义不难发现，例文中"君子"与"小人"对举，两者的涵义与《国语》、《左传》完全相同：前者是指从事统治活动的"劳心者",后者则专指"勤劳稼穑"的"劳力者"。正因为这样,力戒淫逸奢侈是"君子"的当务之急,而对于"小人"来说,"不知稼穑之艰难"便属于极大的罪过。这些论述是说统治者依靠才智从事管理活动,普通民众则依靠体力从事物质生产,两者相辅相成从而保证了社会的协调发展。如果《尚书》、《国语》、《左传》的上述记载可信的话,足见体力劳动与脑力劳动之间的分工早在商周时期就已出现,而这一现象到了春秋之际开始引起人们的普遍重视。战国时期,孟子进一步发展了"君子劳心,小人劳力"的分工理论。《孟子·滕文公上》说:"无君子莫治野人,无野人莫养君子","有大人之事,有小人之事。且一人之身,而百工之所为备,如必自为而后用之,是率天下而路也。故曰:或劳心,或劳力,劳心者治人,劳力者治于人,治于人者食人,治人者食于人,天下之通义也。"是说"君子"有"大人之事","小人"有"小人之事",君子和小人各自承担了社会职能中的不同部分,两者相辅相成保证了社会生活的有序进行。近代以来,有学者认为孟子的理论反映了统治阶级对体力劳动的歧视,在笔者看来这似乎是缺乏历史感的表现。客观地讲,如何评价孟子的理论其实并不重要,重要的是这一理论以战国时期的社会现实为背景,准确地反映出当时分工获得长足发展的不争事实。

在"君子劳心,小人劳力"的分工框架下,先秦时期还出现了一系列更为复杂细致的分工现象。《国语·晋语四》谈到晋文公施政情况时说:"公食贡,大夫食邑,士食田,庶人食力,工商食官,皂隶食职。"这是说社会各阶层获取俸禄或维持生计的方式各不相同:诸侯依赖于进贡,大夫依赖于封邑,士依赖于封田,平民依靠体力劳动,工商业者仰仗于官方机构,仆役则凭借一技之长。其中公、大夫、士可以归诸君子,庶人、工商、皂隶可以归诸小人,这表明上述职事分工不过是"君子劳心,小人劳力"的进一步细致化。例文中所说的食禄与严格意义上的劳动分工当然并不完全相同，但这里却透露出多种职业类型在当时社会并存的基本事实。先秦文献中还有不少关于上述现象的描述，《左传》襄公十四年晋人师旷说："天子有公，诸侯有卿，卿置侧室，大夫有贰宗，士有朋友，庶人、工、商、皂、隶、牧、圉皆有亲昵，以相辅也。"是天子、诸侯、大夫、士等属于"君子"，而庶人、工、商、皂、隶、牧、圉属于"小人"。又，昭公七年楚大夫芋尹无宇说："天有十日，人有十等，下所以事上，上所以共神也。故王臣公、公臣大夫、大夫臣士、士臣皂、皂臣舆、舆臣隶、隶臣仆、仆臣台、马有圉、牛有牧，以待百事。"大致而言，这里的王、公、大夫、士为"君子"，而皂、舆、隶、仆、台、圉、牧等为"小人"。哀公二年载晋赵简子誓词曰："克敌者上大夫受县，下大夫受郡，士田十万，庶人、工、商遂，人臣、隶、圉免。"这是对建立战功者依据身份地位的不同分别给以赏赐，其中上大夫、下大夫、士为"劳心者"，庶人、工、商、人臣、隶、圉为"劳力者"。《国语》、《左传》的记载虽然略有出入，但总的看来并不矛盾，它说明春秋时期人们已经清醒地意识到当时社会存在各种复杂的分工现象。周代礼辞中也有关于分工的典型表述，《礼记·曲礼下》："问天子之年，对曰：'闻之始服衣若干尺矣。'长曰：'能从宗庙社稷之事矣。'幼曰：'未能从宗庙社稷之事也。'问大夫之子，长曰：'能御矣。'幼曰：'未能御也。'问士之子，长曰：'能典谒矣。'幼曰：'未能典谒也。'问庶人之子，长曰：'能负薪矣。'幼曰：'未能负薪也。'"又，同书《少仪》说："问国君之子长幼，长则曰：'能从社稷之事矣。'幼则曰：'能御、未能御。'问大夫之子长幼，长则曰：'能从乐人之事矣。'幼则曰：'能正于乐人、未能正于乐人。'问士之子长幼，长则曰：'能耕矣。'幼则曰：'能负薪、未能负薪。'"礼辞是古人行礼过程中的媒介和"润滑剂"，其中不乏谦逊恭敬的意味，尽管如此，这些程式化的语言在很大程度上却浓缩了世人关于当时社会不同阶层者所任职事的一般观念。

需要指出的是，在门类繁多的职事分途当中，天子、诸侯、大夫虽然地位显赫，但数量有限而且与一般意义上的职业有所不同，至于皂、舆、隶、牧等则多属于家庭或官方仆役，他们无论在数量、地位还是社会影响力方面都相当有限，所以也不构成先秦职业分工中的主体。在当时真正占据主导地位，对社会发挥举足轻重作用的是古人称之为"四民"的士、农、工、商这四种职业群体。"四民"之说，初见于春秋时期齐国政治家管仲与齐桓公关于国家制度改革问题的讨论。据《国语·齐语》记载："桓公曰：'成民之事若何？'管子对曰：'四民者，勿使杂处，杂处则其言哤，其事易。'公曰：'处士、农、工、商，若何？'管子对曰：'昔圣王之处士也，使就闲燕，处工就官府，处商就市井，处农就田野。'"这里谈到的是如何使"四民"分别聚居。"四民"之说以及"四民异业"的主张虽然由管子首先提出，然而有关史料表明，这四种职业类型的出现与分化却能够追溯到更早的历史时期。《逸周书·程典》说："士大夫不杂于工商，商不厚，工不巧，农不力，不可成治。士之子不知义，不可以长幼，工不族居，不可以给官，族不乡别，不可以入惠。"这里指出了士、农、工、商四者相互区别和独立发展的必要性。同书《大聚》也说："称贤使能，官有材而士归之；关市平，商贾归之；分地薄敛，农民归之。"这是说统治者应该注意用合理的政策招徕民众，使不同行业的从业者各安其事，亦即《国语·周语》所谓"庶人、工、商各守其业"。至于四民异业的具体情形，则可以从有关文献中分别得到说明。

农业是古代中国最基本的社会生产部门之一，农业分工确立时间之早不必征之以地下考古发现，仅从前引《尚书·无逸》"相小人，厥父母勤劳稼穑，厥子乃不知稼穑之艰难"数语中即可见其一斑。西周以农立国，它在农业生产的专门化方面所取得的成就自然颇为可观。《国语·周语上》虢文公讨论农业的重要性时说道："民之大事在农，上帝之粢盛于是乎出，民之蕃庶于是乎生，事之共给于是乎在，和协辑睦于是乎兴，财用蕃殖于是乎始，敦庞纯固于是乎成。"简言之，农业是当时社会的重点产业。由于社会经济扎根于农业的基础之上，因此从事农业生产的专门性团体自然较为稳固而普遍。从《诗经》所载大量有关周代农业生产活动的描写中也可看出，西周乃至先周时期的农业分工就已相当明确细致。从某种意义上讲，周代的家庭组织通常便是一种专门化的农业生产集团。

手工业和商业早在殷商时期就已获得一定程度的发展。《左传》定公四年子鱼说周公封鲁公以殷民六族，有条氏、徐氏、萧氏、索氏、长勺氏、尾勺氏，"使帅其宗氏，辑其分族，将其类丑，以法则周公"；又封康叔以殷民七族，有陶氏、施氏、繁氏、锜氏、樊氏、饥氏、终葵氏。此处所列的13个族大概都是手工业家族，这也意味着当时手工业技术的世代传习和专业化。又，《周礼·考工记》记有筑氏、桃氏、凫氏等，似都可理解为世代相袭从事某种产品生产的手工业家族。商业的发展情形也与此相去不远，《尚书·康诰》周人告诫商遗民说："肇牵车牛远服贾，用孝养厥父母。"可见最晚商周之际就存在以牟取利润为目的的商业组织。此外，商周时期青铜器、甲骨、玉器、车辆、皮革诸业发达的制造规模和技术也充分表明，当时的官方机构中必然容纳了规模可观的专业生产群体，不过他们是在"工商食官"制度下谋生的人，而非后来的自由手工业者罢了。

东周之后，社会分工的发展几乎是古代经济史上人所共知的常识。较早反映春秋时期商人活动情况的案例，有前引郑商弦高犒师的历史故事，《左传》僖公三十三年春秦人伐郑，"及滑，郑商人弦高将市于周，遇之，以乘韦先，牛十二犒师。曰：'寡君闻吾子将步师出于敝邑，敢犒从者……'且使遽告于郑"。诸侯国中的商人不仅能够往来于列国之间从事商品贸易，而且通过矫称君命对国家政治发挥影响，它从一个侧面反映出当时商业组织的发达程度。春秋时期积极参与国家政治生活的商人除弦高以外，还有一位"郑贾人"。据《左传》成公三年："荀罃之在楚也，郑贾人有将寘诸褚中以出。既谋之，未行，而楚人归之。贾人如晋，荀罃善视之，如实出已。贾人曰：'吾无其功，敢有其实乎？吾小人，不可以厚诬君子。'遂适齐。"有理由相信，弦高、郑贾人充满戏剧性和传奇色彩的故事不仅表明春秋时期商人组织的独立性，也说明他们已经具备了相当的规模和力量。昭公十六年郑国执政子产曰："昔我先君桓公与商人皆出自周……世有盟誓，以相信也，曰：'尔无我叛，我无强贾，毋或匄夺。尔有利市宝贿，我勿与知。'恃此质誓，故能相保，以至于今。"按照子产的说法，商人可能是西周分封过程中王室统治者以"授民授疆土"的方式封与桓公的，这些商人组织很早就与郑国统治者订立了具有契约性质的盟誓，"恃此质誓，故能相保，以至于今"。上述说法说明当时郑国的商人群体在规模和影响方面一定达到了非常可观的程度。商人群体的活跃和壮大是商业分工进步的重要标志，其实除郑国之外，春秋之际齐、秦、晋、越等国的商业分工也都具备了相当高的水平。

四民之中，士阶层似乎是最晚才从"君子"阶层中逐渐分化出来的。管子曾在国内推行四民异业的改革，然而他所提到的"士"不单指文士，有时还指从事战争活动的武士。据《国语·齐语》记载，管仲一方面建议齐桓公效仿"圣王之处士也，使就闲燕"的传统做法，同时还积极推行"作内政而寄军令"的办法，鼓吹"君有此士也三万人，以方行于天下"。韦昭认为，所谓"就闲燕"者是"讲学道艺之士"，而"方行于天下"者则是武力征伐之士。东周之后，由于社会结构的巨变，武士逐渐失去了原有的显赫地位，而文士在士阶层所占的比重和影响则不断增大。尤其是随着三代以来"学在官府"局面的打破，社会上出现了许多以才智道艺立身的脑力劳动者。总的来说，作为知识分子的士阶层无论在规模还是专业化程度上都已蔚为大观，"士"逐渐成为"四民"中一支不容忽视的力量。

春秋之际是先秦以"四民异业"为主要内容的社会分工发展的一个重要时期，《国语·齐语》记载了管子关于内政改革的理论，其中就涉及四民异业问题。管子首先论"士"曰：

> 令夫士群萃而州处，闲燕则父与父言义，子与子言孝，其事君者言敬，其幼者言悌。少而习焉，其心安焉，不见异物而迁焉。是故其父兄之教不肃而成，其子弟之学不劳而能。夫是故士之子恒为士。

其次论"工"曰：

> 令夫工群萃而州处，审其四时，辨其功苦，权节其用，论比协材，旦暮从事，施于四方，以饬其子弟。相语以事，相示以巧，相陈以功。少而习焉，其心安焉，不见异物而迁焉。是故其父兄之教不肃而成，其子弟之学不劳而能。是故工之子恒为工。

再次论"商"曰：

> 令夫商群萃而州处，察其四时而监其乡之资，以知其市之贾，负任儋何，服牛轺马，以周四方。以其所有，易其所无。市贱鬻贵，旦暮从事于此，以饬其子弟。相语以利，相示以赖，相陈以知贾。少而习焉，其心安焉，不见异物而迁

焉。是故其父兄之教不肃而成，其子弟之学不劳而能。夫是故商之子恒为商。

最后论"农"曰：

> 令夫农群萃而州处，察其四时，权节其用，耒耜枷芟及寒击草除田，以待时耕；及耕，深耕而疾耰之，以待时雨；时雨既至，挟其枪刈耨镈，以旦暮从事于田野。脱衣就功，首戴茅蒲，身衣袯襫，沾体涂足，暴其发肤，尽其四支之敏，以从事于田野。少而习焉，其心安焉，不见异物而迁焉。是故其父兄之教不肃而成，其子弟之学不劳而能。夫是故农之子恒为农，野处而不昵。

管子站在改革现实的立场上论述四民问题，因此他的言论中不可避免地带有某些理想化的色彩。尽管如此，似乎仍有理由相信他的观点不仅有现实依据，而且代表了社会发展的一般趋势。管子的讨论包括两方面内容，即四民异业的功能与形式。就社会功能而言，管子认为士、农、工、商四种职业的分离，有利于提高人们的劳动技能和熟练程度，也有利于社会的稳定。对于士人来说，使他们共聚一处、世袭其业，相互间的耳濡目染可以使之促进道艺德行；对于手工业生产者而言，分业共聚、世袭其职有利于他们相互讨论工业技巧，积累生产经验，提高技术水平；商人集中居处可以及时了解市场上物品的流通状况以及价格情况，从而提高贸易效率；而对于从事农业的人来说，由于古代农事生产需要大量经验作为基础，因此由专门的群体世代进行这一工作对于提高生产效率也格外重要。职业分工的功能还表现在维护社会稳定，保障社会秩序方面。可以想见，如果四民子弟能够"少而习焉，其心安焉，不见异物而迁焉"的话，那么整个社会就会处于秩序井然、稳定持久的状态之中。《左传》襄公九年"商工皂隶，不知迁业"，说的就是这个道理。其次，管子指出了四民异业的形式，其中包括促使相同职业者聚族而居以及职业世袭两方面。关于前者，管子认为四大社会群体不宜"杂处"，而应当按职业"群萃而州处"。关于后者，是指同一职业以家庭组织为单位世代相传，"其父兄之教不肃而成，其子弟之学不劳而能"，"士之子恒为士"，"工之子恒为工"，"商之子恒为商"，"农之子恒为农"。这分工模式不仅使各种职业在家庭组织的框架下愈加专门化，而且有利于不同职业群体之间形成长期共存、相互弥补的稳定局面。

战国时期，四民分工进一步明确化，各职业之间的互补性和联系也得到了空前的增强。《墨子·贵义》说："商人之四方，市贾倍徙，虽有关梁之难，盗贼之危，必为之。"是商人们在利益的驱动下不畏艰难险阻，奔赴四方从而使商业经济趋于繁荣。《孟子·滕文公上》说："百工之事，固不可耕且为也。"离开了其他行业，农业独自不可能保证社会的繁荣。同书《滕文公下》又说："子不通功易事，以羡补不足，则农有余粟，女有余布。子如通功易事，则梓、匠、轮、舆皆得食于子。"可见，随着劳动分工的发展，各种职业之间逐渐形成了不可分割的紧密联系，通工易事成为不可逆转的时代潮流。在这种情况下，那种鼓吹统治者与民同耕同食，以及种种有背于分工原则的言行便被人们视为不识时务之举，《滕文公上》通过孟子与陈相的辩论表达了儒家学者的看法。无独有偶，荀子对于战国之际的分工现象及其社会价值也有着极为清醒的认识，《荀子·王制》："农农、士士、工工、商商，一也。"杨倞注云："使人一于职业。"同篇又说："通流财物粟米，无有滞留，使相归移也。四海之内若一家，近者不隐其能，远者不疾其劳……北海则有走马吠犬焉，然而中国得而畜使之。南海则有羽翮、齿革、曾青、丹干焉，然而中国得

而财之。故泽人足乎木，山人足乎鱼，农夫不斫削，不陶冶而足
械用，工贾不耕田而足菽粟。"农、工、商业有所专而求用不匮，
不同行业之间的依赖性由此可见一斑。作为各职业之间沟通的媒
介，商业成为战国"四业"中发展最迅速、最充满活力的一个行
业。《管子·禁藏》："商人通贾，倍道兼行，夜以继日，千里不
远者，利在前也。"同书《轻重甲》："万乘之国，必有万金之贾，
千乘之国，必有千金之贾。"《乘马》说："聚有市，无市则民
乏。"这些话与《荀子》的表述十分相近。另外，战国商业的发
达在诸子寓言中也流露出来，《庄子·让王》有"屠羊之肆。"
《韩非子·内储说下》有"执卖青茅者"，《外储说右上》有"升
概甚平，遇客甚谨，为酒甚美，县（悬）帜甚高"的酒家，既有
酒家，自然就有"怀钱挈壶而往酤酒"者，《战国策·燕策二》
有"卖骏马者，比三日立市"而无人问津者，《齐策一》有"操
十金往卜"者，《商君书·定分》有满市"卖兔者"……从当时
市场上这些名目繁多的商品交易中，虽然尚不能发现某种大规模
行业组织的出现，但它们说明商业在战国社会分工中所占的比重
已大大增长。

　　先秦社会分工的第三个方面，是以家庭夫妻关系为中心的两
性分工。在西方社会学界，人们很早就注意到两性分工现象的存
在及其重要意义，如有学者曾指出："毫无疑问，只有在同类个
体之间才会产生两性的吸引，而且爱情往往在思想和感情达成某
种默契之后才会产生出来。然而，这种倾向的特殊性征以及它所
产生的特殊力量并非来自于相似性，而是不同性质相互联系的结
果。正由于男女有别，才能够相互倾慕。在上述情况下，也并不
是因为有了简单而又纯粹的矛盾性，就会产生一种互补的情感：
只有那些相需相成的相异性才会有这种效力。事实上，男人和女
人只是作为统一整体的两个部分而分离开来的，他们的结合只能
算作这个整体的重新组成。换句话说，性别分工是产生婚姻团结

的根源，因此心理学家说得很对：在感情的进化过程中，两性分工是一个最为重要的事件，它使人类最无私的倾向成为可能。"①这是说男女两性分工所导致的互补性使得婚姻和家庭的建立成为可能，而在那种缺乏互补性，或者互补性较差的异性个体之间往往难以产生稳定而持久的结合。不仅如此，人们还发现了这样一种有趣的现象，那就是人类社会越原始则两性在体制及职能方面的分化程度越小；反之，随着社会的不断进步，两性分工就会逐渐得到强化。

由于多种社会文化因素的影响，中国古人似乎并不强调婚姻与家庭生活中异性间两情相悦、情投意合之类的互补性。相反，先秦时期的两性分工主要表现在劳动职能方面。夏代史迹茫昧、疑信参半，有关当时两性关系的情况自然难以稽考，对此姑且存而不论。至于殷商时期，贵族妇女往往同男子们一道参与国家的政治、军事以及经济管理活动，这一事实为人们留下了深刻影响。有学者通过研究发现，"商代妇女在国家政治军事生活中有的也起到重要作用，武丁、康丁两世都有妇女充当小臣（商代的臣正），妇女还参加祭礼、占卜巫觋诸事"。② 其中最典型者，商王武丁之妻妇好就是一位不仅拥有大量土地，同时还手握军事大权、能征善战的巾帼英雄；而武丁的另外一位妻子妇姘则在治理农事方面颇有作为。总的看来，殷商时期的贵族女性在政治与军事生活中曾扮演过比较重要的角色，这是不争的历史事实。较之于西周社会的情况，商代女性较多地从事与男子相同的职事，这可能是当时两性分工尚未充分发展起来的表现。遗憾的是由于材料所限，迄今有关当时贵族内部两性分工的信息似乎仅限于此，

① ［法］爱弥尔·涂尔干：《社会分工论》，生活·读书·新知三联书店 2000 年版，第 19—24 页。

② 汪玢玲：《中国婚姻史》，上海人民出版社 2001 年版，第 21 页。

当然就更谈不上了解平民阶层中分工的一般情况。

需要注意的是如何正确认识商末统治者阶级中出现的所谓女宠乱国的问题。据《史记·殷本纪》记载，殷商末代君主纣王在位期间曾一度"好酒淫乐，嬖于妇人，爱妲己，妲己之言是从"。妲己为有苏氏之女，有姿色，善蛊惑。在后人的眼中，妲己似乎应当为商代政权的迅速衰亡承担直接责任，而妲己受宠向来也被视为古代"女宠乱国"的一个典型案例。那么，纣王"嬖于妇人爱妲己"究竟能否作为商代妇女参与政治生活的一个例证呢？在笔者看来，答案应该是否定的。众所周知，《尚书·牧誓》中周人把"唯妇言是用"作为纣王的罪状之一，又将此事与"牝鸡司晨"的谚语加以联系。尽管如此，女子以姿色得宠而"祸乱"政治，与妇好、妇妌参与征战或公共管理事务仍属性质不同的两类现象。事实上，如果说"牝鸡司晨"反映了一种性别之间的劳动分工观念，它基于某种文化传统的话，那么"女宠乱国"则主要是一种个人生活现象，它通常与君主德操等因素有关。从这个意义上讲，妲己得宠于纣王既不能说明商代妇女社会地位的崇高，也与笔者关心的性别分工问题毫不搭界。至于《牧誓》将这一事件与"牝鸡司晨"现象联系起来，则不排除是出于周人借题发挥以激发军士愤怨情绪的目的。由此可见，没有理由将这样一个带有偶然性的历史事件作为推断商代妇女的分工以及地位情况的"铁证"。[①] 商代女宠与社会分工问题的上述关系，说明表面上类似的社会现象后面往往可能掩藏着截然不同的内涵。如果人们不能深入地分析材料，而只满足于寻找和建立现象之间的表面联系的话，就不可能得出令人信服的结论。

西周时期，两性分工在商代的基础上获得显著发展，"男

---

① 王晖教授在这个问题上持有相反的看法，参见《商周文化比较研究》，人民出版社 2000 年版，第 385—391 页。

女有别"、"女正位乎内，男正位乎外"① 的分工格局基本形成。在这种格局之下，女性主要以家庭组织及其内部事务为活动中心，她们即使偶尔涉入某些政治或祭祀活动场所，也是以自身明确的分工范围为前提的。与此同时，男性成员除了作为一家之主拥有主管和决断家庭大事的权力，他们的主要活动领域则在家庭以外，贵族男子更以积极从事国家政治活动为毕生要务。《国语·鲁语上》："男女有别，国之大节也，不可无也。"可见周人对于两性分工的意义给予了高度的重视。性别分工带来的后果之一，就是妇女从政治生活领域中逐渐引退了，政治几乎成为男子的禁脔。《论语·泰伯》："武王曰：'予有乱臣十人。'孔子曰：'才难，不其然乎？唐虞之际，于斯为盛。有妇人焉，九人而已。'"此处"乱臣十人"之说盖出自武王誓师之词，《尚书·泰誓》云："予有乱臣十人，同心同德。"伪孔传曰："十人：周公旦、召公奭、太公望、毕公、荣公、太颠、闳夭、散宜生、南宫适，及文母。"据《论语》邢昺疏之义，这位作为周初女政治家的"文母"当指武王之母、文王之妻太姒。按照春秋晚期两性分工的观念，女子已经不能参加此类政治活动，在孔子看来，周初的十位治世之臣中由于"有妇人焉"，故而只能说是"九人而已"。《尚书·牧誓》武王引"古人"之言曰："牝鸡无晨，牝鸡司晨，惟家之索。"正如笔者曾指出的那样，此说虽然旨在批评纣王，但无疑反映了周代妇女基本退出政治舞台的一般事实。

妇女退出政治舞台后，在"家庭副业"方面找到了自己的分工地位。《周礼·考工记》："坐而论道谓之王公；坐而行之谓之士大夫；审曲面势以饬五材，以辨民器，谓之农夫；治丝麻以成之，谓之妇功。"是以妇女蚕桑纺绩之职与上文所述四民之事相

---

① 《周易·家人》。

提并论，可见它在当时社会中的重要性以及专业性。同书《天官·大宰》在讨论"以九职任万民"时，其中之一就说到"嫔妇化治丝枲"，《地官·闾师》述及"任民"时也说到"任嫔以女事贡布帛"。有学者据此推断说，"按照周代以九职任万民之制，妇女已按社会分工，尤其是男女性别自然分工的原则走出家庭，以一个生产者的角色参与到社会经济生活中"。① 这个结论正误参半，因为说周代妇女由分工的进步而有了相对专门的职事范围是正确的，但笼统地说她们"走出家庭"则不够妥当。《诗·小雅·斯干》："乃生男子，载寝之床，载衣之裳，载弄之璋。其泣喤喤，朱芾斯皇，室家君王。乃生女子，载寝之地，载衣之裼，载弄之瓦。无非无仪，唯酒食是议，无父母诒罹。"这是当时两性分工在等级之差方面的体现，因为出生仪式的不同，正说明从一个人来到世上的那一刻起，社会就开始对他（她）灌输特定的分工观念。在周代父权强大的社会机制下，男子自幼便被赋予了种种重要的期望和待遇：初生时他可以睡在床上，身着体面的衣裳，玩弄珍贵的玉器，这预示着将来他需要承担"室家君王"之类的重要职责。相反，初生的女子则主要以家务为正业：她被搁在地上，穿着素朴简单，以纺锤为玩具，家人的最高期望就是她将来能够料理好家务，不要给父母惹来麻烦。由于分工角色决定于社会，因此对于不同性别的孩子来说，他（她）们的任务就是按照文化的要求去对号入座罢了。

　　在西周时期，两性个体的社会化过程主要是通过一系列烦琐的礼节仪式完成的。比如按照周礼的规定，贵族之家在产下男子之后，有一个"设弧"或者"射天地四方"的仪式；与此不同的是，当一个女子降生之后所设之"弧"则更之以"帨"。《礼记·

---

　　① 葛志毅：《论妇女在社会生产中的"半边天"地位》，《谭史斋论稿三编》，黑龙江人民出版社 2006 年版。

内则》说："妻将生子，及月辰，居侧室。夫使人日再问之，作而自问之，妻不敢见，使姆衣服而对。至于子生，夫复使人日再问之。夫齐则不入侧室之门。生男子设弧于门左，女子设帨于门右。三日，始负子，男射女否。国君世子生，告于君，接以大牢，宰掌具。三日，卜士负之吉者，宿齐朝服寝门外，诗负之，射人以桑弧蓬矢六，射天地四方。"这里所载的出生仪式与《诗经》中的描述性质大体相同，结合古代社会生活的实际情况，男子设弧、射天地四方，以及女子设帨等仪式的象征意味其实并不难理解，弓箭象征着征战、狩猎等社会事业，而帨巾则代表了扫洒庭除等家庭事务。礼仪的这些烦琐规定不仅表达了父母对于子女未来的一般期望，同时也准确透露出社会文化对于理想型性别角色的要求。

礼制对于两性之间社会分工的规范并没有随着人们年龄的增长而减弱，恰恰相反，礼乐训练与古人的日常生活须臾不离，这对于身处其中的社会成员而言俨然是一种终身教育。在许多庄重的礼仪场合，人们从诸如"男女有辨"、"夫妇有别"之类的训诫和规定中领悟两性分工的要义。《国语·鲁语下》说天子、诸侯、卿大夫以朝廷之事为务，而"寝门之内，妇人治其业焉，上下同之"。《礼记·内则》："男不言内，女不言外……内言不出，外言不入。"家庭与社会分属于泾渭分明的两个不同部分：前者由女子主管，男子不得涉足；后者是男子的领地，女子被严格地排斥在外。男主外，女主内的分工模式还体现为礼器的不同，《曲礼下》："凡挚：天子鬯，诸侯圭，卿羔，大夫雁，士雉，庶人之挚匹，童子委挚而退，野外军中无挚，以缨、拾、矢可也。妇人之挚：椇、榛、脯、修、枣、栗。"作为男子之挚的鬯、圭、羔、雁象征着男子的职事，而女子之挚如椇、榛、脯、修、枣等也取自女性劳动的产品，这些自然物一旦被赋予了文化的涵义，便能起到特定的社会效果。古人关于两性分工的观念不仅体现于礼器方面，而且渗透到礼辞之中。《曲礼下》说："纳女于天子，曰'备百姓'；于国君，曰'备酒浆'；于大夫，曰'备扫洒'。"《左传》襄公二十三年齐莒之战以齐国失败告终后，"齐侯归，遇杞梁之妻于郊，使吊之，辞曰：'殖之有罪，何辱命焉？若免于罪，犹有先人之敝庐在。下妾不得与郊吊。'齐侯吊诸其室"。杞梁之妻之所以不愿意在郊外接受齐侯吊唁，原因是当时存在"妇人无外事"的文化传统。总的看来，制礼者之所以为男女两性分别选择不同的象征物（象征语言），目的就在于通过烦琐的礼仪练习将男女成员分别引入各自相应的劳动分工领域。

（二）分工的特点

在不同的社会文化背景下，劳动分工在内容、程度、表现方式上往往呈现出多样性的特点。结合上文的分析可以看出，先秦社会分工的特点大致可以归纳为以下两个方面。其一，分工主要产生于以庞大家庭组织为基础的"环节社会"中。"环节社会"是 20 世纪初期西方社会学界兴起的一个概念，它与人们关于两种基本社会类型的划分有关。涂尔干认为，人类社会按照团结方式的不同通常可以划分为两种类型：一种是以集体意识为纽带，以个人之间的相似性为基础而建立起来的社会组织；另外一种则是以分工为基础，以社会成员在功能方面的相互依赖和补充为纽带而建立起来的社会组织。关于两者的异同可以从涂尔干的讨论中看出，他说："社会生活有两个来源：一是个人意识的相似性，二是社会劳动分工。在第一种情况下，个人是社会化的，他不具备自身固有的特性，与其同类共同混杂在集体类型里。在第二种情况下，他自身具有与众不同的特征和活动，但他在与他人互有差异的同时，还在很大程度上依赖他人、依赖社会，因为社会是所有个人联

合而成的。"① 一般而言，以个人意识相似性为基础的组织通
常在人类社会早期阶段占据主导地位。就像自然界的低级动物
（环节虫）一样，这些社会组织往往由一个个功能雷同的环节
构成，因此可以形象地称之为"环节组织"，相应的，由大量
环节组织构成的社会类型就是"环节社会"。西方学者发现，
环节社会的显著特征之一是以礼俗、宗教、刑法等因素为载体
的集体意识通常对社会的维系和团结发挥着主要作用。对于环
节社会而言，集体意识是人们得以团结和凝聚的重要源泉，而
集体意识的衰落必然带来社会生活的瓦解。因此，如何有效地
维护和保证集体意识的长盛不衰，就成为每个环节社会亟待解
决的问题。就其本质特征来说，先秦时期的家庭正是一种典型
的环节组织，而以众多庞大家庭组织为基石的先秦社会则是一
种典型的环节社会。在漫长的先秦历史进程中，包括礼乐制
度、压制性法律、血缘纽带以及宗教信仰在内的诸多文化因素
不仅代表着集体意识，而且对于环节社会的存在和稳定发挥着
不可或缺的作用。②

　　先秦时期，社会领域虽然已普遍出现"君子劳心，小人劳
力"之类的分工现象，然而真正对人们发挥影响的仍是人们的血
缘关系或政治身份。在古代"君子"或"小人"职事分工的背
后，总能看到一个个家庭组织的影子，传统的血缘纽带几乎决定
着人们社会生活的方方面面。正因为这样，人们的社会角色并不
取决于"劳心"或"劳力"的分工类型，恰恰相反，与生俱来的
自然不平等迫使人们自从降生之日起就不得不适应社会的要求，
从事各自相应的分工行业。在环节组织和传统势力的制约下，个

---

　　① ［法］爱弥尔·涂尔干：《社会分工论》，生活·读书·新知三联书店 2000 年
版，第 183 页。
　　② 关于这一问题，参见本书关于"礼乐制度"、"法律"、"宗教"与道德关系的
讨论。

人不但没有希望改变各自的分工角色，摆脱家庭的束缚对他们而言也形同登天。与"君子"、"小人"之间的分工相比较，先秦时期的四民分工虽然在细致化方面更进一步，然而它也没有摆脱环节组织的影响。从前引《尚书·酒诰》与《左传》定公四年的有关记载中可以看出，殷商时期的商业以及手工业活动在很大程度上是通过家庭形式组织起来的。西周时期，官方组织是手工业和商业的一种重要存在形式，故而有所谓"工商食官"之说。考虑到家庭和国家在商周较长时期内的强大势力与功能，有理由相信整个社会的工商业活动是在血缘和政治两种因素的制约下展开的。至于春秋时期，四民异业以家庭这种环节组织为根据，这点可以从管子的有关论述中清楚地看到。管子主张士农工商"群萃而州处"，以便"其父兄之教不肃而成，其子弟之学不劳而能"。这样做的结果就是"士之子恒为士"、"农之子恒为工"、"商之子恒为商"、"工之子恒为工"，亦即使职业分别扎根于各自的家庭组织中。按照这种分工模式，家庭固然在某种意义上演变为职业群体，然而它的存在却使得整个社会依然按照血缘（而不是分工）为组织原则。对于家庭内部的两性分工而言，情况也不外乎如此。先秦社会中的礼乐制度、宗教祭祀、血缘关系等因素共同交织在一起，将人们牢牢地束缚于家庭组织之中。这使得两性分工在很长的历史时期里不仅未能突破环节组织，相反还对环节组织起到了一种巩固作用。

综上所述，由于先秦时期的社会分工主要局限于家庭等环节组织之中，遂使得分工的社会功能（尤其是道德功能）受到了严格的限制。可以想象，除非分工通过不断发展而突破环节组织的牢笼，它才能成为社会团结的主要纽带，否则它就只能对环节组织的内部道德发挥有限的影响。实际上，缓慢有序地取得进步并且逐渐走向社会，这正是先秦时期社会分工发展的另一特点。

（三）分工的缓慢发展

先秦时期的社会分工虽然产生于环节组织的框架之下，但它随着时间的推移也取得了缓慢的进步。分工进步的证据之一，就是两性在职能分化方面不断明确。正如上文列举的那样，商代的贵族妇女往往从事与男子相同的职业，她们不仅管理政治经济事务，而且能够驰骋疆场。到了西周时期，妇女们更多地被限制于家庭内部，政治和军事几乎成为男子们独占的领地。春秋晚期，孔子甚至对于周初文母参与政治表现出某种程度的排斥情绪。大致而言，古代的两性分工总是随着时间的推移呈现出越来越明确化、专业化的趋向。涂尔干曾经指出："我们对历史的追溯越远，就越会发现两性分工的范围越小。"当人类文明的发展进入高级阶段后，情况便发生了微妙的变化，"这个时代两性在劳动分工方面也渐渐分离开来。以前它还只限于性的功能，后来便逐渐扩展成为其他的功能。妇女早已被抛弃在战争和公共事务之外，她们的生活完全集中在了家庭内部，她们的作用也越来越变得专门化。今天，在许多开化的民族里，妇女的生活已经完全与男人不同了。可以说，男女双方在精神生活方面形成了截然不同的两种功能，一方具有的是感情功能，另一方具有的是智力功能"。[①]两性分工是一个极为复杂的问题，它往往是多种文化因素共同作用下的产物，因此在不同的文化背景下，分工的具体表现形式各有千秋，而且给妇女地位带来的影响也截然不同。尽管如此，先秦时期的大量文献材料为两性分工趋于进步的基本观点增添了有力证据。

先秦社会分工进步的证据之二，是随着环节组织的衰落，

---

① ［法］爱弥尔·涂尔干：《社会分工论》，生活·读书·新知三联书店 2000 年版，第 19—24 页。

家庭外的分工也获得了相应的发展。在三代历史的绝大部分时间内，家庭组织一直占据着社会的主导性地位。同所有典型的环节组织一样，先秦家庭不仅拥有庞大的组织和齐备的功能，而且彼此之间如同"环节"一样处于相对封闭状态。正是"环节"的极端稳固性使得人们不能轻易地走出家庭，也限制了分工在一般社会领域中的发展。类似的情形在西方社会的发展历程中就曾经屡次出现，有学者曾经描述说："在这种条件下，个人被牢牢地维系在了本土范围之内，一则是因为他必须依附于这种关系，二则是因为他不能到别的地方去。沟通手段和传播手段的匮乏，就是各个环节闭关自守状态的证明。这样，那些把人们维系在本土环境里的种种因素，也同样把人们拘禁在家族环境里。起初，这两种因素是扭结在一起的。后来，即使这两种因素产生了差别，如果人们很难离开自己的本土环境，他也无法远离自己的家族环境。因此，血缘关系产生了最强烈的吸引力，每个人都得围绕着这种力量之源，了此一生。实际上，这确实是一条普遍规律：社会结构的环节特征越明显，就越会形成庞大的、密集的、不可分割的和与世隔绝的家族。"①在西周以及春秋早期的不少诗歌文献中，作者都表露了对家庭和亲情关系的深深眷恋，军旅以及偶尔可见的贸易活动是促使人们走出家庭的主要原因。然而人们总是将行旅生活描述得凄惨而悲凉，似乎无论短暂或长期地离家总是与不幸联系在一起。家庭虽然是人们生活的依靠，但同时也束缚着人们的手脚，阻碍了社会分工的进一步发展。总的看来，以家庭为主的环节组织与社会分工通常形成一对矛盾，只有在前者衰落的情况下后者才有可能获得根本性的进步。

---

① ［法］爱弥尔·涂尔干：《社会分工论》，生活·读书·新知三联书店2000年版，第248—249页。

　　大概到了春秋晚期，传统家庭组织的强大凝聚力和功能开始丧失，它已不能再像过去那样有效地把家庭成员控制于自身内部。当越来越多的人将活动重心转入社会的时候，分工突破了旧有的牢笼而在家庭以外显著地发展起来。笔者在讨论古代家庭时已列举了不少证据：家长权威处于风雨飘摇之中，祖先崇拜无可挽回地衰落了；家庭不能养活越来越多的人口，诸子学术的兴起极大地分化了家庭的教育功能；家庭已不再是人们唯一的天地，不少人出于养家糊口、游宦事师的目的跨出家门迈向社会……在众多传统功能当中，家庭只保留了诸如生育、养老、家庭赈济等有限的几项内容，其余部分则或被削弱，或被其他社会组织所分担。这种微妙的变化过程在人类历史上曾不止一次地出现，这里呈现出与以往完全不同的情形，"当能够把不同环节分割开来的各种界限消失以后，原来的平衡状态也就不可避免地被打乱了。既然人们不再局限在他们的故土，眼前的自由天地在时刻吸引着他们，他们就会毫不退缩，一往无前。儿女们也不再留恋他们的故乡和父母，而是撒向四面八方，追寻自己的命运去了。人口呈现出相互融合的趋势，它们之间的原有差异最终消失了"。① 类似的情况其实不仅曾经发生于东周时期的历史舞台上，而且在中国社会逐渐走向现代的今天不也在缓慢有序地进行着吗？

　　环节组织的衰落以及分工的发展意味着社会的主要组织将按照一种新的原则建立起来。换言之，人们之间的团结不再主要依赖于强大的集体意识，因为分工在促使人们走向多元化的同时，也将他们更加紧密地联系起来。从某种意义上说，由分工造成的团结较之于传统那种由集体意识所导致的团结更为稳固，它必然产生更为强大的道德功能。

---

　　① ［法］爱弥尔·涂尔干：《社会分工论》，生活·读书·新知三联书店 2000 年版，第 248—249 页。

二　社会分工与道德的关系

（一）分工为道德创造环境

　　道德作为人类群体生活的产物，它总是与社会组织如影随形、同生共灭。事实上，人类社会组织的表现形态虽然千差万别，然而从团结方式上不外乎"机械团结"与"有机团结"两种类型。所谓机械团结，是指社会成员通过强大的集体意识凝聚在一起，所有环节社会基本都是通过这种方式凝聚而成的。机械团结通常以血缘、礼俗、宗教、压制性法律等因素为依据，并且在分工不够发达的社会条件下占据主导地位。有机团结则与此不同，因为这是一种基于社会分工而产生的团结，它意味着群体生活源于人们在功能方面的相互依赖和协作。关于机械团结与有机团结之间的异同，社会学家曾这样概括道："前一种团结是建立在个人相似性的基础上的，而后一种团结是以个人的相互差别为基础。前一种团结之所以能够存在，是因为集体人格完全吸纳了个人人格；后一种团结之所以能够存在，是因为集体人格都拥有自己的行动范围，都能够自臻其境，都有自己的人格。这样，集体意识就为部分个人意识留出了地盘，使它无法规定的特殊职能得到了确立。这种自由发展的空间越广，团结所产生的凝聚力就越强。"① 一般说来，分工总是随着社会的进步逐渐获得发展，而集体意识的影响力则随之走向式微。因此在集体意识比较强大、社会分工尚未充分发展起来的早期社会或文明中，机械团结往往居于主导地位，有机团结则处于辅助性位置；然而随着社会的进步，当集体意识倾向于衰落、分工逐渐发展起来的时候，两

---

　　① ［法］爱弥尔·涂尔干：《社会分工论》，生活·读书·新知三联书店2000年版，第89—92页。

种团结方式在社会中的重要性就会完全颠倒过来。

社会分工与群体团结相伴而生，以至于有时候很难说得清究竟是分工产生了团结还是团结导致了分工。因为在人类第一次从事分工与协作的时候，最早的团结和社会组织可能也就诞生了。从表面上来看，分工似乎使人们处于无限的差异之中，然而这种差异不仅不会导致分裂，相反还会把人们紧密地团结起来。这是因为分工意味着任何个体或单元都不可能离开他人而独存，故而他们只能休戚相关、同舟共济。事实上，发达的社会分工不仅使集体生活成为可能，它还是社会凝聚力的主要源泉。分工条件下的集体成员不再是孑然一身，他的一举一动都有可能影响到集体的安危兴衰，在这种集体氛围中，诸如无私、谦让、义务、忠诚、廉洁以及自我牺牲之类的道德要求才成为可能甚至必需。道德是集体生活必不可少的重要组成部分，否则社会就有遭遇瓦解的危险，社会分工的功能之一就是为道德的建立创造环境。这是因为人类如果不谋求一致，就无法共同生活，人类如果不能相互做出牺牲，就无法求得一致，他们之间必须结成稳固而又持久的关系。每个社会都是道德社会。在特定情况下，这种特性在组织社会里表现得更加明显。严格说来，任何个人都不能自给自足，他所需要的一切都来自于社会，他也必须为社会而劳动。因此，他对自己维系于社会的状态更是有着强烈的感觉：他已经习惯于估算自己的真实价值，换言之，他已经习惯于把自己看做是整体的一部分，看做是有机体的一个器官。这种感情不但会激发人们做出日常的牺牲，以保证日常社会生活的稳定发展，而且有时候会带来义无反顾的克己献身之举。[①]　正因为这样，社会分工是人们实现团结

---

① ［法］爱弥尔·涂尔干：《社会分工论》，生活·读书·新知三联书店 2000 年版，第 185—186 页。

的重要纽带，人们一旦借助分工结成群体，相应的道德规范就会随之产生，分工本身也因此而带有了道德的色彩。

分工与道德之间的上述关系，可以从先秦时期的一些现象中得到有力证明。社会的有序运行不仅需要物质生产作为基础，还需要卓有成效的管理活动加以保障，这就是先秦时期"劳心者治人，劳力者治于人"分工模式得以确立的原因所在，这种分工模式使得"君子"与"小人"两者须臾不可分离，整个社会也因此处于秩序井然的状态之下。与此同时，社会分工为人们规定了相应的道德规范："治于人者食人，治人者食于人。"在古人看来，"劳力者"养活"劳心者"，"劳心者"从"劳力者"那里获得衣食之资，这不是简单的谋生之道，而是一种无可推卸的道德义务。同所有历史上的道德哲学家一样，孟子将这种道德义务的价值推向极致，认为它是"天下之通义"。① 实际上不难想象，如果没有不同阶层之间的劳动分工，人们之间稳固的交往关系都成问题，哪里还谈得上这种"天下之通义"呢？由此可见所谓"天下之通义"不过是某种具体分工方式的产物而已。需要指出的是，孟子所赞许的分工以及道德规范在今天看来也许不近情理，然而在古代社会却自有其无可置疑的合理性。任何超时代的道德，对于那个特定社会而言往往弊大于利。所以不能像许多道德学家那样，按照今天的道德标准去评判古代分工及其影响，因为这种做法在根本上误解了道德的本质。

四民异业是先秦社会分工在"君子劳心，小人劳力"基础上进一步细致化的结果，它不仅具备特定的经济功能，而且对于道德规范的养成而言意义重大。在《国语·齐语》中，管子屡次提到分工可以使得四民子弟"少而习焉，其心安焉，不见异物而迁

---

① 《孟子·滕文公上》。

焉"，是说劳动分工除了为社会成员提供职业训练的机会之外，还使他们稳定、紧密地团结在以家庭为核心的道德群体之内。从这个意义上来说，先秦社会分工虽然往往局限于家庭框架之内，但它的道德功能却不可小觑。

古代婚姻家庭史为我们提供了分工影响道德的更多证据。婚姻史学家发现：在两性分工不够发达的初民社会中，两性及婚姻关系一般都较为脆弱，两性道德也往往微不足道甚至近乎缺乏；而随着性别分工的逐渐发展，稳固的两性和婚姻关系才成为可能，两性道德也应运而生甚至得以强化。以夫妻之间相互忠贞的道德义务来说，在那些性别分工较为落后的母系社会中，夫妻双方的关系通常显得颇为松散。当事人处于一种聚散离合都较容易的状态之下，男女双方如果想要脱离交往关系，就可以立即中止婚姻。在这里，"夫妻彼此的忠贞是无关紧要的。婚姻只是极为有限的义务，它只能在短时期里结成丈夫和妻子的关系，所以婚姻实在算不了什么事情"。文化学家所描述的这种情况随着两性分工的明确化就会发生显著的变化，因为当婚姻所产生的关系网络不断扩大的时候，它所指定的义务也在逐渐增多。就这样，"结婚和离婚的各种条件就渐渐得到了明确界定，忠贞的责任也具有组织形式；起初它还只限于妻子一方，后来就变成夫妻双方的了"。①

由于史料阙如，我们已无法了解商代的两性分工给当时的婚姻道德带来怎样的影响。尽管如此，周代社会分工与两性道德之间存在着稳定的共变关系却是不争的事实。《周易·咸卦》："咸，亨利贞，取女吉。"又，《恒卦》六五象辞曰："恒，其德贞，妇人吉。"象辞曰："妇人贞，吉，从一而终也。"所谓"贞"即贞

---

① ［法］爱弥尔·涂尔干：《社会分工论》，生活·读书·新知三联书店 2000 年版，第 19—24 页。

节，重要表现之一就是从一而终，即《礼记·郊特牲》："一与之齐，终身不改，故夫死不嫁。"这表明周代社会颇为重视女子对于男子的忠贞如一。周代礼法为婚姻以及两性交往制定了种种严格的条例，其中尤以限制女子一方为要务。《尚书大传》："男女不以义交者，其刑宫。"《周礼·司刑》疏："以义交，谓依六礼而婚者。"《管子·形势解》也说："妇人之求夫家也，必用媒而后家事成……求夫家而不用媒，则丑耻而人不信也。故曰：'自媒之女，丑而不信。'"《战国策·燕策》："处女无媒，老且不嫁，舍媒而自炫，弊而不售。顺而无败，售而不弊者，唯媒而已矣。"是说没有媒妁之言婚姻之事就难以顺利进行。另外，当时诸如"男女授受不亲"、"男女不同席"之类的禁忌，也说明以忠贞为内容的两性道德确已充分发展起来了。由于周代社会在根本上是一个典型的男权社会，加之子嗣繁多成为保证家族地位的重要凭借，因此一夫多妻制成为人们广泛认可的婚姻形态，而礼制风俗对男女两性也提出了不尽相同的道德要求。对于女性而言，贞洁、柔顺最为关键，男子则要做到有信有义，宽容和气，《左传》昭公二十六年："夫和妻柔。"《战国策·秦三》："夫信妇贞。"《礼记·礼运》："夫义妇听。"讲得都是这个道理。凡此种种表明，随着家庭分工的不断深化，以维护夫妻关系为主旨的道德规范也受到人们的重视。

那么如何解释东周之际社会上诸如夫妻离异、男女不以义交之类的现象，是否说明分工的发展没有使两性道德趋于强化呢？对于这个问题似乎有必要具体分析。实际上，东周婚姻与两性关系的紊乱主要由两种原因所致。其一，男子以"七出"之名休妻，妻子被迫再嫁。《春秋经》文公十五年十有二月，"齐人来归子叔姬"。刘敞曰："其言来归何？出也。"《左传》文公十八年："夫人姜氏归于齐，大归也。"宣公十六年："秋，郯伯姬来归，出也。"成公五年正月，"杞叔姬来归"。经传中凡标明"来归"或"大归"者，大多是指女子遭男方休弃而返回母家。成公十一年："声伯之母不聘，穆姜曰：'吾不以妾为姒。'生声伯而出之，嫁于齐管于奚，生二子而寡，以归声伯。声伯以其外弟为大夫，而嫁其外妹于施孝叔。郤犨来聘，求妇于声伯。声伯夺施氏妇以与之。妇人曰：'鸟兽犹不失俪，子将若何？'曰：'吾不能死亡。'妇人遂行。生二子于郤氏，郤氏亡，晋人归之施氏。施氏逆诸河，沈其二子。妇人怒曰：'已不能庇其伉俪而亡之，又不能字人之孤而杀之，将何以终？'遂誓施氏。"声伯之母、声伯之外妹均有为人所出的经历，而且前后经历了复杂的过程。观此数例，则春秋贵族阶层中由于男权过盛所致的婚姻变动现象之频繁便可以想见。至于战国时期，无论官方或民间似皆以男子出妻、夫妇离异为常事。《战国策·赵策》说赵太后嫁女于燕，祭祀必祝之，曰："必勿使反。"又，《韩非子·说林上》："卫人嫁其子，而教之曰：'必私积聚，为人妇而出，常也；其成居，幸也。'其子因私积聚。其姑以为多为私而出之。其子所以反者倍其所以嫁。"女子将嫁之时便寻思着如何安排离婚后事，这无疑是婚姻关系极端脆弱的表现。这说明在两性道德已经发展起来的情况下，强大的男权反而可能成为破坏家庭稳定的重要因素。总的看来，这类夫妻离异的原因与两性分工没有直接联系。

　　第二种情况，随着传统礼俗的败坏，男女关系失去原有的规范。《诗·卫风·氓》云："三岁为妇，靡室劳矣。夙兴夜寐，靡有朝矣。言既遂矣，至于暴矣。兄弟不知，咥其笑矣。静言思之，躬自悼矣。及尔偕老，老使我怨。淇则有岸，隰则有泮。总角之宴，言笑晏晏。信誓旦旦，不思其反。反是不思，亦已焉哉。"诗序曰："《氓》，刺诗也。宣公之时，礼义消亡，淫风大行，男女无别，遂相奔诱，华落色衰，复相弃背，或乃困而自悔，丧其妃耦。"这是反映当时婚姻两性关系松弛的诗歌。《孟子·滕文公下》批评说:"不待父母之命,媒妁之言,钻穴隙相窥,逾墙相从,则父母国人皆贱之。"孟子生当战国之际,他的话必有所指。《韩非子·内储说下》:"燕人,其妻有私通于士,其夫早自外而来,士适出。"诸子著作中出现的大量类似描述似乎不能视为偶然,它们说明礼坏乐崩给婚姻关系带来了直接的冲击。总的看来,东周时期婚姻和两性关系方面的失范现象主要是由于男权强大或传统礼俗的崩坏所造成的,因此它们不足以否定分工的道德功能。

(二) 分工引起道德的变化

分工的发展不仅引起道德在内容方面的变化,而且也促使道德重心发生相应的转移。在先秦大部分时期内,分工被严格地限定于家庭内部,不能越雷池一步,而在家庭道德格外发达的背景下,社会道德却显得较为落后。有学者说中国人素来重"私德"而轻"公德",正是就这种情况而言的。① 家庭道德的发达应归因于家族自身的机制,分工则是促使人们走出家庭、建立"公德"的必要基础。事实正是这样,随着东周之际家庭组织的普遍衰落,人们开始走出家门从事分工活动,道德的重心也因此转向社会领域。《论语·里仁》说:"父母在,不远游,游必有方。"这说明子女"远游"已成为春秋晚期的普遍现象,儒家限制"远游"不过是为了缓解社会所面临的家庭养老危机。随着人们交往

---

① 梁启超曾经指出:"中国……偏于私德,而公德殆阙如。"参见梁启超:《新民说》,《饮冰室文集》(14),中华书局 1989 年版。费孝通说:"说起私,我们就会想到'各人自扫门前雪,莫管他人瓦上霜'的俗语。谁也不敢否认这俗语多少是中国人的信条。其实抱有这态度的并不只是乡下人,就是所谓城里人,何尝不是如此。扫清自己门前雪的还算是了不起的有公德的人,普通人家把垃圾往门口的街道上一倒,就完事了。"参见费孝通:《乡土中国 生育制度》,北京大学出版社 1998 年版,第 24 页。尤西林也认为中国社会重私德而轻公德,参见尤西林:《中国人的公德与私德》,《上海交通大学学报》2003 年第 6 期。

范围的不断扩大，社会道德的建设也提上了议事日程。《论语·颜渊》司马牛叹曰："人皆有兄弟，我独亡。"子夏回答说："君子敬而无失，与人恭而有礼，四海之内皆兄弟也。君子何患乎无兄弟也？"这是要求人们用对待骨肉同胞的道德规范去处理与他人的交往关系。问题是家庭与社会毕竟有别，如果说兄弟关系需要"兄爱弟敬"之类温情脉脉的道德加以调节的话，那么朋友间最需要的则是彼此的忠诚和信任。①《学而》："与朋友交，言而有信。"对朋友能否忠心以待成为君子需要时时反省的问题，故同篇曾子曰："吾日三省吾身：为人谋而不忠乎？与朋友交而不信乎？传不习乎？"又，《公冶长》："子路曰：'愿闻子之志。'子曰：'老者安之，朋友信之，少者怀之。'"《为政》孔子曰："人而无信，不知其可也。"或谓忠、或谓信、或谓诚，要之都是指与朋友交往的道德规范。儒家对诚信的强调其实反映了社会的普遍要求，因为朋友之交没有血缘纽带为依托，只有这种新的道德律令才能保证人们建立融洽的关系。总的看来，春秋思想家们关于"无信不立"思想的发挥，一方面说明社会上诚信的不足，另一方面也体现了诚信对于维系家庭以外人际关系的极端重要性。

战国时期，朋友之间的道德原则得到进一步发挥和强调。《墨子·修身》："据财不能分人者，不足与友。"朋友之间应当慷慨共财，这是墨家关于朋友之道的看法。《孟子·万章下》万章问曰："敢问友？"孟子曰："不挟长，不挟贵，不挟兄弟而友。友也者，不可以有挟也。"是孟子认为朋友之交不应受年龄、贵贱、血缘等因素的影响。《庄子·大宗师》："孰知生死存亡之一

---

①　西周时期人们关于诚信的讨论较少。春秋君臣、诸侯之间开始强调诚信的重要性，但朋友之间对这一道德范畴的重视则是春秋晚期开始的，实际上两者具有不同的内涵和社会背景。参见阎步克：《春秋战国时"信"观念的演变及其社会原因》，《历史研究》1981年第6期。

体者，吾与之友矣。"这是把志同道合视为交友的关键。儒家将朋友关系列为"五伦"之一，而继续强调诚信对于维系朋友关系的重要性。《孟子·滕文公上》："父子有亲，君臣有义，夫妇有别，长幼有序，朋友有信。"《礼记·中庸》："获乎上有道，不信乎朋友，不获乎上矣。信乎朋友有道，不顺乎亲，不信乎朋友矣。"《吕氏春秋·务本》："内事亲，外交友。"诸子百家关于朋友之道的准则虽然不尽相同，但这些讨论却都反映出血缘之外的社会关系及其道德规范在当时的重要地位。据此可以指出，如果说东周以前人们主要以家庭领域为活动范围，以维护家庭道德为要务的话，那么到东周之际的各种社会道德则获得了突飞猛进的发展。

社会分工在当代中国所取得的成绩是人们有目共睹的，分工几乎渗入到每个人的生活当中，职业活动成为我们一生中的重要内容之一。在这种情况下，整个道德生活的重心必然转向社会，而不会像以前那样主要局限于家庭内部。这意味着家庭道德（如孝道）虽然不会完全消失，但它将不再是道德生活的核心，人们依然对父母兄弟怀有可贵的亲情，可是这与历史上的孝悌已不可同日而语。如果说历史上的孝道要求子女们对父母恭敬不违、劳而不怨、下气怡色、起敬起孝，或者"父母在，不远游"的话，那么今天人们追求的所谓孝道最多大概只能是"常回家看看"了。两者之间的差距又何止千万！相对于分工在社会生活中的重要性而言，家庭及其道德的影响力正在渐渐丧失。分工将每个人推出家庭，引向社会，使他们加入某种特定的职业组织当中，由分工带来的道德规范在我们生活中的比重也越来越大。如何正面应对分工为社会整合带来的机遇，使人们生活在一种新的团结方式之下，这是最值得关心的问题。显而易见的是，今天的人们既不可能阻碍分工的发生，也不可能挽回那些正在丧失的道德传统，因为后者所赖以存在的环境基础正在腐烂瓦解。当既不能重建传统，也不能回到过去的时候，剩下的就只有从现实生活中寻找道德建立的依据。总的看来，如何通过分工的力量建立新的社会道德，已成为这个时代的当务之急。

结　　论

一　历史学只有改造自身才能改造社会

按照传统道德史的一般看法，历史时期的道德现象主要是一种观念形态，它是当时人们思维和精神生活的产物。因此，如何把各种道德观念的脉络及其关系梳理清楚，并将它们以编年史的方式表现出来，便是道德史研究的主要任务。不少学者甚至认为，只有通过这种道德观念的叙事史研究，人们才能把握道德规律、得出经验教训并进而为现实社会的道德建设服务。在笔者看来，这种做法不仅将纷繁复杂的道德现象作了人为简单化的处理，而且在根本上误解了规律的本义以及历史科学的功能。

实际上，无论现实或历史上的道德现象都是人类集体生活的产物，它在本质上属于一种客观的文化事实。同其他文化现象一样，尽管道德往往以观念的形式表现出来，但这绝不是道德的根本内容。因为观念不过是道德哲学家们考察或反思道德的产物，它通常只能说明人们对道德的看法，而这些看法与道德事实之间毕竟存在不小的差距。不仅如此，作为观念形态的道德往往具有飘忽不定、难以把握的特点，这表明它只能作为哲学，而不是科学的研究对象。正因为如此，那种试图从观念形态入手，通过逻辑分析手段解释古代道德的做法最多只能为人们提供某种具有哲学价值的启示，这也正是一些西方社会学家极力主张将观念分析法排除于道德科学之外的原因所在。

　　非但如此，道德史学家还同许多传统的叙事史学家一样对科学意义上的"规律"作了错误的理解。众所周知，长期以来虽然有不少历史学家对于探求历史规律心向往之，然而他们的规律观却很成问题。叙事史学家奉劝人们要对历史事物产生、发展以及消亡的过程进行细致入微的考察和描述，理由是只要将事物变化的经过揭示出来，规律就会自然而然地展现在人们面前。至为明显，叙事史学家在很大程度上把规律视为一个过程，而不是像自然科学家那样把它理解为事物内部的某种一般性联系。只要略加推敲就不难发现，传统史学的规律观在根本上难以成立，因为如果规律果然会在叙述史中自我展现的话，历史学家的任务就不过剩下"重建"和"复原"历史罢了。假如人们将来有朝一日掌握了真确记载历史的有力手段，当历史过程完整无缺地呈现在一般读者面前时，历史学家岂不要面临失业的危险！当他们所标榜的"历史规律"能够被一般读者轻易地了解时，历史学家的工作还有什么专业价值可言呢？在这种情况下，历史学家恐怕就没有理由还像今天这样汲汲于以考证为天职，以叙述为本分了，人们曾一度津津乐道的训诂和考据也必将失去用武之地……从这个意义上看，目前人们对于史学作品中连篇累牍的考证和叙述所表现出的普遍厌恶情绪绝非出于偶然，这说明传统史学那种缺乏科学价值的规律观及其方法论在读者心目当中已经到了何等不能容忍的程度！

　　除了追求那种名实不符的"历史规律"之外，以往的道德史学家还试图通过总结经验教训的办法以济时用。对于道德这样一个富于时代特征和教益色彩的话题而言，这无疑是一个诱人的想法。可以想象，如果研究者真的能够从历史上的道德观念或道德教育的成败得失中汲取智慧，那对于诊治现实社会的道德痼疾该有多么伟大的意义！然而在传统史学理论和方法论的前提下，这种理想注定只是传统训诲史学的翻版。正因为这样，在众多声称要总结"经验教训"的道德史论著中，作者们得出的往往不过是一些人所共知的老生常谈罢了。这样的"教训"其实不必求诸古昔，也无需仰仗于职业史学家的考证，因为大凡社会经验丰富的老者都可屈指列举出一大堆。如果说这就是道德史研究的主要价值的话，那么它在服务现实方面所起的作用显然还不及那些真伪参半的道德寓言。不容否认，道德虽然与人们的心理因素不无关系，但道德问题的出现在根本上绝不能归咎于人们的智力水平或认识能力，相反，它是特定社会机制下多种文化因素共同作用的结果。因此道德危机难以通过单纯的舆论宣传或者思想教育方式解除，除非历史学家从社会文化机制入手，去探讨道德与其他社会文化因素的内在关联，否则无论得出多少丰富的经验教训都将于事无补。

总的看来，如果历史学既不愿做无益于现实的"屠龙之术"，也不想通过似是而非的"规律"或"教训"来敷衍社会的需要，它就必须在学术观念和方法论方面进行改造。简言之，历史学要改造现实社会，就必须首先改造自身。有人认为历史研究本身就是目的，不应苛求它为现实社会做出什么贡献。这种"为学术而学术"的号召乍听上去颇为动听，但它实际上却将历史学引上了一条不归之路。中西方史学史的常识告诉人们，没有一种历史研究能够脱离它所处的时代。从某种意义上讲，历史学正是在应对现实、解决现实问题的漫长过程中，通过不断的尝试和修正才取得了今天的进步。既然这样，当历史学在理论和实践方面出现严重危机的情况下，我们就没有理由在原有的圈子内固步自封、拒绝反思。如果近代以来其他社会科学领域的斐然成就已经为历史学提供了某些富于启示意义的科学理论的话，那为什么不去积极地加以借鉴呢？

　　基于以上原因，本书在考察先秦道德的过程中采取了与传统道德史学家截然不同的理论和方法。社会学家认为，社会是道德的源泉和本质所在，因此分析社会结构及其文化内涵是正确理解道德事实的必由之路。本书关于先秦道德的认识与此完全相同。在笔者看来，无论先秦时期的道德现象可以划分为多少范畴或类型，它们都不外是各种社会文化因素交相作用的结果。因此只要将影响当时道德的要素清理出来，并对它们与当时各种道德事实的关系逐一加以分析，就有可能揭示出真正意义上的道德规律。

二　先秦道德的制约因素及其关系

　　根据以上的原则和目标，笔者从先秦时期头绪繁多的社会文化因素中选择家庭、国家、礼乐制度、宗教与巫术、法律以及社会分工等六项内容加以讨论，大致得出以下结论：

　　家庭是先秦时期最重要的一种社会组织，也是古代道德生活的核心领域之一。同今天的家庭有所不同，血缘组织在古代国家产生过程中所扮演的特殊角色使得先秦家庭被塑造为一种结构复杂的扩大式家庭，它将众多具有血缘或姻亲关系的成员团结在一起，同时也承担着强大的社会与政治功能。家庭的地位决定了家庭道德（如孝道、乱伦禁忌等）的重要性，因为家庭的稳定与否往往关系到社会秩序的安危与政治的兴废。从这个意义上讲，正是特殊的家庭结构塑造构建了中国古代特殊的孝道、乱伦禁忌等道德文化。不仅如此，道德通常伴随着家庭结构的变化而变化：在家庭结构复杂、成员关系紧密的情况下，家庭内部诸道德也比较发达；相反，当家庭结构简单化、人们对血缘纽带失去认同时，家庭道德无论在重要性还是强度方面都会削弱。在某种意义上讲，先秦家庭结构与道德之间的共变关系是一切人类社会组织与其道德关系的一个缩影，说明道德从产生、发展到消失都与群体生活密切相关。

中国早期国家在产生方式和结构方面都呈现出自己的特色，它们又直接决定了先秦政治道德的基本内容。就产生方式而言，早期国家先后经历了施舍聚民、尊贤禅让、以家代国等几个发展阶段。通过这种方式缔造得来的国家，必然是一个以血缘姻亲关系为主，同时兼容贤能之士在内的政治群体。以上文化因素使得先秦时期的君主、人臣以及百姓各自具备不同的政治道德：理想的君主需要做到惠及百姓、含垢忍辱、勇于自责；人臣的典范需要做到忠于君主、知恩图报、特立独行；被统治者则需要以"子民"的身份做"君父"的忠顺者。值得注意的是，东周之后政治结构发生显著变化，随着一系列新型文化因素的掺入，上述政治道德也日渐变得面目全非。总的看来，先秦政治道德既受到传统文化因素的影响，同时也受到国家结构的制约。

礼乐制度、宗教巫术、法律作为集体意识的象征，对先秦社会的团结和维系发生着程度不同的作用。受特殊历史条件的影响，古代的宗教、巫术以及法律在中国史前文明的抉择期因遭遇重创而长期处于欠发达状态，相反，起源于手势语言的礼乐制度却得到了充分发展。三代之际的礼乐是一种制度化、规范化的文化现象，它通过仪节等形式使人们实现了权力和道德的统一，从而保障着社会的正常运行。从这层意义上讲，古代礼乐文化本身就是一种重视伦理教化和道德修养的"道德文化"：礼乐制度的创设意味着道德规范、道德事实的确立，而"礼坏乐崩"则不可避免地引起道德的虚伪化。以上事实表明，"为政以德"是礼乐文化前提下产生的一种特殊的社会控制方式，当礼乐文化丧失其合理性的时候，德治主义就会成为无源之水、无本之木。与西方的情况有所不同，宗教、巫术与法律在中国先秦时期并没有居于主导地位，而是作为礼乐的辅助手段发挥社会功能。一方面，宗教与巫术被裹挟于礼乐的外壳之中发挥道德功能（如"追孝"、"盟誓"既是一种宗教、巫术行为，也是一种礼乐活动，它们的道德功能不言而喻），法律被视为道德的有效补充（此即所谓"以刑弼教"、"德主刑辅"）；另一方面，由于宗教、巫术以及法律毕竟是礼乐制度的潜在威胁，因此两者的过分发展又为社会所不取，这正是古代宗教、法律往往受到压制的主要原因。总的看来，礼乐、宗教、巫术以及法律的共同作用促使先秦时期的社会组织（如家庭与国家）得以建立和巩固，在人们由此而发生紧密联系的情况下，道德的产生和加强便成为水到渠成的事情。唯其如此，当先秦时期礼乐、宗教、巫术以及法律等文化因素濒临危机时，整个社会的道德状况就会呈现出急剧恶化的倾向。

　　分工是人类社会发展史上一种重要的文化现象，它的道德功能在于使人们紧密结合而形成道德群体。一般而言，社会的道德状况往往与群体内部的分工水平直接相关：当分工趋于发达、职业群体秩序井然时，道德就容易得到确立和有力的维护；相反，当一个社会的分工水平较低，职业群体的地位不高时，道德就显得格外脆弱甚至不堪一击。先秦时期的社会分工虽然已经有了某种程度的发展，但它基本上仍处于家庭组织的框架之中（包括四民分工以及夫妻分工都是这样）。在这种格局下，分工一方面对社会凝聚以及道德的建立起着积极作用，另一方面它的道德功能又被严格地限制着。东周之际的社会分工尽管已经有了明显的进步，但与礼乐制度、宗教、法律等因素相对而言，它在整个社会中的作用仍然微弱而有限。这种情况与今天社会条件下分工因素在维护和加强道德规范方面所起的作用无疑形同天壤。

三　先秦道德研究对当前道德建设的启示

中国社会进入 20 世纪以后，在西学东渐以及社会机制剧烈变革的背景下，传统文化发生了前所未有的变化。在原有的各项文化因素中，血缘关系随着家庭结构的变化而不再享有以往那种近乎神圣的权威，人们由于种种原因走出家庭，亲情虽然依旧不可或缺，但它已不再像过去那样是我们生命中的主要或唯一归宿；"礼仪之邦"的称号早已盛名之下，其实难副，礼乐制度无可挽回地走向衰落；与此同时，素来"重现实，轻玄想"，宗教热情相对低落的中国人也未能一头扎进宗教和巫术的信仰中寻求力量之源；而在盛行法制的世界潮流当中，先天发展不足的中国法律仍处于艰难成长、羽翼未丰的境况。在这种情况下，不少富有社会责任感的有识之士奋力疾呼：传统失势了，道德沦丧了！

在关于上述问题的思考中，道德科学家首先将注意力集中于道德环境的建设方面，他们最关心的是如何将社会成员有效地组织起来，使他们重新生活于一个个有秩序的道德群体当中。这是因为道德产生于人们的社会生活，道德生命力的强弱取决于群体自身的运作状况，只有在秩序井然的环境中道德复兴的理想才有望实现。当各种传统文化因素（如家庭组织、祖先崇拜等）的道德价值一一遭到否定之后，只有社会分工才能在当前社会的整合方面发挥积极作用。现代社会条件下分工的发展几乎将每一个社会成员卷入其中，人们可以走出家庭，但走不出职业，因为职业是每个人安身立命的根本。在延续性和稳定性方面，由分工而产生的职业组织并不逊色于传统的家庭。事实上，职业组织完全有能力将人们涵盖在相对稳定的道德环境之中，使每个人的言行都符合社会的特定要求。可以想象，一旦职业组织逐渐强大起来，取代了传统社会中家庭的地位，那么以职业规范为核心的新型道德必然应运而生。道德的重心和内容虽然将因此而发生转移，但它们无疑是一种最贴近现实，最符合社会需要的道德规范。在先秦社会分工不太发达的情况下，分工的道德功能其实已经初露端倪。有理由相信，今天不断发展的社会分工将具备更强大的约束力，这是人们整治目前各种道德问题，建设新型社会道德的依据所在。

后　记

　　记得有位著名的历史学家曾经说过：历史学是一门变动中的科学，和那些以人类精神为对象的科学一样，这位理性知识领地的"新到者"还处在摇篮之中。作为一门注重理性分析的科学，它还十分年轻。现在史学终于力图深入人类活动的表层，而在一系列最关键的方法问题上，它尚未超出初步尝试性的摸索阶段，因此历史学"在所有科学中难度最大"。

　　也许是机缘巧合，天性不敏的我却选择了这门"难度最大"的科学作为自己毕生奋斗的事业。所幸的是，在我求学问道的过程中遇到了常金仓先生，他不仅引导我积极探索历史科学的无穷奥秘，而且给予我不断进取、迎接挑战的勇气。正是常师那种孜孜不倦、用心良苦的引导和鼓励，使我这个最初对史学仅存向往之心的懵懂青年逐渐认识到这门科学的博大精深，也使我在近十年间的摸索中庶几不致偏离学术的正道太远。

　　我于 1997 年、2003 年前后两度步入陕西师范大学历史系，追随常师研习先秦史、中国古代文化史。呈现在读者面前的这本书，便是在我的博士论文《先秦道德与道德环境研究》的基础上修改而成的。这本书不仅是我对自己近年学习经历的一次总结，也是我将常师十余年来所倡导的文化史学理论运用于实践研究的一次初步尝试。论文的选题于 2003 年底经由老师的提议而初步确定，它的目的是希望通过关于先秦道德文化的考察，为今天社会的道德建设提供有益的理论支持。在此后大约两年的时间内，我一方面按照老师的安排系统地研读专业书籍，一方面认真抄录与论文有关的大量材料，并于 2005 年 2 月间举行了论文开题报告会。论文的整个准备和写作过程中充满了艰辛和困难，而常师总是根据工作的进展情况随时为我提供必要的支持和帮助。先秦道德研究对我而言是一个全新而陌生的领域，这意味着除非付出格外的努力，否则便难有创获。为保证论文写作能够顺利完成，常师除了时时提醒我力戒浮躁、安心读书以外，还经常把他关于论文相关问题的思考和见解全无保留地提供给我。我的电子邮箱里迄今还储存着老师在不同时间里发给我的许多信件，其中既有三言两语的叮嘱，也有尚未发表的论文，还有学术会议上的发言稿……尤其是在初稿完成之后，老师在论文修改方面又花费了更多的心血。我不知道那些日子里他是怎样坚持在电脑前面一遍又一遍地阅读、梳理我的稿子，并为我斟酌和解决了大到文章结构和观点，小到遣词造句方面的诸多问题，只记得每次论文返回之后上面总是布满细密的红色批语，而整个论文的面貌也会焕然一新！

　　在本书的全部写作过程中，我试图始终坚持一个原则，那就是将先秦道德研究落实到经验和实证层面，而不是仅仅流于理论本身。但我深深地知道，由于自身天分不够、学力有限，本书的实际水平同先生的期望和要求之间尚有不小的差距。尤其在文化史学理论的领会和运用方面，其中仍存有许多不够纯熟自然，乃至荒腔走板、矫揉造作的成分。我个人虽然对此深感遗憾和愧疚，但只能寄希望于通过将来的继续努力将有关研究深入开展下去。常师经常告诫我要以科学的态度和方法对待史学，我也愿意将本书视为一篇很不完善的实验报告，科学实验有成败之分，其实历史研究又何尝不是如此呢？如果本书多少有些价值的话，这完全是先生长期以来不懈教导的结果，没有恩师以及他所提倡的文化史学的科学理论，就不会有我今天的任何一点成绩！

在这里，我还要向多年来在学业和生活上曾给予我支持的人们表达自己的感激之情。在陕西师范大学求学的三年期间，历史文化学院的赵世超教授、张懋镕教授、尹盛平研究员等先生先后为我们传道授业，使我不断地提高自己的学术见识和素养。在开题报告会前后，赵世超教授、袁林教授、商国君教授、贾二强教授等人都分别提出中肯的意见或建议，使我得以及时地解决和避免了论文中潜在的一些问题。我要向北京师范大学历史学院史学研究所的陈其泰先生致以崇高的敬意！陈先生不仅拨冗担任我的博士论文答辩委员会主席，而且在此后慷慨地接收我追随他从事博士后研究工作。在两年左右的时间里，先生的谆谆教导使我受益良多，他的提携和关怀对我的学术道路产生了十分重要的影响。

在我求学的那些日子里，我的妻子胡祥琴女士既要攻读硕士学位，还要料理家务、教育淘气的儿子，使我得以在很好的环境中完成了学业。对于她的理解和支持，在这里也表示衷心的谢意！最后，我还要向我曾经工作过的北方民族大学的各位领导和同事表示感谢，没有他们所提供的各方面的支持和帮助，本书不可能这么顺利地出版。

晁天义

2010 年 6 月 17 日